U0592377

基于FPGA的数字系统研究与设计

杨 军 余 江 著

科学出版社
北 京

内 容 简 介

本书主要介绍基于 FPGA 数字系统的设计原理、开发方法和仿真测试过程，并通过工程实例分析 FPGA 实现过程中的技术细节。在基础知识部分，主要介绍了开发语言和项目开发环境；在应用实例部分，分别详细地讲解了 5 个 FPGA 实例的设计方法和具体步骤，涉及 OFDM 系统基带传输、超声波测距系统、云存储架构等，由浅入深，力求使读者在较短的时间内掌握 FPGA 数字系统的设计过程。书中硬件和软件设计分别采用了硬件描述性语言和 C 语言，读者需要具有一定的编程开发基础。

本书总结了作者多年科研与工程项目的经验，将理论与实际应用紧密结合，可供从事 FPGA 设计与开发的科研人员参考，也适合高等院校计算机科学与技术、电子工程、通信工程等相关专业的研究生学习。

图书在版编目 (CIP) 数据

基于 FPGA 的数字系统研究与设计 / 杨军，余江著. —北京：科学出版社，2016.4
ISBN 978-7-03-038293-1

Ⅰ. ①基…　Ⅱ. ①杨…　②余…　Ⅲ. ①可编程序逻辑器件—系统设计　Ⅳ. ①TP332.1

中国版本图书馆 CIP 数据核字 (2016) 第 076269 号

责任编辑：赵艳春 / 责任校对：郭瑞芝
责任印制：徐晓晨 / 封面设计：迷底书装

科 学 出 版 社 出版
北京东黄城根北街 16 号
邮政编码：100717
http://www.sciencep.com

北京建宏印刷有限公司 印刷
科学出版社发行　各地新华书店经销
*
2016 年 4 月第 一 版　开本：720×1 000　1/16
2018 年 1 月第二次印刷　印张：19
字数：373 000
定价：99.00 元
(如有印装质量问题，我社负责调换)

前　言

目前数字系统的设计正朝着速度快、容量大、体积小、质量轻，及面向用户需求的方向发展。FPGA 技术融合了 DSP 和 ASIC 的优点，并具有可配置性强、速度快、密度高、功耗低等特点，其资源丰富，易于实现流水和并行结构。使用 FPGA 技术设计数字系统，可根据系统的行为和功能要求，自上而下地逐层完成相应的描述、综合、优化、仿真与验证，直到生成器件，其设计实现的数字系统具有处理速度快、灵活性高、开发费用低、开发周期短、升级简单、易编程等特点。

作者根据当前国内外采用 FPGA 技术开发实现数字系统的现状，以实用为基本原则，立足于工程实践，详细讲解设计细节和实际应用开发的思路与方法，总结了作者在实践项目开发中的经验、技巧及遇到的问题。本书强调采用讲练结合、循序渐进的方式，在实例的安排上，着重突出应用和实用的原则；在实例的讲解上，既介绍了设计原理、基本步骤和流程，又穿插了一些经验技巧和注意事项，在潜移默化的过程中提高读者的理论知识和实践能力。

系统设计的基本软件工具包括如下：

Quartus II，用于完成硬件描述语言代码的编写、综合、硬件优化、适配、编程下载以及硬件系统调试等；

SOPC Builder，Altera Nios II 嵌入式处理器开发软件包，用于实现 Nios II 系统的配置、生成；

ModelSim，用于对 SOPC 生成的 Nios II 系统的 HDL 描述进行系统功能仿真；

MATLAB，用于对处理结果进行仿真，以及与 DSP Builder 联合提供在 Simulink 下面开发所需要的模型文件，并将其转换为 VHDL 硬件描述语言；

Nios II IDE，用于进行软件开发、调试以及向目标开发板进行 Flash 下载；

Eclipse，通过插件组件构建的可扩展开发平台，用于 Java 开发。

本书共 8 章，其中第 1～3 章主要介绍 CPLD/FPGA 的基本原理、项目的开发环境和 SOPC 系统设计分析；第 4～8 章分别按照实例介绍、设计原理、硬件设计、综合设计与仿真、实例总结的结构，详细介绍了 OFDM 系统基带传输部分、超声波测距系统、云存储架构、蓝牙智能小车和实时加解密系统五个 FPGA 实例项目的开发步骤和过程。全书以由浅入深的方式，带领读者深入学习和研究 FPGA 技术，读者只要通读全书，就可以掌握采用 FPGA 技术进行数字系统设计的思想和方法。

本书由杨军、余江共同撰写，其中第 2、3、4、6、8 章由杨军教授撰写，第 1、5、7 章由余江教授撰写，李红晔、李宗敬、韩青、刘龙四位研究生完成了本书实例源代码的设计、仿真和验证。另外，吴梦娇、赵灿、黄新涛、杨积军、刘潇、李文龙、赵仕东、康健等研究生在资料的收集、整理、分析、硬件平台的验证、书稿的整理等方面做了大量的工作，在此一并向他们表示最诚挚的谢意。同时，本书的出版得到了国家自然科学基金研究项目（61162004）的资助。

　　由于作者水平有限，加之时间仓促，书中难免有不足之处，恳请广大读者批评指正。

作　者

2015 年 12 月

目　　录

前言

第1章　概述 ··· 1

1.1　CPLD/FPGA 简介 ··· 1

1.1.1　CPLD/FPGA 的结构与工作原理 ·· 1

1.1.2　CPLD/FPGA 的发展趋势 ·· 7

1.2　CPLD/FPGA 产品概述 ··· 8

1.2.1　Lattice 公司的 CPLD 器件系列 ·· 8

1.2.2　Xilinx 公司的 CPLD/FPGA 器件系列 ··································· 10

1.2.3　Altera 的 CPLD/FPGA 器件系列 ·· 12

1.2.4　Altera 公司的 FPGA 配置方式与配置器件 ··························· 16

第2章　项目开发环境介绍 ··· 18

2.1　软件平台 ··· 18

2.1.1　硬件开发工具 Quartus II 12.0 ··· 18

2.1.2　ModelSim 仿真工具 ··· 23

2.1.3　Nios II IDE 8.0 集成开发环境 ·· 27

2.1.4　Eclipse 集成开发环境 ·· 32

2.1.5　数值计算与仿真测试工具 MATLAB ····································· 32

2.2　硬件平台 ··· 35

2.2.1　DE2 平台简介 ··· 35

2.2.2　DE2 原理 ·· 37

2.2.3　DE2 平台的开发环境 ··· 41

2.2.4　DE2 开发板测试说明 ··· 42

第3章　SOPC 系统设计分析 ·· 45

3.1　SOPC 技术简介 ··· 45

3.1.1　SOPC 技术的主要特点 ·· 45

3.1.2　SOPC 技术实现方式 ·· 46

3.1.3　SOPC 系统的开发流程 ·· 48

3.2　Nios II 概述 ·· 48

　　　3.2.1　Nios II 嵌入式处理器 ··· 48

　　　3.2.2　Nios II 处理器的特性 ··· 49

　3.3　基于 SOPC 的 Nios II 处理器设计 ····································· 50

　　　3.3.1　SOPC Builder 功能 ··· 51

　　　3.3.2　SOPC Builder 组成 ··· 52

　　　3.3.3　SOPC Builder 组件 ··· 57

　3.4　SOPC 设计讲解 ··· 59

　　　3.4.1　硬件部分设计 ·· 59

　　　3.4.2　软件部分设计 ·· 74

第 4 章　基于 FPGA 的 OFDM 系统基带数据传输部分的设计与实现 ············· 82

　4.1　实例介绍 ··· 82

　4.2　设计思路与原理 ··· 83

　　　4.2.1　OFDM 技术简介 ·· 83

　　　4.2.2　OFDM 系统基本原理 ·· 87

　　　4.2.3　FFT 算法原理 ·· 96

　　　4.2.4　OFDM 系统整体设计 ·· 118

　4.3　硬件设计 ··· 119

　　　4.3.1　逻辑模块设计 ·· 119

　　　4.3.2　详细设计 ··· 132

　　　4.3.3　OFDM 系统的仿真及验证 ·· 145

　4.4　实例总结 ··· 146

第 5 章　一种基于 FPGA 的超声波测距系统的设计与实现 ····················· 147

　5.1　实例介绍 ··· 147

　5.2　设计思路与原理 ··· 147

　　　5.2.1　超声波测距原理简介 ·· 147

　　　5.2.2　HC-SR04 模块简介 ··· 149

　　　5.2.3　超声波传感器工作原理 ·· 152

　　　5.2.4　FFT 算法原理 ·· 153

　　　5.2.5　2D-FFT 简介 ··· 157

　　　5.2.6　系统总体结构 ·· 157

　5.3　硬件设计 ··· 158

　　　5.3.1　时序发生器模块 ·· 158

　　　5.3.2　回波识别模块 ·· 159

　　　5.3.3　双核 FFT 计算模块 ·· 161

　　　5.3.4　波形发生器模块 ··· 163
　　　5.3.5　高速计数器模块 ··· 163
　5.4　系统综合与测试 ··· 164
　5.5　实例总结 ··· 166

第6章　基于 FPGA 的云存储架构的设计与实现 ································· 167
　6.1　实例介绍 ··· 167
　6.2　设计思路与原理 ··· 168
　　　6.2.1　云存储通信原理 ··· 169
　　　6.2.2　FPGA 集群技术的原理 ·· 170
　　　6.2.3　基于 FPGA 分布式存储的原理 ······································ 171
　6.3　详细设计 ··· 173
　　　6.3.1　云存储架构设计 ··· 173
　　　6.3.2　云存储模块设计与集成 ··· 179
　　　6.3.3　云存储架构交互软件 ··· 184
　6.4　系统综合与仿真测试 ··· 187
　　　6.4.1　FPGA 模块测试 ·· 188
　　　6.4.2　系统整体测试 ··· 191
　6.5　实例总结 ··· 194

第7章　基于 FPGA 的实时加/解密系统的设计与实现 ························· 196
　7.1　实例介绍 ··· 196
　7.2　设计思路与原理 ··· 197
　　　7.2.1　AES 算法简介 ··· 197
　　　7.2.2　AES 加/解密流程 ·· 197
　　　7.2.3　系统整体结构 ··· 203
　7.3　硬件设计 ··· 204
　　　7.3.1　AES IP 核设计 ·· 204
　　　7.3.2　SOPC 系统的创建 ·· 234
　7.4　软件设计与综合测试 ··· 245
　　　7.4.1　软件设计 ··· 245
　　　7.4.2　系统综合与仿真测试 ··· 253
　7.5　实例总结 ··· 257

第8章　基于 FPGA 的蓝牙智能小车的设计与实现 ··························· 258
　8.1　实例介绍 ··· 258

8.2　设计思路与原理 ·· 259

　　8.2.1　控制平台和设计语言简介 ··· 259

　　8.2.2　蓝牙通信技术介绍 ··· 261

　　8.2.3　系统整体结构 ··· 264

8.3　硬件设计 ·· 266

　　8.3.1　电机驱动模块的设计 ·· 266

　　8.3.2　超声波测距模块的设计 ··· 270

　　8.3.3　蓝牙模块的设计 ·· 274

8.4　软件设计与综合测试 ·· 284

　　8.4.1　软件设计 ··· 284

　　8.4.2　系统综合与仿真测试 ·· 289

8.5　实例总结 ·· 291

附录　DE2 平台上 EP2C35F672 的引脚分配表 ·· 292

参考文献 ·· 296

第1章 概　述

1.1　CPLD/FPGA 简介

复杂可编程逻辑器件(Complex Programmable Logic Device，CPLD)和现场可编程门阵列（Field Programmable Gate Array，FPGA)两者的功能基本相同，只是实现原理略有不同，所以有时可以忽略这两者的区别，统称为可编程逻辑器件或者CPLD/FPGA。

CPLD 最早由 Altera 公司推出 MAX 系列，多为 Flash 架构、EEPROM 架构或者乘积项(Product Term)架构的 PLD。FPGA 最早由 Xilinx 公司推出，多为 SRAM架构或者查表(Look Up Table)架构，需外接配置用的 EPROM 下载。由于 Altera 的FELX/ACEX/APEX 系列也是 SRAM 架构,所以通常把 Altera 的 FELX/ACEX/APEX系列芯片也称 FPGA。

1.1.1　CPLD/FPGA 的结构与工作原理

1. 乘积项结构器件

简单 PLD 器件在实用中已经被淘汰，原因如下。

(1)阵列规模较小，资源不够用于数字系统。

(2)片内寄存器资源不足,且寄存器的结构限制较多,难以构成丰富的时序电路。I/O 不够灵活，限制了片内资源的利用率。

(3)编程不便，需要专用的编程工具。

取代的是 CPLD/FPGA，以 Altera 的 MAX3000A 器件为例。

MAX3000A 有 32～512 个宏单元。单个宏单元的结构包括：可编程的与阵列和固定的或阵列，可配置寄存器。含共享扩展乘积项和高速并联扩展乘积项。MAX3000A 的结构如图 1.1 所示。

MAX3000A 结构包括五个主要部分：逻辑阵列块、宏单元、扩展乘积项、可编程连线阵列和 I/O 控制块。

1)逻辑阵列块(Logic Array Block，LAB)

1 个 LAB 由 16 个宏单元的阵列组成。多个 LAB 通过可编程连线阵 PIA 和全局总线连接在一起，如图 1.2 所示。

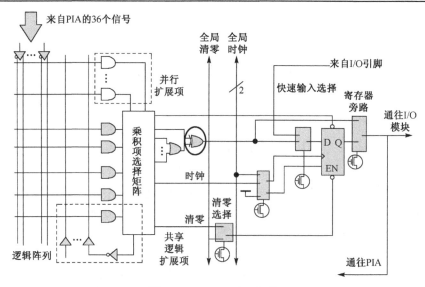

图 1.1   MAX3000A 结构

2) 宏单元

逻辑阵列实现组合逻辑，可实现逻辑函数及宏单元寄存器的辅助输入，可以被单独地配置为时序逻辑和组合逻辑工作方式。

3) 扩展乘积项

复杂的逻辑函数需要附加乘积项，可利用其他宏单元以提供逻辑资源，即扩展项。

由每个宏单元提供一个单独的乘积项，通过一个非门取反后反馈到逻辑阵列中，可被 LAB 内任何一个或全部宏单元使用和共享，如图 1.3 所示。

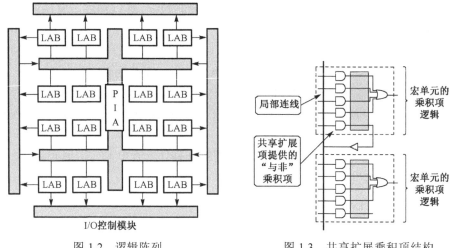

图 1.2   逻辑阵列   图 1.3   共享扩展乘积项结构

4) 可编程连线阵列

不同的 LAB 通过在可编程连线阵列 PIA 上布线，以相互连接构成所需逻辑。MAX3000A 的专用输入、I/O 引脚和宏单元输出都连接到 PIA，PIA 可以把信号送到整个器件的各个地方，如图 1.4 所示。

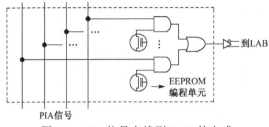

图 1.4 PIA 信号布线到 LAB 的方式

5) I/O 控制块

I/O 控制块允许每个 I/O 引脚单独被配置为输入、输出或双向工作模式。所有 I/O 引脚都有一个三态缓冲器，控制信号来自多路选择器，可以选择用信号、GND 或 VCC 控制，如图 1.5 所示。

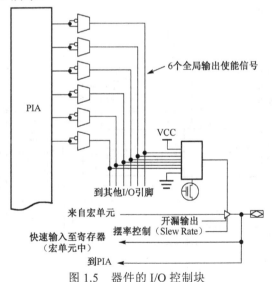

图 1.5 器件的 I/O 控制块

2. 查找表结构器件

大部分 FPGA 采用基于 SRAM 的查找表结构，用 SRAM 来构成逻辑函数发生器。一个 N 输入的 LUT 可以实现 N 个输入变量的任何逻辑，如图 1.6 所示。

一个 N 输入的 LUT，需要 SRAM 存储 N 个输入构成的真值表，需要 2 的 N 次幂个位的 SRAM 单元，如图 1.7 所示。

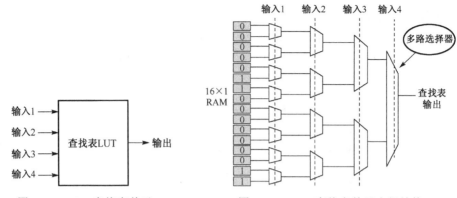

图 1.6　FPGA 查找表单元　　　　图 1.7　FPGA 查找表单元内部结构

以 Cyclone 系列器件的结构与原理为例。

Cyclone 主要由逻辑阵列块 LAB、嵌入式存储器、嵌入式硬件乘法器、I/O 单元、PLL 等模块构成，各个模块之间存在丰富的互连线和时钟网络。

LAB 由多个逻辑宏单元 LE 构成，LE 是 FPGA 器件的最基本的可编程单元，LE 主要由一个 4 输入的查找表 LUT、进位链逻辑、寄存器链逻辑和一个可编程的寄存器构成，如图 1.8 所示。

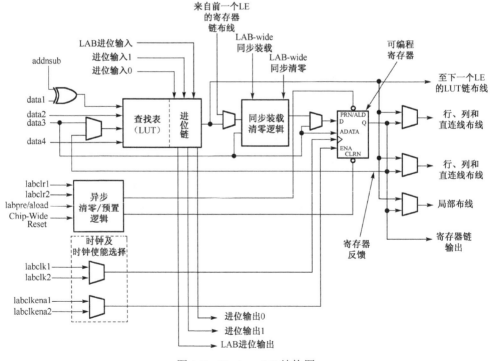

图 1.8　Cyclone LE 结构图

4 输入的 LUT 可完成所有的 4 输入 1 输出的组合逻辑功能。每个 LE 中的可编程寄存器可以配置成各种触发器形式，而且寄存器具有数据、时钟、时钟使能、清零输入信号等功能。寄存器可旁路。LE 有三个输出驱动内部互连，一个驱动局部互连，另两个驱动行或列的互连，LUT 和寄存器的输出可单独控制。

Cyclone LE 可工作在两种操作模式下。

(1) 普通模式，LE 适合通用逻辑应用和组合逻辑的实现，如图 1.9 所示。

(2) 算术模式，可以更好地实现加法器、计数器、累加器和比较器，如图 1.10 所示。

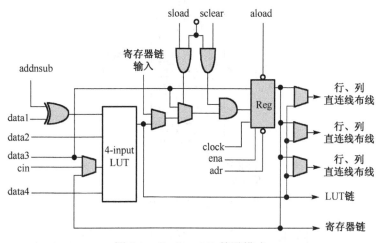

图 1.9 Cyclone LE 普通模式

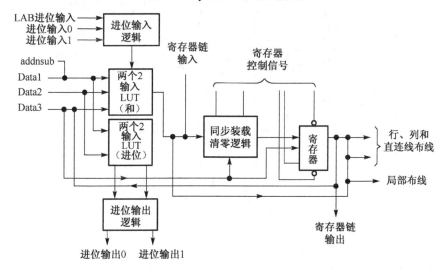

图 1.10 Cyclone LE 动态算术模式

LAB 由一系列相邻的 LE 构成，如图 1.11 所示。Cyclone II 的每个 LAB 包含 16 个 LE，LAB 间存在行互连、列互连、直连通路互连、LAB 局部互连、LE 进位链和寄存器链，如图 1.12 所示。局部互连可以在同一个 LAB 的 LE 间传输信号；进位链用来连接 LE 的进位输出和下一个 LE 的进位输入；寄存器链用来连接下一个 LE 的寄存器数据输出和下一个 LE 的寄存器数据输入。

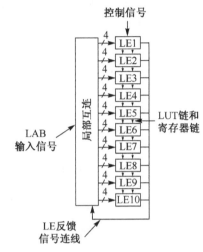

图 1.11　Cyclone LAB 结构

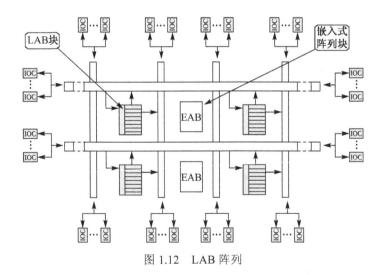

图 1.12　LAB 阵列

控制信号生成：每个 LAB 都有专用的逻辑来生成 LE 的控制信号，LE 的控制信号包括时钟信号、时钟使能信号、异步清零、同步清零、异步预置/装载信号、同步装载和加/减控制信号，如图 1.13 所示。

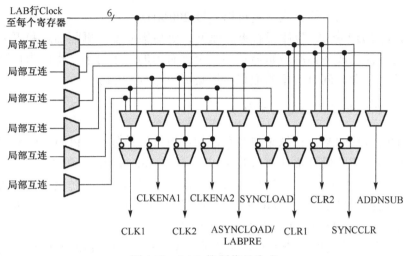

图 1.13 LAB 控制信号生成

1.1.2 CPLD/FPGA 的发展趋势

1. 器件工艺的发展方向

PLD 器件自问世以来，它在性能和规模上的发展，主要依赖于制造工艺的不断改进，高密度 PLD 是 VLSI 集成工艺高度发展的产物。在 80 年代末美国的 Altera 和 Xilinx 公司采用 EECMOS 工艺，分别推出大规模和超大规模 CPLD 和 FPGA，这种芯片在达到高集成度的同时，具有以往的 LSI/VLSI 电路无法比拟的应用灵活性和多组态功能。

90 年代，CPLD/FPGA 发展更为迅速，不仅具有电擦除特性，而且出现了边界扫描及在线编程等高级特性。另外，外围 I/O 模块扩大了它在系统中的应用范围和扩展性。1998 年 HDPLD 的主流产品集成度约为 1 万~3 万门，同时 25 万门产品开始面世，1999 年产品集成度 40 万门，2000 年出现容量为 200 万门的产品。

在制作工艺上，Altera 和 Xilinx 都率先采用 90nm 和 300nm 晶圆制造技术，其中，90nm 指的是芯片上构成电路的刻蚀线的间距，比人的头发的千分之一还细；300nm 晶圆指的是用来生产芯片的硅圆盘直径为 300nm，晶圆表面越大，每晶圆可以生产的芯片越多。

CPLD/FPGA 器件发展体现如下。

一是工艺，现在新型的 FPGA 采用 6 层金属层、0.13μm 的 CMOS 工艺，并且很快会达到 0.09μm。

二是高密度，超过 400 万门的 FPGA 器件面世。

三是在系统上，CPU 正向低电压方向发展，目前器件普遍采用 2.5V，跟 3.3V 和 5V 的电压兼容，下一步目标是 1.8V。

四是高速度，系统的在线速度可以超过 200MHz。

总之，CPLD/FPGA 器件朝着更高速度、更高集成度、更强功能和更灵活的方向发展，它不仅已成为标准逻辑器件的一个强有力的竞争对手，也成为掩膜式专用集成电路的竞争者，同时也不断取代专用集成电路（ASIC）。

2. 开发软件和工具的发展方向

随着 CPLD/FPGA 设计越来越复杂，使用语言设计复杂 CPLD/FPGA 成为一种趋势，目前最主要的硬件描述语言是 VHDL 和 Verilog HDL。VHDL 发展的较早，语法严格，而 Verilog HDL 是在 C 语言的基础上发展起来的一种硬件描述语言，语法较自由。VHDL 和 Verilog HDL 两者相比，学习 VHDL 比学习 Verilog 难一些，但 Verilog 自由的语法也使得初学者容易上手但也易出错。

从 EDA 技术的发展趋势上看，直接采用 C 语言设计 CPLD/FPGA 将是一个发展方向，现在已出现用于 CPLD/FPGA 设计的 C 语言编译软件，在 5～10 年内 C 语言很可能逐渐成为继 VHDL 和 Verilog 之后设计大规模 CPLD/FPGA 的又一种手段。

1.2　CPLD/FPGA 产品概述

本节中将介绍常用的 FPGA 和 CPLD 器件系列，并介绍各系列器件的基本特性，适用范围，结构特点以及 FPGA 的配置器件。这些器件的使用和推广反映了 CPLD/FPGA 产品的发展进程及市场导向。

1.2.1　Lattice 公司的 CPLD 器件系列

Lattice 是最早推出 PLD 的公司。Lattice 公司的 CPLD 产品主要有 ispLSI、ispMACH 等系列。20 世纪 90 年代以来，Lattice 首先发明了 ISP（In-System Programmability）下载方式，并将 EECMOS 与 ISP 相结合，使 CPLD 的应用领域有了巨大的扩展。

1. ispLSI 器件系列

ispLSI 系列器件是 Lattice 公司于 20 世纪 90 年代推出的大规模可编程逻辑器件，集成度在 1000～60000 门，管脚到管脚（Pin-to-Pin）延时最小可达 3ns。ispLSI 器件支持在系统编程和 JTAG 边界扫描测试功能。

ispLSI 器件主要分 4 个系列，它们的基本结构和功能相似，但在用途上有一定的侧重点，因而在结构和功能上有细微的差异：有的速度快，有的密度高，有的成本低，有的 I/O 口多，适合在不同的场合应用。下面是各系列器件的特点及适用范围。

（1）ispLSI1000E 系列。该系列是较早推出的 ispLSI 器件。属于通用器件，集成密度在 2000～8000 门，引脚间延时最大为 7.5ns，价格便宜，适合在一般的数字系统中使用。例如网卡、控制器、高速编程器、测试仪表仪表和游戏机等。

（2）ispLSI2000E/2000VL/200VE 系列。该系列器件的系统速度最高可达 300MHz，集成度大约在 1000～6000 门，引脚间延时只有 3ns，属高速器件，可用于移动电话、RISC/CISC 微处理接口、高速路由器和高速 PCM 遥测系统。

（3）ispLSI5000V 系列。该系列的特点是 I/O 口多，乘积项宽。其集成度在 10000～25000 门。工作电压为 3.3V，但其 I/O 引脚能够兼容 5V、3.3V 和 2.5V 等接口标准。该系列器件适合用在具有 32 位或 64 位总线的数字系统中。

（4）ispLSI8000/8000V 系列。该系列是高密度的在系统可编程逻辑器件，片内可达 58000 个逻辑门的规模。该系列器件能满足复杂数字系统设计的需要。

2. ispLSI 器件的结构与特点

ispLSI 器件都属于以乘积项方式构成可编程逻辑的阵列型 CPLD。结构包括万能逻辑块（GLB）、全局布线区（GRP）、输入输出单元（IOC）和输出布线区（ORP）等。

ispLSI 还包括其他一些资源，如时钟分配网络（CDN）、全局时钟信号和输出允许信号等。此外，ispLSI 器件在工艺和功能上还具有下面一些共同的特点。

（1）采用 UltraMOS 工艺。在工艺上采用 UltraMOS 工艺生产，集成度高，速度快。到目前为止，ispLSI 器件的系统工作速度已达 200MHz，集成度达 10 万门级。

（2）系统可编程功能，所有的 ispLSI 器件均支持 ISP 功能。Lattice 的 ISP 技术较成熟。ispLSI 器件采用 UltraMOS 和 EECMOS 工艺结构，能够重复编程达 10000 次以上，而且器件内部带有升压电路，可以在 5V 和 3.3V 条件下进行编程，使编程电压和逻辑电压一致。

（3）边界扫描测试功能。ispLSI 器件中的 ispLSI3000、ispLSI5000V 及 ispLSI8000 系列器件都支持 JTAG 边界扫描测试功能。

（4）加密功能。具有加密功能，用于防止非法复制。

（5）短路保护功能。采用了两种短路保护方法，首先是利用电荷泵给硅片基底加上一个足够大的反向偏置电压，此反向偏置电压能够防止输入负电压毛刺而引起的内部电路自锁；其次是输出采用 N 沟道方式取代传统的 P 沟道方式，消除了 SCR 自锁现象。

3. ispMACH4000 系列

ispMACH4000 系列 CPLD 器件有 3.3V、2.5V 和 1.8V 三种供电电压，分别属于 ispMACH4000V、ispMACH4000B 和 ispMACH4000C 器件系列。

ispMACH4000V 和 ispMACH4000Z 均支持车用温度范围。ispMACH4000 系列支持介于 3.3V 和 1.8V 之间的 I/O 标准，既有业界领先的速度性能，又能提供最低的动态功耗。ispMACH4000 系列具有 SuperFAST 性能：引脚至引脚之间的传输延迟 t_{PD} 为 2.5ns，可达 400MHz 系统性能。

4. Lattice EC&ECP 系列

EC 和 ECP 系列是 Lattice 的 FPGA 系列，使用 0.13μm 工艺制造，提供低成本的 FPGA 解决方案。在 ECP 系列器件中嵌入了 DSP 模块。

1.2.2　Xilinx 公司的 CPLD/FPGA 器件系列

Xilinx 公司在 1985 年首次推出了 FPGA，随后不断推出新的集成度更高、速度更快、价格更低、功耗更低的 FPGA 器件系列。Xilinx 以 CoolRunner、XC9500 系列为代表的 CPLD，以及以 XC4000、Spartan、Virtex 系列为代表的 FPGA 器件，如 XC2000、XC4000、Spartan 和 Virtex、VirtexIIpro、Virtex-4 等系列，其性能不断提高。下面分别给予介绍。

1. Virtex-4 系列 FPGA

采用已验证的 90nm 工艺制造，可提供密度达 20 万逻辑单元和高达 500MHz 的性能。整个系列分为 3 个面向特定应用领域而优化的 FPGA 平台架构。

(1)面向逻辑密集的设计：Virtex-4 LX。

(2)面向高性能信号处理应用：Virtex-4 SX。

(3)面向高速串行连接和嵌入式处理应用：Virtex-4 FX。

这 3 种平台 FPGA 都内含 DCM 数字时钟管理器、PMCD 相位匹配时钟分频器、片上差分时钟网络、带有集成 FIFO 控制逻辑的 500MHz SmartRAM 技术、每个 I/O 都有集成 ChipSync 源同步技术的 1Gbit/s I/O，以及 Xtreme DSP 逻辑模块。

Virtex-4 LX 提供了所有共同特性，密度高达 20 万逻辑单元。

Virtex-4 SX 和 LX 器件一样都包括了基本的特性集，但 SX 还集成了更多的 SmartRAM 存储器块和多达 512 个 XtremeDSP 逻辑模块。在最高 500MHz 时钟速率下，这些硬件算术资源可提供高达 256 GigaMACs/s 的惊人 DSP 总带宽，功耗却仅为 57μW/MHz。

Virtex-4 FX 器件嵌入了两个 32 位 RISC PowerPC 处理器,提供超过 1300Dhrystone-MIPS，以及最多 4 个集成 10/100/1000 Ethernet MAC 内核，以用于高性能嵌入式处理应用。新的辅助处理器单元(APU)控制器在处理器和 FPGA 硬件资源间提供了通畅的连接通道，从而能够为一类灵活且具有极高性能的集成软件/硬件设计提供支持。FX 平台器件还包括多达 24 个 RocketIO 高速串行收发器，其性能范围(从

600Mbit/s 至 11.1Gbit/s)是业界最宽的，因此可提供业界领先的高速串行性能。FX 平台器件集成的 RocketIO 收发器支持所有主要的高速串行传输数据速率，包括 10、6.25、4、3.125、2.5、1.25 和 0.6Gbit/s。

2. Spartan II & Spartan-3&Spartan 3E 器件系列

Spartan II 器件是以 Virtex 器件的结构为基础发展起来的第二代高容量 FPGA。Spartan II 器件的集成度可以达到 15 万门，系统速度可达到 200MHz，能达到 ASIC 的性价比。Spartan II 器件的工作电压为 2.5V，采用 0.22μm/0.18μm CMOS 工艺，6 层金属连线制造。

Spartan-3 采用 90nm 工艺制造，是 Spartan II 的后一个低成本 FPGA 版本。

3. XC9500&XC9500XL 系列 CPLD

XC9500 系列被广泛地应用于通信、网络和计算机等产品中。该系列器件采用快闪存储技术(FastFlash)，比 EECMOS 工艺的速度更快，功耗更低。目前，Xilinx 公司 XC9500 系列 CPLD 的 t_{PD} 可达到 4ns，宏单元数达到 288 个，系统时钟可达到 200MHz。XC9500 器件支持 PCI 总线规范和 JTAG 边界扫描测试功能，具有在系统可编程(ISP)能力。该系列有 XC9500、XC9500XV 和 XC9500XL 三种类型，内核电压分别为 5V、2.5V 和 3.3V。

该系列器件有以下特点。

(1)采用快闪存储技术，器件速度快，功能强，引脚到引脚的延时最低为 4ns，系统速度可达 200MHz，器件功耗低。

(2)引脚作为输入可以接受 3.3V、2.5V、1.8V 和 1.5V 等几种电压，作为输出可以配置为 3.3V、2.5V、1.8V 等电压。

(3)支持在系统编程和 JTAG 边界扫描测试功能，器件可以反复编程达 10000 次，编程数据可以保持 20 年。

(4)集成度为 36～288 个宏单元，800～6400 个可用门，器件有不同的封装形式。

(5)XC9500XL 系列是 XC9500 系列器件的低电压版本，用 3.3V 供电，成本低于 XC9500 系列器件。

4. Xilinx FPGA 配置器件 SPROM

SPROM(Serial PROM)是用于存储 FPGA 配置数据的器件。Xilinx 的 SPROM 器件主要包括 XC18V00 和 XC17S00 系列。XC18V00 主要用来配置 XC4000 和 Virtex 等 FPGA 器件，XC17S00 则主要用来配置 Spartan 和 Spartan-XL 器件。

5. Xilinx 的 IP 核

Xilinx 公司一直致力于提供各种功能的 IP 核，其与 Xilinx FPGA 相结合，降低了设计的复杂性，缩短开发时间，是 FPGA 技术的巨大变革。用户可以在 Xilinx 网站上获得最新 IP 核的有关资料。Xilinx 的 IP 核包括以下几类。

1）逻辑核（LogiCORE）

LogiCORE 是 Xilinx 自行开发的 IP 核，支持预实现并经验证的系统级功能块，由 Xilinx 直接销售。LogiCORE 采用 Xilinx Smart-IP 技术，其性能和可预测性不受器件尺寸和器件中使用 Core 数目多少的影响。Xilinx 的逻辑核包括以下几类。

（1）通用类，包括计数器、编码器、加法器、锁存器、寄存器和同步 FIFO 等。

（2）DSP 和通信类，包括 FIR 滤波器、1024 点 FFT、256 点 FFT 和 DDS 等。

（3）接口类，包括 64 位、33/66MHz 的 PCI 接口，32 位、33MHz 的 PCI 接口等。

2）Alliance 核

Alliance 核是 Xilinx 与第三方开发商共同开发的各种适合于 Xilinx 可编程逻辑器件的、符合工业标准的 IP 核方案。目前 Alliance 核能提供包括标准总线接口、数字信号处理、通信、计算机网络、CPU 和 UART 等方面的广泛应用。

1.2.3　Altera 的 CPLD/FPGA 器件系列

Altera 是著名的 PLD 生产厂商，多年来一直占据着行业领先的地位。Altera 的 PLD 具有高性能、高集成度和高性价比的优点，此外它还提供了功能全面的开发工具和丰富的 IP 核、宏功能库等，因此 Altera 的产品获得了广泛的应用。Altera 的产品有多个系列，按照推出的先后顺序依次为 Classic 系列、MAX（Multiple Array Matrix）系列、FLEX（Flexible Logic Element Matrix）系列、APEX（Advanced Programmable Embedded Matrix）系列、ACEX 系列、APEX II 系列、Cyclone 系列、Stratix 系列、MAX II 系列、Cyclone II 系列以及 Stratix II 系列等。

1. Stratix II 系列 FPGA

Stratix II 器件采用 TSMC90nm 低绝缘工业技术的 300mm 晶圆制造。采用革新性的逻辑结构，基于自适应逻辑模块（ALM），它将更多的逻辑封装到更小的面积内，并赋予更快的性能。Stratix II 中带有专用算法功能模块，能高效地实现加法树等大计算量的功能。为了支持通信设计应用，Stratix II 提供了高速 I/O 信号和接口。

（1）专用串行/解串（SERDES）电路。实现 1Gbit/s 源同步 I/O 信号。

（2）动态相位调整（DPA）电路。动态地消除外部电路板和内部器件的偏移，更易获得最佳性能。

（3）支持差分 I/O 信号电平，包括 HyperTransport™、LVDS、LVPECL 及差分 SSTL 和 HSTL。

（4）提供外部存储器接口。专用电路支持最新外部存储接口，包括 DDR2

SDRAM、RLDRAM II 和 QDR II SRAM 器件。充裕的带宽和 I/O 管脚支持多种标准的 64 位或 72 位、168/144 脚双直列存储模块(DIMM)接口。

此系列具有为需要设计安全性的新应用提供可编程逻辑的功能和优势。配置比特流加密技术的 128 位高级加密标准(AES)设计安全,密钥存放在 FPGA 中,无需电池备份或占用逻辑资源。含有 TriMatrix™ 存储器。三种存储块尺寸:M-RAM、M4K 和 M512,提供多达 9Mbit 的存储容量,包括用于检错的校验比特,性能高达 370MHz,混合宽度数据和混合时钟模式。

Stratix II 增强数字信号处理(DSP)功能。

(1)更大的 DSP 带宽,提供比 Stratix 器件多 4 倍的 DSP 带宽。

(2)专用乘法器、流水线和累加电路。

(3)每个 DSP 块支持 Q1.15 格式新的舍入和饱和。

(4)最大性能高达 370MHz。

(5)时钟管理电路。

具有多达 12 个片内锁相环(PLLs)支持器件和电路板时钟管理,动态 PLL 重配置允许随时改变 PLL 参数,备份时钟切换用于差错恢复和多时钟系统。

可以实现片内差分和串行匹配简化了电路板设计的复杂性,降低了设计成本。

支持远程系统升级,用于可靠和安全的系统升级和差错修复。专用看门口狗电路确保升级后功能正确。

2. Stratix 系列 FPGA

该系列采用 1.5V 内核,0.13μm 全铜工艺。芯片由 Quartus II 软件支持。主要特点有以下几点。

(1)内嵌三级存储单元,可配置为移动寄存器的 512bit 小容量 RAM;4Kbit 容量的标准 RAM(M4K);512Kbit 的大容量 RAM(MegaRAM),并自带奇偶校验。

(2)内嵌乘加结构的 DSP 块(包括硬件乘法器/硬件累加器和流水线结构),适用于高速数字信号处理和各类算法的实现。

(3)全新的布线结构,分为 3 种长度的行列布线,在保证延时可预测的同时,提高资源利用率和系统速度。

(4)增强时钟管理和锁相环能力,最多可有 40 个独立的系统时钟管理区和 12 组锁相环 PLL,实现 $K \times M/N$ 的任意倍频/分频,且参数可动态配置。

(5)增加片内终端匹配电阻,提高信号完整性,简化 PCB 布线。

(6)增强远程升级能力,增加配置错误纠正电路,提高系统可靠性,方便远程维护与升级。

3. ACEX 系列 FPGA

ACEX 是 Altera 专门为通信(如 xDSL 调制解调器、路由器等)、音频处理及其他一些场合的应用而推出的芯片系列。ACEX 器件的工作电压为 2.5V，芯片的功耗较低，集成度在 3 万门到几十万门之间，基于查找表结构。在工艺上，采用先进的 1.8V/0.18μm、6 层金属连线的 SRAM 工艺制成，封装形式则包括 BGA、QFP 等。

4. FLEX 系列 FPGA

FLEX 系列是 Altera 为 DSP 设计应用最早推出的 FPGA 器件系列，包括 FLEX10K，FLEX 10KE、FLEX8000 和 FLEX6000 等系列器件。器件采用连续式互连和 SRAM 工艺，可用门数 1 万～25 万门。FLEX10K 器件由于具有灵活的逻辑结构和嵌入式存储器块，能够实现各种复杂的逻辑功能，是应用广泛的一个系列。

5. MAX 系列 CPLD

MAX 系列包括 MAX9000、MAX7000A、MAX7000B、MAX7000S、MAX3000A 等器件系列。这些器件的基本结构单元是乘积项，在工艺上采用 EECMOS 和 EPROM。器件的编程数据可以永久保存，可加密。MAX 系列的集成度在数百门到 2 万门之间。所有 MAX 系列的器件都具有 ISP 在系统编程的功能，支持 JTAG 边界扫描测试。

6. Cyclone 系列 FPGA

Altera 的低成本系列 FPGA，平衡了逻辑、存储器、锁相环(PLL)和高级 I/O 接口，Cyclone FPGA 是价格敏感应用的最佳选择。Cyclone FPGA 具有以下特性。

(1)新的可编程构架通过设计实现低成本。

(2)嵌入式存储接口电路集成了 DDR FCRAM 和 SDRAM 器件以及 SDR SDRAM 存储器件。

(3)支持串行、总线和网络接口及各种通信协议。

(4)使用片内锁相环 PLLs 管理片内和片外系统时序。

(5)支持单端 I/O 标准和差分 I/O 技术，支持高达 311Mbit/s 的 LVDS 信号。

(6)支持 Nios II 系统嵌入式处理器。

(7)采用新的串行配置器件的低成本配置方案。

(8)通过 Quartus II 软件 OpenCore 评估特性，免费评估 IP 功能。

7. Cyclone II 系统 FPGA

Cyclone II 器件的制造基于 300nm 晶圆，采用 TSMC90nm、低 K 值电介质工艺。Cyclone II FPGA 系列是低成本系列 FPGA，其功能包括以下几点。

(1)多达 68416LEs，可用于高密度应用。

(2)多达 1.1Mbit 的用于嵌入式处理器的通用存储单元。

(3)多达 150 个 18×18 用于嵌入式处理器低成本数字信号处理(DSP)应用。

(4)专用外部存储器接口电路用以连接 DDR2、DDR 和 SDR SDRAM 以及 QDR II SRAM 存储器件。

(5)最多 4 个嵌入式 PLLs，用于片内和片外系统时钟管理。

(6)支持单端 I/O 标准用于 64 位/66MHz PCI 和 64 位/100MHz PCI-X(模式 I)协议。

(7)具有差分 I/O 信号，支持 RSDS、mini-LVDS、LVPECL 和 LVDS，数据速率接收端最高达 805Mbit/s，发送端最高 622Mbit/s。

(8)对安全敏感应用进行自动 CRC 检测。

(9)具有支持完全定制 Nios II 嵌入式处理器。

(10)采用串行配置器件的低成本配置解决方案。

8. MAX II 系列器件

MAX II 系列器件是一款上电即用、非易失性的 PLD 器件系列，用于通用的低密度逻辑应用环境。除了给予传统 CPLD 设计最低的成本，MAX II 器件还将成本和功耗优势引入了高密度领域。使用 LUT 结构，内含 Flash，可以实现自动配置。和 3.3V MAX 器件相比，只有 1/10 的功耗，1.8V 内核电压可以减小功耗，具有高可靠性。支持内部时钟频率达 300MHz。内置用户非易失性 Flash 存储块。通过取代分立式非易失性存储器件减少芯片数量。

该系列器件在工作状态时能够下载第二个设计，降低了远程现场升级 MultiVolt™ 内核的成本。片内电压调整器支持 3.3V、2.5V 或 1.8V 电源输入，减少了电源电压种类，简化了单板设计。此外，该器件可以访问 JTAG 状态机，在逻辑中例化用户功能。同时，提高了单板上不兼容 JTAG 协议的 Flash 器件的配置效率。

9. Altera 宏功能块及 IP 核

随着百万门级 FPGA 的推出，单片系统成为可能。Altera 提出的概念为可编程芯片系统(System On a Programmable Chip，SOPC)，可将一个完整的系统集成在一个可编程逻辑器件内。为了支持 SOPC 的实现，方便用户的开发与应用，Altera 还提供了众多性能优良的宏模块、IP 核以及系统集成等完整的解决方案。这些宏功能模块、IP 核都经过了严格的测试，使用这些模块将大大减少设计的风险，缩短开发周期，可使用户将更多的精力和时间放在改善和提高设计系统的性能上，而不是重复开发已有的模块。

Altera 通过以下两种方式开发 IP 模块。

(1)AMPP(Altera Megafunction Partners Program)是 Altera 宏功能模块和 IP 核开发伙伴组织，通过这个组织，提供基于 Altera 器件的优化宏功能模块和 IP 核。

(2) MegaCore，又称为兆功能模块，是 Altera 自行开发完成的。兆功能模块拥有高度的灵活性和一些固定功能的器件达不到的性能。

Altera 的 MAX+PLUS II 和 Quartus II 平台提供对各种宏功能模块进行评估的功能，允许用户在购买某个宏功能模块之前对该模块进行编译和仿真，以测试其性能。

Altera 能够提供以下宏功能模块。

(1) 数字信号处理类。即 DSP 基本运算模块，包括快速加法器、快速乘法器、FIR 滤波器和 FFT 等，这些参数化的模块均针对 Altera FPGA 的结构做了充分的优化。

(2) 图像处理类。Altera 为数字视频处理所提供的模块，包括旋转、压缩和过滤等应用模块，均针对 Altera 器件内置存储器的结构进行了优化，包括离散余弦变换和 JPEG 压缩等。

(3) 通信类。包括信道编解码模块、Viterbi 编解码和 Turbo 编解码等，还能够提供软件无线电中的应用模块，如快速傅里叶变换和数字调制解调器等。在网络通信方面也提供了诸多选择，从交换机到路由器，从桥接器到终端适配器，均提供了一些应用模块。

(4) 接口类。包括 PCI、USB、CAN 等总线接口，SDRAM 控制器、IEEE1394 等标准接口。其中 PCI 总线包括 64 位/66MHz 的 PCI 总线和 32 位/33MHz 的 PCI 总线等几种方案。

(5) 处理器及外围功能模块。包括嵌入式微处理器、微控制器、CPU 核、Nios 核、UART 和中断控制器等。此外还有编码器、加法器、锁存器、寄存器和各类 FIFO 等 IP。

1.2.4　Altera 公司的 FPGA 配置方式与配置器件

Altera 的 FPGA 器件有两类配置下载方式：主动配置方式和被动配置方式。主动配置方式由 FPGA 器件引导配置操作过程，它控制着外部存储器和初始化过程，而被动配置方式则由外部计算机或控制器控制配置过程。FPGA 在正常工作时，它的配置数据（下载进去的逻辑信息）存储在 SRAM 中。由于 SRAM 的易失性，每次加电时，配置数据都必须重新下载。在实验系统中，通常用计算机或控制器进行调试，因此可以使用被动配置方式。而实用系统中，多数情况下必须由 FPGA 主动引导配置操作过程，这时 FPGA 将主动从外围专用存储芯片中获得配置数据，而此芯片中的 FPGA 配置信息是用普通编程器将设计所得的 POF 格式的文件烧录进去的。

Altera 提供了一系列 FPGA 专用配置器件，即 EPC 型号的存储器，它们的特点有以下几点。

(1) 配置时电流很小，器件工作正常时，EPC 器件为零静态电流，不消耗功率。

(2) 适用于 3.3V/5V 多种接口电压工作，提供 DIP、PLCC 和 TQFP 多种封装形式。

(3) MAX+PLUS II 和 Quartus II 等开发软件均提供对 EPC 器件的支持。

(4) 支持用 MPU、MCU 或 CPLD 模仿下载配置时序为 FPGA 配置。

(5) EPC 器件中的 EPC2 型号的器件是采用 Flash 存储工艺制作的具有可多次编程特性的配置器件。EPC2 器件通过符合 IEEE 标准的 JTAG 接口可以提供 3.3V/5V 的在系统编程能力；具有内置的 JTAG 边界扫描测试 (BST) 电路，可通过 ByteBlasterMV 下载电缆，使用串行矢量格式文件 pof 或 Jam Byte-Code (.jbc) 等文件格式对其进行编程。EPC1/1441 等器件属 OTP 器件。表 1.1 列出了部分配置器件的型号和规格。

表 1.1　Altera FPGA 常用配置器件

器件	功能描述	封装形式
EPC2	1695680×1 位，3.3V/5V 供电	20 脚 PLCC、32 脚 TQFP
EPC1	1046496×1 位，3.3V/5V 供电	8 脚 PDIP、20 脚 PLCC
EPC1441	440800×1 位，3.3V/5V 供电	8 脚 PDIP、20 脚 PLCC

除了上述的配置器件，对于 Cyclone、Cyclone II 系列器件，Altera 还提供 AS 方式的配置器件，EPCS 系列。EPCS 系列 (如 EPCS1、EPCS4 等) 配置器件也是串行配置的。

第2章 项目开发环境介绍

2.1 软 件 平 台

2.1.1 硬件开发工具 Quartus II 12.0

Quartus II 是 Altera 公司的综合性 PLD/FPGA 开发软件，由于其强大的设计能力和直观易用的接口，越来越受到数字系统设计者的欢迎。它支持原理图、VHDL、Verilog HDL 以及 AHDL 等多种设计输入形式，内嵌综合器以及仿真器，可以完成从设计输入到硬件配置的完整 PLD 设计流程。它支持 Altera 的 IP 核，包含了 LPM/MegaFunction 宏功能模块库，使用户可以充分利用成熟的模块，简化了设计的复杂性，加快了设计速度。对第三方 EDA 工具的良好支持也使用户可以在设计流程的各个阶段使用熟悉的第三方 EDA 工具。可以在 Windows XP、Linux 以及 UNIX 上使用，可以使用 Tcl 脚本完成设计流程，并且提供了完善的用户图形界面设计方式，具有运行速度快、界面统一、功能集中、易学易用等特点。它是一种综合性的开发平台，集系统级设计、嵌入式软件开发、可编程逻辑设计于一体，支持片上可编程系统(System On Programmable Chip，SOPC)开发。

Quartus II 12.0 设计软件提供完整的多平台设计环境，能够直接满足特定设计需要，为片上可编程系统提供全面的设计环境，并且含有 FPGA 和 CPLD 设计所有阶段的解决方案，图 2.1 列出了 Quartus II 12.0 的设计流程。

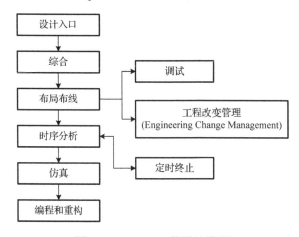

图 2.1 Quartus II 的设计流程

　　此外，Quartus II 为设计流程的每个阶段提供 Quartus II 图形用户界面、EDA 工具界面和命令行界面。可以在整个流程中只使用这些界面中的一个，也可以在设计流程的不同阶段使用不同界面。因此能使用 Quartus II 软件完成设计流程的所有阶段，且是完整易用的独立解决方案。图 2.2 列出 Quartus II 图形用户界面为设计流程提供的每个阶段的功能。

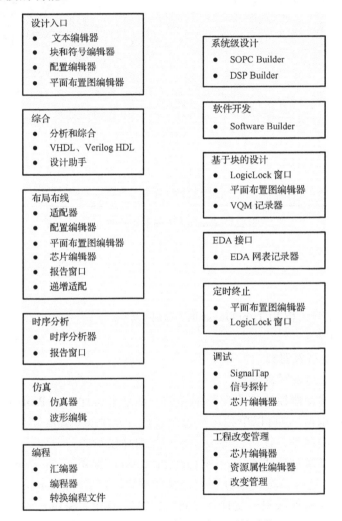

图 2.2　Quartus II 图形用户界面的功能

　　图 2.3 显示了首次启动 Quartus II 软件时出现的 Quartus II 图形用户界面。

　　Quartus II 软件包括一个模块化编译器。编译器包括以下模块(标有星号*的模块表示在完整编译时，可根据设置选择使用)。

　　(1)分析和综合。

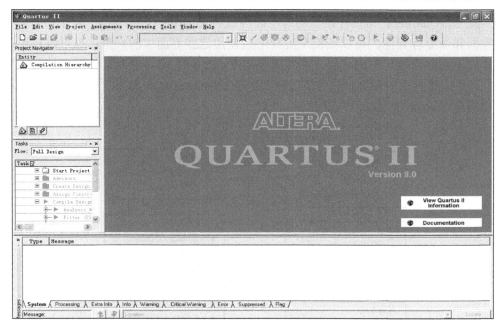

图 2.3　Quartus II 图形用户界面

(2) 分区合并*。

(3) 适配器。

(4) 汇编器*。

(5) 标准时序分析器和 TimeQuest 时序分析器*。

(6) 设计助手*。

(7) EDA 网表写入器*。

(8) HardCopy 网表写入器*。

要将所有的编译器模块作为完整编译的一部分来运行，在 Processing 菜单中单击 Start Compilation。也可以单独运行每个模块，从 Processing 菜单的 Start 子菜单中单击希望启动的命令。还可以逐步运行一些编译模块。

此外，还可以通过选择 Compiler Tool (Processing 菜单)，在 Compiler Tool 窗口(如图 2.4 所示)中运行该模块来分别启动编译模块，在 Compiler Tool 窗口中，可以打开该模块的设置文件或报告文件，还可以打开其他相关窗口。

Quartus II 软件也提供一些预定义的编译流程，可以利用 Processing 菜单中的命令来使用这些流程。

以下步骤描述了使用 Quartus II 图形用户界面的基本设计流程。

(1) 在 File 菜单中单击 New Project Wizard，建立新工程并指定目标器件或器件系列。

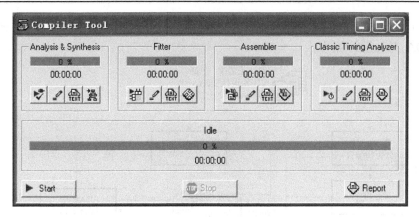

图 2.4　Compiler Tool 窗口

(2) 使用文本编辑器建立 Verilog HDL、VHDL 或者 Altera 硬件描述语言(AHDL)设计。使用模块编辑器建立以符号表示的框图，表征其他设计文件，也可以建立原理图。

(3) 使用 Mega Wizard 插件管理器生成宏功能和 IP 功能的自定义变量，在设计中将它们例化，也可以使用 SOPC Builder 或者 DSP Builder 建立一个系统级设计。

(4) 利用分配编辑器、引脚规划器、Settings 对话框、布局编辑器，以及设计分区窗口指定初始设计约束。

(5) 进行早期时序估算，在适配之前生成时序结果的早期估算。本步可选。

(6) 利用分析和综合工具对设计进行综合。

(7) 如果设计含有分区，还没有进行完整编译，则需要通过 Partition Merge 将分区合并。

(8) 通过仿真器为设计生成一个功能仿真网表，进行功能仿真。本步可选。

(9) 使用适配器对设计进行布局布线。

(10) 使用 PowerPlay 功耗分析器进行功耗估算和分析。

(11) 使用仿真器对设计进行时序仿真。使用 TimeQuest 时序分析器或者标准时序分析器对设计进行时序分析。

(12) 使用物理综合、时序逼近布局、LogicLock 功能和分配编辑器纠正时序问题。本步可选。

(13) 使用汇编器建立设计编程文件，通过编辑器和 Altera 编程硬件对器件进行编程。

(14) 采用 SignalTap II 逻辑分析器、外部逻辑分析器、SignalProbe 功能或者芯片编辑器对设计进行调试。本步可选。

(15) 采用芯片编辑器、资源属性编辑器和更改管理器来管理工程改动。本步可选。

Quartus II 软件允许在设计流程的不同阶段使用用户熟悉的 EDA 工具，可以与

Quartus II 图形用户界面或者 Quartus II 命令行可执行文件一起使用这些工具。图 2.5 显示了 EDA 工具设计流程。

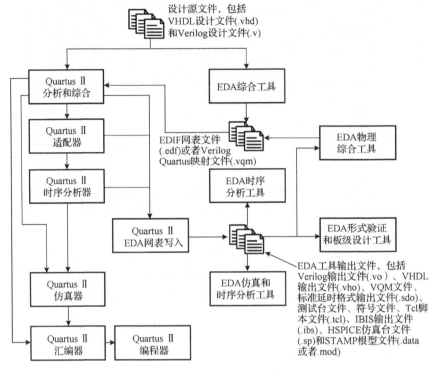

图 2.5　EDA 工具设计流程

以下步骤为其他 EDA 工具与 Quartus II 软件配合使用时的基本设计流程。

(1) 创建新工程并指定目标器件或器件系列。

(2) 指定与 Quartus II 软件一同使用的 EDA 设计输入、综合、仿真、时序分析、板级验证、形式验证及物理综合工具,为这些工具指定其他选项。

(3) 使用标准文本编辑器建立 Verilog HDL 或者 VHDL 设计文件,也可以使用 MegaWizard 插件管理器建立宏功能模块的自定义变量。

(4) 使用 Quartus II 支持的 EDA 综合工具综合设计,并生成 EDIF 网表文件(.edf) 或 Verilog Quartus 映射文件(.vqm)。

(5) 使用 Quartus II 支持的仿真工具对设计进行功能仿真。本步可选。

(6) 在 Quartus II 软件中对设计进行编译。运行 EDA 网表写入器,生成输出文件,供其他 EDA 工具使用。

(7) 使用 Quartus II 支持的 EDA 时序分析或者仿真工具对设计进行时序分析和仿真。本步可选。

(8)使用 Quartus II 支持的 EDA 形式验证工具进行形式验证,确保 Quartus 布线后网表与综合网表一致。本步可选。

(9)使用 Quartus II 支持的 EDA 板级验证工具进行板级验证。本步可选。

(10)使用 Quartus II 支持的 EDA 物理综合工具进行物理综合。本步可选。

(11)使用编程器和 Altera 硬件对器件进行编程。

2.1.2　ModelSim 仿真工具

ModelSim 仿真工具提供了友好的调试环境,它是由 Model 公司开发的、唯一的单内核支持 VHDL 和 Verilog 混合的仿真器。ModelSim 仿真工具是做 FPGA/ASIC 设计的 RTL 级和门级电路仿真的首选,它可以将整个程序分步执行,使设计者直接看到它的程序下一步要执行的语句,而且在程序执行的任何时刻都可以查看任意变量的当前值,可以在 Dataflow 窗口查看某一单元或模块的输入输出的连续变化等,比 Quartus II 自带的仿真器功能强大得多。

ModelSim 仿真工具个性化的图形界面和用户接口,为用户加快调试提供强有力的手段。它采用直接优化的编译技术、Tcl/Tk 技术和单一内核仿真技术,编译仿真速度快,编译的代码与平台无关。它全面支持 VHDL 和 Verilog HDL 语言的 IEEE 标准,支持 C/C++功能调用和调试。利用好 ModelSim 仿真工具的特点可以有效地提高开发效率,其主要特点如下。

(1)RTL 级和门级优化,本地编译结构,编译仿真速度快,可跨平台跨版本仿真。

(2)集成了性能分析、波形比较、代码覆盖、数据流 ChaseX、Signal Spy、虚拟对象 Virtual Object、Memory 窗口、Assertion 窗口、源码窗口显示信号值、信号条件断点等众多调试功能。

(3)支持 SystemVerilog 的设计功能。

(4)单内核 VHDL 和 Verilog HDL 混合仿真。

(5)C 和 Tcl/Tk 接口,C 调试。

(6)对 SystemC 的直接支持,和 HDL 任意混合。

(7)源代码模版和助手,项目管理。

(8)对系统级描述语言的最全面支持,包括 SystemVerilog,SystemC,PSL。

ModelSim 8.0 基本仿真步骤如下。

在 ModelSim 环境下进行仿真,根据仿真文件的组织方式可分为单个文件基本仿真和工程文件仿真。两种仿真方法的流程基本相同,都是先创建一个库,接下来对建立的文件进行编译,编译完成就可以运行仿真了。所不同的是单个文件仿真时只需要建立一个工作库,而对于工程文件的仿真则需先在 ModelSim 中创建项目,然后添加文件。

1. 建立 ModelSim 库

ModelSim 有很多不同版本，对于 OEM 版本会针对特定厂商的器件集成相应的库函数，但是对于完全版来说它并不会针对特定的厂商制作，不会集成任何公司的 FPGA/CPLD 的仿真库。此节讲到的关于仿真库的所有问题都是针对 ModelSim 8.0 版本的，所以在进行仿真前，要在 ModelSim 中建立相应的库以支持要仿真的器件。

使用 ModelSim 进行仿真时，所有设计文件不论是 VHDL、Verilog HDL 还是二者的混合文件都需要编译到一个库中。在默认条件下需要创建一个名称为"work"的工作库，所有文件都编译到这个库当中。

下面介绍建立工作库的方法。

(1) 启动 ModelSim。

(2) 在 ModelSim 主窗口中选择 File 菜单下的 Change Directory 命令，更改当前的目录为仿真文件所在的路径（如图 2.6 所示）。

(3) 创建工作库。在主窗口 File 菜单中选择 New 下的 Library 命令，打开创建库对话框。如果软件没有自动填写库的程序，则输入"work"，如图 2.7 所示，单击 OK 按钮完成库的创建及映射。这个操作过程实质上相当于在 ModelSim 主窗口命令控制台输入了 vlib work 和 vmap work work 命令。ModelSim 将在当前的命令下创建一个名称为 work 的库，并且在其中产生一个 _info 文件，在整个使用过程中不要对这个文件进行编辑。

图 2.6　更改工作路径　　　　　　　　图 2.7　创建 work 库

通过以上的三个步骤，work 库已建立成功。

在使用第三方提供的 IP 或者共享一些仿真的公共部分给其他项目成员时都有可能用到资源仿真，在资源仿真中首先要做的是建立资源库。

下面介绍资源库的建立方法。

(1)启动 ModelSim。

(2)在 ModelSim 主窗口中选择 File 菜单下的 Change　Directory 命令，更改当前的目录为仿真文件所在的路径。

(3)创建资源库。在主窗口 File 菜单中选择 New 下的 Library 命令，打开创建库对话框。选择"a new library and a logical mapping to it"选项，并在库名称(Library Name)处填写 parts_lib，在库的物理名称(Library Physical Name)处软件会自动填写相同的名称，单击 OK 按钮，则创建了 parts_lib 资源库，同时修改了 Modelsim.ini 配置文件。

2. 编译源代码

当全部的源文件都加入到 ModelSim 中，并且相关的库已被建立或载入时，就可以对源代码进行编译了。

在 ModelSim 中默认源文件是被编译到 work 库中的，对于 Verilog HDL 语言源代码编译器还支持增量编译模式，在增量编译模式下只有自上次编译后修改过的部分会被编译，其他的部分保持不变，这对于大型的设计来说可以减少编译的时间。

下面介绍编译源代码的步骤。

(1)在 ModelSim 主窗口中选择 Compile 菜单下的 Compile 命令，打开源文件编译窗口，如图 2.8 所示。

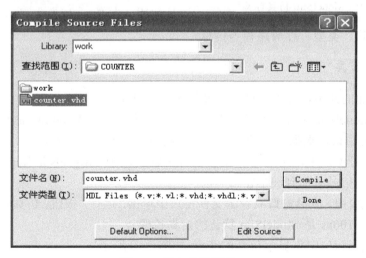

图 2.8　源文件编译窗口

(2)在源文件编译窗口中选择要编译的源文件,然后单击Compile按钮编译源文件。

（3）编译过程的相关信息将会显示在主窗口的命令控制台中，若编译无误，则单击 Done 按钮，关闭源文件对话框。

（4）在主窗口的工作区中单击 work 库前面的加号，可以看到刚才编译的源文件已添加到工作库中了。

通过以上 4 步源文件就编译完成了，在编译源文件时用户可以单击源文件编译窗口中的 Edit Source 按钮来编译源文件，或者单击 Default Options 按钮打开默认选项对话框，设置相关的编译参数。

3．启动仿真器

源文件编译完成后就可以进行仿真了，在仿真时需要使用激励源来驱动设计的电路。在 ModelSim 中激励源可以是 HDL 源文件，也可以是波形文件，可以根据实际情况进行选择。需要注意的是，激励源文件必须和设计顶层文件放到相同的目录中，并且也需要编译到 work 库中。

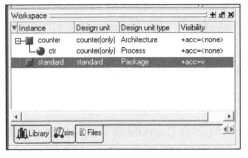

图 2.9　ModelSim 仿真标签

以上工作都完成后，就可以开始启动仿真器了。双击工作区 work 库下面设计单元的激励源文件就可以加载设计仿真了。在主窗口的工作区中会产生一个 sim 标签和一个 Files 标签（如图 2.9 所示）。

在 sim 标签中显示了设计的层次，可以使用"+"或者"–"展开或合并设计层次。在 Files 标签中显示了设计中包含的文件名称、类型、存放路径等信息。

4．执行仿真

完成前面的几步，接下来就可以开始进行仿真了。

（1）在 ModelSim 的主窗口中选择 View 菜单下的 All　Windows 命令，打开所有的 ModelSim 窗口，根据设计的不同所打开的窗口可能会有所不同。

（2）在信号窗口中使用菜单 Add 中的 Wave 项里面的 Signals in Region 命令，将所在层次所有信号添加到波形窗口。

（3）在主窗口、波形窗口或者源文件窗口中单击"运行"按钮，仿真将运行 100ns 并自动停止，100ns 是 ModelSim 默认的仿真长度。

（4）在波形窗口中将显示仿真的波形（如图 2.10 所示）。

在左边的信号名称上单击鼠标右键，在弹出的快捷菜单中选择 Radix 项目下的 Binary、Octal、Decimal 等命令可以使信号按二进制、八进制、十进制显示。

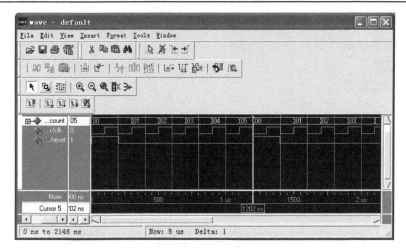

图 2.10　仿真结果

2.1.3　Nios II IDE 8.0 集成开发环境

Nios II 集成开发环境(IDE)是 Nios II 系列嵌入式处理器的基本软件开发工具。所有软件开发任务都可以在 Nios II IDE 下完成,包括编辑、编译和调试程序。Nios II EDS(Embedded Design Suite)提供了一个统一的开发平台,适用于所有 Nios II 处理器系统。仅仅通过一台 PC 机、一片 Altera 的 FPGA 以及一根 JTAG 下载电缆,软件开发人员就能够向 Nios II 处理器系统写入程序并和 Nios II 处理器系统通信。Nios II 处理器的 JTAG 调试模块提供了使用 JTAG 下载线和 Nios II 处理器通信唯一的、统一的方法。无论是单处理器系统中的处理器,还是复杂多处理器系统中的处理器,对其的访问都是相同的。用户不必去自己建立访问嵌入式处理器的接口。

Nios II EDS 提供了两种不同的设计流程,包含很多生成 Nios II 程序的软件工具,包括需要版权的和开源软件工具如 GNU C/C++工具集。Nios II EDS 为基于 Nios II 的系统自动生成板支持包(Board Support Package,BSP)。Altera 的 BSP 包括 Altera 硬件抽象层(Hardware Abstraction Layer,HAL),可选的 RTOS,设备驱动。BSP 提供了 C/C++运行环境,使用户避免直接和硬件打交道。

Nios II EDS 的第一种开发流程是用户在集成开发环境 Nios II IDE 中完成所有的工作,第二种开发流程是在命令行和脚本环境中使用 Nios II 软件生成工具,然后将工程导入到 IDE 中进行调试。本书介绍使用 Nios II IDE 进行软件设计的流程,Nios II IDE 基于开放式的、可扩展 Eclipse IDE project 工程以及 Eclipse C/C++ 开发工具(CDT)工程。

Nios II IDE 为软件开发提供四个主要的功能。

(1)工程管理器。

(2)编辑器和编译器。

(3)调试器。

(4)闪存编程器。

1．工程管理器

The Nios II IDE 提供多个工程管理任务，加快嵌入式应用程序的开发进度。

(1)新工程向导。Nios II IDE 推出了一个新工程向导，用于自动建立 C/C++应用程序工程和系统库工程。采用新工程向导，能够轻松地在 Nios II IDE 中创建新工程，如图 2.11 所示。

图 2.11　Nios II IDE 新工程向导

(2)软件工程模板。除了工程创建向导，Nios II IDE 还以工程模板的形式提供了软件代码实例，帮助软件工程师尽可能快速地推出可运行的系统。每个模板包括一系列软件文件和工程设置。通过覆盖工程目录下的代码或者导入工程文件的方式，开发人员能够将他们自己的源代码添加到工程中。在图 2.11 中的下半部分分别是可选用的模板和模板的介绍。

(3)软件组件。Nios II IDE 使开发人员通过使用软件组件能够快速地定制系统。软件组件(或者称为系统软件)为开发人员提供了一个简单的方式来为特定目标硬件配置系统。在上图中点击 Next，会出现图 2.12 所示的系统库的创建/选择窗口，新建工程用到的组件会包含在系统库中，这些组件包括如下。

(1) Nios II 运行库(或者称为硬件抽象层 HAL)。

(2) 轻量级 IP TCP/IP 库。

(3) MicroC/OS-II 实时操作系统(RTOS)。

(4) Altera 压缩文件系统。

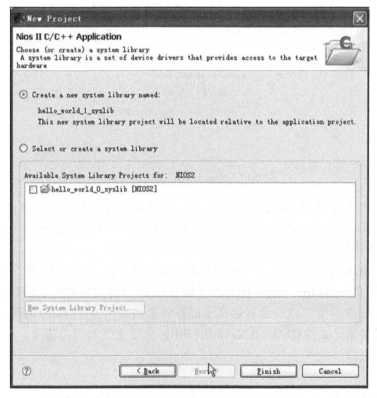

图 2.12　系统库工程

2. 编辑器和编译器

Nios II IDE 提供了一个全功能的源代码编辑器和 C/C++编译器。包括下面的几部分。

(1) 文本编辑器。Nios II IDE 文本编辑器是一个成熟的全功能源文件编辑器，如图 2.13 所示。包括语法高亮显示 C/C++，代码辅助/代码协助完成，全面的搜索工具，文件管理，广泛的在线帮助主题和教程，引入辅助，快速定位，自动纠错，内置调试等功能。

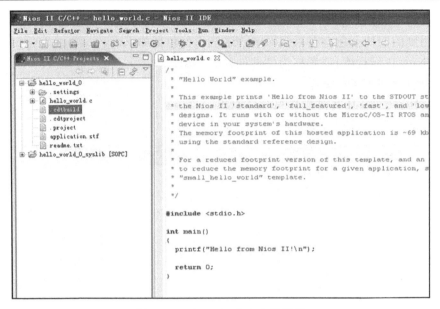

图 2.13　Nios II IDE 文本编辑器

(2) C/C++编译器。Nios II IDE 为 GCC 编译器提供了一个图形化用户界面，Nios II IDE 编译环境使设计 Altera 的 Nios II 处理器软件更容易，它提供了一个易用的按钮式流程，同时允许开发人员手工设置高级编译选项。

Nios II IDE 编译环境自动生成一个基于用户特定系统配置(SOPC Builder 生成的 PTF 文件)的 makefile。Nios II IDE 中编译/链接设置的任何改变都会自动映射到这个 makefile 文件中。这些设置包括生成存储器初始化文件(MIF)的选项、闪存内容、仿真器初始化文件(DAT/HEX)以及 profile 总结文件的相关选项。

3.　调试器

Nios II IDE 包含一个强大的、基于 GNU 调试器的软件调试器——GDB。该调试器提供了许多基本调试功能，以及一些在低成本处理器开发套件中不会经常用到的高级调试功能。

Nios II IDE 调试器包含的基本调试功能如下。

(1) 运行控制。

(2) 调用堆栈查看。

(3) 软件断点。

(4) 反汇编代码查看。

(5) 调试信息查看。

(6) 指令集仿真器。

除了上述基本调试功能之外，Nios II IDE 调试器还支持以下高级调试功能。

(1)硬件断点调试 ROM 或闪存中的代码。

(2)数据触发。

(3)指令跟踪。

Nios II IDE 调试器通过 JTAG 调试模块和目标硬件相连。另外，支持片外跟踪功能便于和第三方跟踪探测工具结合使用，如 FS2 公司提供的用于 Nios II 处理器的 in-target 系统分析仪(ISA-NIOS)。

调试信息查看——调试信息查看使用户可以访问本地变量、寄存器、存储器、断点以及表达式赋值函数。

连接目标——Nios II IDE 调试器能够连接多种目标。表 2.1 列出了 Nios II IDE 中可用的目标连接。

表 2.1　Nios II IDE 调试器目标

目标	说明
硬件(通过 JTAG)	连接至 Altera 的 FPGA 开发板，如 Nios II 开发套件或其他 Altera 及其合作伙伴提供的套件中的开发板
指令集仿真器	Nios II 指令集架构的软件例化，用于硬件平台(如 FPGA 电路板)未搭建好时的系统开发
硬件逻辑仿真器	连接至 ModelSim HDL 仿真器，用于验证用户创建的外设

4.　闪存编程器

许多使用 Nios II 处理器的设计都在单板上采用了闪存，可以用来存储 FPGA 配置数据或 Nios II 编程数据。Nios II IDE 提供了一个方便的闪存编程方法。任何连接到 FPGA 的兼容通用闪存接口(CFI)的闪存器件都可以通过 Nios II IDE 闪存编程器来烧写。除 CFI 闪存外，Nios II IDE 闪存编程器能够对连接到 FPGA 的任何 Altera 串行配置器件进行编程。闪存编程器管理多种数据，表 2.2 显示了编程到闪存的通用内容类型。

表 2.2　通用内容类型

内容类型	说明
系统固定软件	烧写到闪存中的软件，用于 Nios II 处理器复位时从闪存中导入启动程序
FPGA 配置	如果使用一个配置控制器(例如用在 Nios 开发板中的配置控制器)，FPGA 能够在上电复位时从闪存获取配置数据
任意二进制数据	开发人员想存储到闪存内的任何二进制数据，例如图形、音频等

Nios II IDE 闪存编程器具有易用的接口，Nios II IDE 闪存编程器已做了预先配置，能够用于 Nios II 开发套件中的所有单板，而且能够轻易地引入到用户硬件中。

除了 IDE 中的这些工具之外，Nios II EDS 还包括如下的部分。

(1)GNU 工具系列，Nios II 编译器工具是基于标准的 GNU gcc 编译器、汇编器、连接器和 make 工具。

(2)指令集仿真器，Nios II 指令仿真器(ISS)使得用户在目标硬件准备好之前就能开发程序。Nios II IDE 使得用户可以基于 ISS 运行开发的程序，就如同在真正的目标硬件上运行一样简单。

(3)设计实例，Nios II EDS 提供了软件实例和硬件设计来展示 Nios II 处理器和开发环境所具有的卓越的性能。

2.1.4　Eclipse 集成开发环境

1. Eclipse 的体系结构

Eclipse 允许在同一 IDE 中使用来自不同供应商提供的工具，说明 Eclipse 不仅可以开发 Java 程序，也可以用来开发 PHP、C++、C 等其他程序，任何人都可以扩展 Eclipse 的功能。

Eclipse 的设计思想，是使用大量插件来进行扩展开发，例如图形开发环境(SWT/JFace)、Java 开发环境插件(JDT)、插件开发环境(PDE)等。

Eclipse 对内存控制良好，Eclipse 对这些插件的调用是动态的，也就是说在使用这个插件的时候才会被调入内存，如果不使用就不会占用内存，而且 Eclipse 会在适当的时候将长时间不使用的插件清理出内存。

2. 图形界面开发

Eclipse 拥有漂亮的开发界面，是基于 SWT 开发的。标准部件库(Standard Widget Toolkit, SWT)是基于 Java 环境下的新类库，它提供了 Java 环境下的图形编程接口，SWT 中的图形库和工具包取代了 AWT 和 SWING。SWT 直接调用操作系统的图形库，这使得 Java 程序的运行速度得到了保证，但是 SWT 的缺点是支持的平台太少。Eclipse 也可以开发基于 SWING 的程序。

2.1.5　数值计算与仿真测试工具 MATLAB

MATLAB 是矩阵实验室(Matrix Laboratory)的简称，是美国 MathWorks 公司出品的商业数学软件，用于算法开发、数据可视化、数据分析以及数值计算的高级技术计算语言和交互式环境，为科学研究、工程设计以及有效数值计算的众多科学领域提供了一种全面的解决方案，并在很大程度上摆脱了传统非交互式程序设计语言(如 C、Fortran 等)的编辑模式，代表了当今国际科学计算软件的先进水平。

MATLAB 可以进行矩阵运算、绘制函数和数据、实现算法、创建用户界面、连接其他编程语言的程序等，主要应用于工程计算、控制设计、信号处理与通信、图像处理、信号检测、金融建模设计与分析等领域。其基本数据单位是矩阵，其指令表达式与数学、工程中常用的十分相似，使 MATLAB 成为一个强大的数学软件。

1. 基本应用

MATLAB 产品可以用来进行许多工作，如数值分析、数值和符号计算、工程与科学绘图、控制系统的设计与仿真、数字图像处理、数字信号处理、通信系统设计与仿真、财务与金融工程等。

MATLAB 的应用范围非常广，包括信号和图像处理、通信、控制系统设计、测试和测量、财务建模和分析以及计算生物学等众多应用领域。附加的工具箱(单独提供的专用 MATLAB 函数集)扩展了 MATLAB 环境，以解决这些应用领域内特定类型的问题。

2. MATLAB 系统结构

MATAB 开发环境、MATLAB 数学函数库、MATLAB 语言、MATLAB 图形处理系统和 MATLAB 应用程序接口(API)五大部分构成了 MATLAB 系统。

(1)MATLAB 开发环境，一个集成的用户工作空间，允许用户输入输出数据，并提供了 M 文件的集成编译和调试环境，包括 MATLAB 桌面、命令窗口、M 文件编辑调试器、MATLAB 工作空间和在线帮助文档。它是一套方便用户使用的 MATLAB 函数和文件工具集，其中许多工具是图形化用户接口。

(2)MATLAB 数学函数库，包括了从基本算法如加法、正弦，到复杂算法如矩阵求逆、快速傅里叶变换等大量计算算法。

(3)MATLAB 语言，MATLAB 语言有程序流控制、函数、数据结构、输入/输出和面向对象编程等特色，是一种高级的基于矩阵/数组的语言。

(4)MATLAB 图形处理系统，包括强大的二维三维图形函数、图像处理和动画显示等函数，它使得 MATLAB 能方便的图形化显示向量和矩阵，而且能对图形添加标注和打印。

(5)MATLAB 应用程序接口(API)，一个使 MATLAB 语言能与 C、Fortran 等其他高级编程语言进行交互的函数库。该函数库的函数通过调用动态链接库(DLL)实现与 MATLAB 文件的数据交换,其主要功能包括在 MATLAB 中调用 C 和 Fortran 程序，以及在 MATLAB 与其他应用程序间建立客户-服务器关系。

3. MATLAB 的优势

(1)友好的工作平台编程环境，MATLAB 由一系列工具组成，这些工具方便用户使用 MATLAB 的函数和文件，其中许多工具采用的是图形用户界面。随着

MATLAB 的商业化以及软件本身的不断升级，MATLAB 的用户界面也越来越精致，更加接近 Windows 的标准界面，人机交互性更强，操作更简单。

(2)简单易用的程序语言，MATLAB 是一个高级的矩阵/数组语言。用户可以在命令窗口中将输入语句与执行命令同步，也可以先编写好一个较大的复杂的应用程序(M 文件)后再一起运行。MATLAB 语言的语法特征与 C++语言极为相似，符合科技人员所熟悉的数学表达式的书写格式，使之利于非计算机专业的科技人员使用。

(3)强大的科学计算数据处理能力，MATLAB 是一个包含大量计算算法的集合，拥有 600 多个工程中要用到的数学运算函数，可以方便地实现用户所需的各种计算功能。MATLAB 的这些函数集包括从最基本的函数到诸如矩阵运算、特征向量、快速傅立叶变换等复杂函数。在计算要求相同的情况下，使用 MATLAB 的编程工作量会大大减少。

(4)出色的图形处理功能，MATLAB 具有方便的数据可视化功能，可以将向量和矩阵用图形表现出来，并且可以对图形进行标注和打印。高层次的作图包括二维和三维的可视化、图像处理、动画和表达式作图，可用于科学计算和工程绘图。MATLAB 对于一些其他软件所没有的功能，如：图形的光照处理、色度处理以及四维数据的表现等，同样具有出色的处理能力。同时对一些特殊的可视化要求，例如图形对话等，MATLAB 也有相应的功能函数，保证了用户不同层次的要求。

(5)应用广泛的模块集合工具箱，MATLAB 对许多专门的领域都开发了功能强大的模块集和工具箱，用户可以直接使用工具箱学习、应用和评估不同的方法而不需要自己编写代码。目前，MATLAB 已经把工具箱延伸到了科学研究和工程应用的诸多领域，诸如数据采集、数据库接口、概率统计、样条拟合、优化算法、偏微分方程求解、神经网络、小波分析、信号处理、图像处理、系统辨识、控制系统设计、LMI 控制、鲁棒控制、模型预测、模糊逻辑、金融分析、地图工具、非线性控制设计、实时快速原型及半物理仿真、嵌入式系统开发、定点仿真、DSP 与通信、电力系统仿真等，都在工具箱(Toolbox)家族中有了自己的一席之地。

(6)实用的程序接口和发布平台，MATLAB 可以利用 MATLAB 编译器和 C/C++数学库和图形库，将自己的 MATLAB 程序自动转换为独立于 MATLAB 运行的 C 或 C++代码。允许用户编写可以和 MATLAB 进行交互的 C 或 C++语言程序。另外，MATLAB 网页服务程序还允许在 Web 应用中使用自己的 MATLAB 数学和图形程序。

4. MATLAB Simulink 简介

Simulink 是 MATLAB 最重要的组件之一，它具有适应面广、结构和流程清晰及仿真精细、贴近实际、效率高、灵活等优点。它提供一个动态系统建模、仿真和综合分析的集成环境，在该环境中，无需大量书写程序，只要通过简单直观的鼠标操作，就可构造出复杂的系统，已被广泛应用于控制理论和数字信号处理的复杂仿真和设计。同时有大量的第三方软件和硬件可应用于或被要求应用于 Simulink。本书在后续章节中将会重点用到此模块。

　　Simulink 是一种基于 MATLAB 的框图设计环境，是实现动态系统建模、仿真和分析的一个软件包，被广泛应用于线性系统、非线性系统、数字控制及数字信号处理的建模和仿真中。Simulink 是 MATLAB 中的一种可视化仿真工具，可以用连续采样时间、离散采样时间或两种混合的采样时间进行建模，它也支持多速率系统，也就是系统中的不同部分具有不同的采样速率。Simulink 是用于动态系统和嵌入式系统的多领域仿真和基于模型的设计工具，为了创建动态系统模型，它提供了一个建立模型方块图的图形用户接口（GUI），这个创建过程只需单击和拖动鼠标操作就能完成，它提供了一种更快捷明了的方式，用户可以立即看到系统的仿真结果。对各种时变系统，包括通信、控制、信号处理、视频处理和图像处理系统，Simulink 提供了交互式图形化环境和可定制模块库来对其进行设计、仿真、执行和测试。

　　Simulink 仿真具有以下特点。

　　(1)交互建模，Simulink 提供了大量的功能块，方便用户快速地建立动态系统模型，建模时只需要使用鼠标拖放库中的功能块，并将它们连接起来。用户可以通过将块组成子系统建立多级模型。对块和连接的数目没有限制。

　　(2)交互仿真，Simulink 框图提供了交互性很强的非线性仿真环境。用户可以通过下拉菜单执行仿真，或者用命令行进行批处理。仿真结果可以在运行的同时通过示波器或者图形窗口显示。

　　(3)能够扩充和定制，Simulink 的开放式结构允许用户扩充仿真环境的功能。

　　(4)与 MATLAB 和工具箱集成，由于 Simulink 可以直接利用 MATLAB 的数学、图形和编程功能，用户可以直接在 Simulink 下完成诸如数据分析、过程自动化、优化参数等工作。工具箱提供的高级设计和分析能力可以通过 Simulink 在仿真过程中执行。

　　(5)专用模型库，Simulink 的模型库可以通过专用元件集进一步扩展。

2.2　硬件平台

2.2.1　DE2 平台简介

　　本书中的项目实例均是在 Altera 提供的 DE2 平台上测试实现的。该平台使用的是性价比较高的 Cyclone II 系列 FPGA 芯片 EP2C35，并且具有丰富的外围设备。Cyclone II 系列 FPGA 是继 Cyclone 系列低成本 FPGA 在市场上取得成功之后，Altera

公司推出的更低成本的 FPGA，它将低成本 FPGA 的密度扩展到了 68416 个逻辑单元(LEs)，从而可以在低成本 FPGA 上实现复杂的数字系统。

Cyclone II 系列 FPGA 支持 Altera 公司的 Nios II 嵌入式软核处理器。Nios II 具有灵活的可配置特性而且可以非常容易地实现各种外设的扩展。对于并行事务处理，可以在一个 FPGA 上放置多个 Nios II 软核，大大提高了处理器的效率，也方便多个小组同时开发，进一步加快了新产品的研发速度。

在数字信号处理方面，Cyclone II 系列 FPGA 也具有明显的优势。Cyclone II 系列 FPGA 可以内置多达 150 个 18×18 的硬件乘法器，片上大容量的 M4K RAM 以及经过专门优化的对外部存储器的高速存取特性，使它们非常适合于数字信号处理器或协处理器的应用场合。Altera 公司提供的数字信号处理器 IP 核以及 DSP Builder 软件包使数字信号处理产品的开发非常容易。

其详细特性如下。

(1)芯片，核心的 FPGA 芯片 Cyclone II 2C35F672C6，从名称可以看出，它包含有 35 千个 LE。Altera 下载控制芯片 EPCS16 以及 USB-Blaster 对 JTAG 支持。

(2)存储芯片，512-KB SRAM，8-MB SDRAM(SAMSUNG SDRAM)，4-MB Flash memory(选用 Intel Flash 芯片，方便 Flash 软件编程)。

(3)经典 IO 配置，拥有 4 个按钮，18 个拨动开关，18 个红色发光二极管，9 个绿色发光二极管，8 个七段数码管，16×2 字符液晶显示屏(显示字符及 ASCII 码)。

(4)超强多媒体，24 位 CD 音质音频芯片 WM8731(Mic 输入+LineIn+ 标准音频输出)，视频解码芯片(支持 NTSC/PAL 制式)，带有高速 DAC 视频输出 VGA 模块。

(5)更多标准接口，通用串行总线 USB 控制模块以及 A、B 型接口，SD Card 接口，IrDA 红外模块，10/100Mbit/s 自适应以太网络适配器，RS-232 标准串口(系统通信接口)，PS/2 键盘接口。

(6)其他，50MHz，27MHz 晶振各一个，支持外部时钟，80 针带保护电路的外接 IO。

图 2.14 是 EP2C20 的内部结构示意图，Cyclone II 系列 FPGA 的内部结构基本都是这种排列方式。

Cyclone II 系列器件主要由以行列形式排列的逻辑阵列块(Logic Array Block，LAB)、嵌入式存储器块及嵌入式乘法器组成，锁相环(PLL)为 FPGA 提供时钟，输入输出单元(Input/Output Elements，IOEs)提供输入输出接口逻辑。逻辑阵列、嵌入式存储器、嵌入式乘法器、输入输出单元及锁相环之间可实现各种速度的信号互连。

逻辑单元是 Cyclone II 系列中可以实现用户逻辑定制的最小单元。每 16 个 LE 组成一个逻辑阵列块(LAB)。LAB 以行列形式在 FPGA 器件中排列，Cyclone II 系列 FPGA 的 LE 数量在 4608～68416 之间。

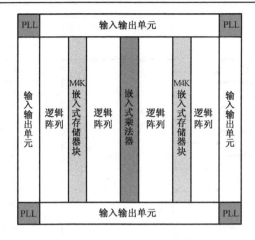

图 2.14　Cyclone II 系列 FPGA 内部结构示意图

Cyclone II 系列 FPGA 有片内 PLL，并有最多可达 16 个全局时钟线的全局时钟网络为逻辑阵列块、嵌入式存储器块、嵌入式乘法器和输入输出单元提供时钟。Cyclone II FPGA 的全局时钟线也可以作为高速输出信号使用。Cyclone II 的 PLL 可以实现 FPGA 片内的时钟合成、移相，也可以实现高速差分信号的输出。

M4K 嵌入式存储器块由带校验的 4K 位(4096 位)真双口 RAM 组成，可配制成真双口模式、简单双口模式或单口模式的存储器，位宽最高可达 36 位，存取速度最高 260MHz，M4K 嵌入式存储器分布于逻辑阵列块之间。Cyclone II 系列 FPGA 的 M4K 嵌入式存储器的容量从 119～1152Kbit 不等。

每个嵌入式乘法器可以配制成两个 9×9 或一个 18×18 的乘法器，处理速度最高达 250MHz，Cyclone II 的嵌入式乘法器在 FPGA 上按列排列。输入输出单元 IOE 排列在逻辑阵列块的行和列的末端。可以提供各种类型的单端或差分逻辑输入输出。

以 Cyclone II FPGA 为例，逻辑单元(Logic Element，LE)是构成 FPGA 的基本单位之一，一个 LE 主要由一个 4 输入查找表、一个寄存器及进位和互连逻辑组成。查找表简称为 LUT，LUT 本质上是一个 RAM。目前 FPGA 中多使用 4 输入的 LUT，一个 LUT 可以看成一个有 4 位地址线的 16×1 的 RAM。当用户通过原理图或 HDL 语言描述了一个逻辑电路以后，FPGA 开发软件会自动计算逻辑电路的所有可能的结果，并把结果事先写入 RAM，这样每输入一个信号进行逻辑运算就等于输入一个地址进行查表，找出地址对应的内容，然后输出即可。也可以把它当作一个 4 输入的函数发生器，能够实现 4 变量输入的所有逻辑。

2.2.2　DE2 原理

DE2 平台的结构框图如图 2.15 所示。以下对 DE2 平台的各部分硬件逐一作以简要说明。

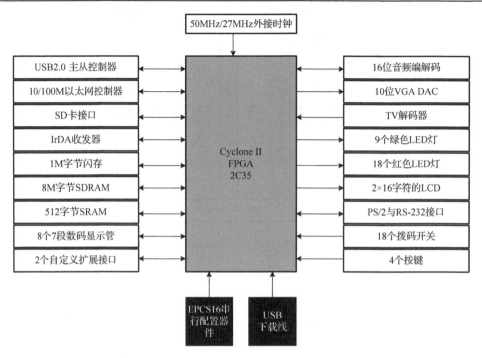

图 2.15　DE2 平台的结构框图

1. FPGA EP2C35F672 芯片

DE2 平台选用的 FPGA EP2C35F672 是 Altera 公司的 Cyclone II 系列产品之一。封装为 672 脚的 Fineline BGA，是 2C35 中引脚最多的封装，最多可以有 475 个 I/O 引脚供用户使用。

EP2C35F672 由 33216 个 LE 组成，片上有 105 个 M4K RAM 块，每个 M4K RAM 块由 4K(4096)位的数据 RAM 加 512 位的校验位共 483840 位组成。端口宽度根据需求进行配置，可以是 1、2、4、8、9、16、18、32 或 36 位。在 1、2、4、8、9、16、18 等模式下，是真正的双口操作(可以配置成一读一写、两读或两写)。

EP2C35 片内有 35 个 18×18 的硬件乘法器，利用 Altera 公司提供的 DSP Builder 和其他 DSP 的 IP 库，可以用 EP2C35 低成本地实现数字信号。

EP2C35 片上有 4 个 PLL，可实现多个时钟域。

2. USB Blaster 电路与主动串行配置器件

DE2 平台上内置了 USB Blaster 电路，使用方便而且可靠，只需要用一根 USB 电缆将电脑和 DE2 平台连接起来就可以进行调试。DE2 平台上的 USB Blaster 提供了 JTAG 下载与调试模式及主动串行(AS)编程模式。除此之外，DE2 平台附带的

DE2 控制面板软件通过 USB Blaster 与 FPGA 通信，可以方便地实现 DE2 的测试。

EP2C35 是基于 RAM 的可编程逻辑器件，器件掉电后，配置信息会完全丢失。FPGA 可以采用多种配置方式，如使用计算机终端并通过下载电缆直接下载配置数据的方式，以及利用电路板上的微处理器从存储器空间读取配置数据的配置方式。最通用的方法是使用专用配置器件。一般用 EPCS16 或 EPCS64 配置 EP2C35。

3. SRAM、SDRAM、FLASH 存储器及 SD 卡接口

DE2 平台提供各种常用的存储器，包含 1 片 8M 字节 SDRAM、一片 512K 字节的 SRAM 和一片 4M 字节的 Flash 存储器。另外，通过 SD 卡接口，可以使用 SPI 模式的 SD 卡作为存储介质，两个 40 引脚的插座 JP1 和 JP2 可以配置成 IDE 接口使用，从而可以连接大容量的存储介质。

SDRAM 与 EP2C35F672C6 连接的引脚分配见附录表，Flash 与 EP2C35F672C6 连接的引脚分配见附录表，SRAM 与 EP2C35F672C6 连接的引脚分配见附录表。

DE2 平台上 SD 卡可以支持两种模式，即 SD 模式和 SPI 模式。DE2 中按 SPI 模式接线，该模式与 SD 模式相比，速度较低，但使用非常简单。SD 卡接口引脚定义见附录表。

4. 按键、波段开关、LED、七段数码管

DE2 平台提供了 4 个按键，所有按键都是用了施密特触发防抖动功能，按键按下是输出低电平，释放时恢复高电平。DE2 平台上有 18 个波段开关，用来设定电平状态。DE2 平台上有 9 个绿色的发光二极管和 18 个红色的发光二极管以及 8 个七段数码管。它们与 EP2C35F672 连接的引脚分配参见附录表。

5. 时钟源

DE2 平台上提供了两个时钟源：50MHz 及 27MHz。它们与 EP2C35F672 连接的引脚分配见附录表。

6. 音频编/解码器

DE2 的音频输入/输出功能由 Wolfson 公司的低功耗立体声 24 位音频编/解码芯片 WM8731 完成。WM8731 的音频采样速率为 8～96kHz 可调；提供 2 线与 3 线两种与主控制器连接的接口方式；支持 4 种音频数据模式：I2S 模式、左对齐模式、右对齐模式和 DSP 模式；数据位为 16 位或 32 位。

WM8731 包含了线路输入、麦克风输入及耳机输出。两路线路输入 RLINEIN 和 LLINEIN 可以以 1.5dB 的步距在−34.5～12dB 范围内进行对数音量调节，完成 A/D 转换后，还可以经高通数字滤波有效去除输入中的直流成分。一路麦克风输入

可以在−6～34dB 范围内进行音量调节，三路模拟输入均有单独的静音功能。DAC 输出、线路输入旁路及麦克风输入经过侧音电路后可相加作为输出，输出可以直接驱动线路输出（LOUT 和 ROUT），也可以通过耳机放大器输出驱动耳机（RHPOUT 和 LHPOUT）。耳机放大电路的增益可以在−73～6dB 范围内以 1dB 的步距进行调整。引脚分配见附录表。

7. 数字模拟转换器

DE2 平台的数字模拟转换器（Digital to Analog Converter，DAC）选用了 Analog Device 公司的 ADV7123。ADV7123 由三个 10 位高速 DAC 组成，最高时钟速率为 240MHz，即可以达到最高 240MS/s 的数据吞吐率。当 f(CLK)=140MHz，f(OUT)=40MHz 时，DAC 的无杂散动态范围（SFDR）为−53dB；当 f(CLK)=40MHz，f(OUT)=1MHz 时，DAC 的 SFDR 为−70dB。ADV7123 的 BLANK 引脚可以用来输出空白屏幕。ADV7123 在 100Hz 的刷新率下最高分辨率为 1600×1200。引脚分配见附录表。

8. 电视解码器

DE2 采用 ADV7181 作为电视解码芯片。ADV7181 是一款集成的视频解码器，支持多种格式的模拟视频信号输入，包括各种制式的 CVBS 信号、S-Video 和 YPrPb 分量输入；可以自动检测国家电视标准（NTSC）、逐行倒相（PAL）、顺序与存色彩电视系统（SECAM）及其兼容的各种标准模拟基带电视信号，包括 PAL-B/G/H/I/D、PAL-M/N、PAL-Combination N、NTSC-M、NTSC-J、SECAM 50Hz/60Hz、NTSC4.43 和 PAL60 等。ADV7181 的输出为 16 位或 8 位的与 CCIR656 标准兼容的 YC_rC_b 4：2：2 视频数据，输出中还包括垂直同步 VS、水平同步 HS 及场同步等信号。引脚分配见附录表。

9. 以太网控制器

10/100M 以太网控制器选用 DAVICOM 半导体公司的 DM9000A。DM9000A 集成了带有通用处理器接口的 MAC 和 PHY，支持 100Base-T 和 10Base-T 应用，带有 auto-MDIX，支持 10Mbit/s 和 100Mbit/s 的全双工操作。DM9000A 完全兼容 IEEE 802.3u 规范，支持 IP/TCP/UDP 求和校验，支持半双工模式背压数据流控。引脚分配见附录表。

10. USB 主从控制器

DE2 平台上设计了一个 USB OTG 芯片 ISP1362，即可将 DE2 作为一个 USB Host 使用，也可将 DE2 作为一个 USB Device 使用，这种设计在多媒体应用中非常合理。

ISP1362 是飞利浦公司提出的 OTG 解决方案系列中的产品，它在单芯片上集成了一个 OTG 控制器、一个高级主控制器(PSHC)和一个基于飞利浦 OSP1181 的外设控制器。ISP1362 的 OTG 控制器完全兼容 USB2.0 及 On-The-Go Supplement 1.0 协议，主机和设备控制器兼容 USB2.0 协议，并支持 12Mbit/s 的全速传输和 1.5Mbit/s 的低速传输。DE2 平台上的 ISP1362 与 Terasic 公司的驱动程序配合，可以通过 Avalon 总线接入 Nios II 处理器。引脚分配见附录表。

11. RS232、PS/2 鼠标/键盘连接器、IRDA 收发器

DE2 平台上集成了一个 3 线 RS232 串行接口，一个用以连接鼠标和键盘的 PS/2 接口以及一个最高速率可达 115.2Kbit/s 的红外收发器 IRDA。引脚分配见附录表。

12. 40 脚扩展端口

Cyclone II 引出 72 个 I/O 管脚到 2 个 40 脚扩展接口。40 脚扩展接口兼容标准 IDE 硬件驱动接口，其引脚分配见附录表。

13. LCD 模块

DE2 平台上有 1 个 16×2 的 LCD 模块，LCD 模块内嵌 ASCII 码字库，也可以自定义字库。引脚分配见附录表。

2.2.3 DE2 平台的开发环境

1. 软件环境

在正式使用 DE2 平台之前，需要在电脑上安装 Quartus II 和 Nios II 软件。如果需要使用 DSP Builder6.0，则要先安装 MATLAB7.0 以上的版本，然后才能安装 DSP Builder6.0。

2. 程序下载方法

第一种为 RUN 模式，需要将板上 RUN/PROG 开关(LCD 旁)拨到 RUN，使用 USB-Blaster 直接将 sof 文件烧写到 Cyclone FPGA 芯片，这样掉电之后数据就丢失了，重启后需要再次烧写。

第二种模式为 AS 模式，将 RUN/PROG 开关拨到 PROG 模式，然后在 Quartus 下载模式设置为 AS 模式，选择 pof 文件下载，这样直接下载到 EPCS16 配置芯片中，每次复位，会根据 EPCS16 里面的内容重新烧写 Cyclone II 芯片。

3. 关于管脚分配

当我们创建一个 FPGA 用户系统的时候，到最后要做的工作就是下载，在下载

之前必须根据芯片的型号分配管脚，这样才能将程序中特定功能的管脚与实际中的 FPGA 片外硬件电路一一对应。

　　通常的管脚分配使用的是拖拽法，然而在一个庞大的系统中，这样是非常的不现实，可以使用 CSV 文件分配法，方法是在 Quartus II 的 Assignment 菜单下面的 Import Assignment 项中，定位到要分配的管脚文件即可（对于做 Nios 核的通用管脚分配，可以参照 de2_system\DE2_lab_exercises\DE2_pin_assignments.csv 文件），这里的前提是顶层文件管脚命名必须与 CSV 文件中管脚一致。所以顶层文件如果用 Verilog 来写将更加方便，对于做 Nios 核而言，可以直接从 Demo 中拷贝一个顶层文件稍加修改即可，也可以自定义额外管脚分配。

2.2.4　DE2 开发板测试说明

　　(1)安装 Quartus II 12.0 Web Edition Full。

　　(2)将 DE2 System 光盘中的全部内容复制到 PC 机上，其中 DE2_control_panel 文件夹内容最为重要。

　　(3)将开发板的电源和 USB 线(方形口端接开发板的 BLASTER 接口)连接上，此时系统提示发现新硬件，需要安装驱动。驱动所在位置为 Quartus II 12.0 Web Edition Full 安装目录下的 altera\quartus12.0\drivers\usb-blaster 中。驱动安装方法为：在弹出对话框中选择"从列表"，搜索位置同上，如安装在 D 盘根目录下，搜索位置为：D:\altera\quartus12.0\drivers\ usb-blaster。

　　(4)运行 Quartus II 12.0 Web Edition Full。弹出的如图 2.16 窗口，选择第一项。

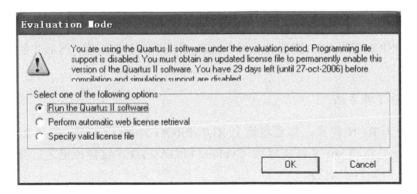

图 2.16　评估模式

　　(5)将 DE2_control_panel\DE2_USB_API.sof 下载到 DE2 平台上。

　　(6)运行 DE2_control_panel 目录下的 DE2_Control_Panel.exe，点 Open->Open_ USB_port，下面即可对开发板进行测试了。

　　(7)PS2 和 7-SEG 的测试。在开发板插上键盘，输入字符即可显示在图 2.17 的文本框中；设置 HEX0 到 HEX7 的数字，点击 Set，开发板上相应位置的数码管显示相应数字。

(8) LED 和 LCD 的测试。同上一步。

(9) VGA 测试。将一台显示器数据线连接到开发板的 VGA 口上。选择 SRAM，将 File Length 单选框选中。点击下面的 Write a File to SRAM，打开 DE2_demonstration \pictures\picture.dat；100%完成。如图 2.18 所示选 VGA 项。去掉 Default Image 前面的√。

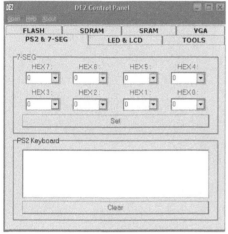

图 2.17 DE2 控制面板   图 2.18 VGA 测试

选择 TOOLS 项，选择 SRAM Multiplexer->Asynchronous1 选项，点 configure 按钮。此时可看到显示器上显示图片如图 2.19。

图 2.19 图片

(10)显示其他图片可采用以下方式。

① 将图片转化为 640×480 的 Bmp 格式图片。

② 使用 DE2_control_panel 目录下的 ImgConv.exe 图片格式转换工具将刚才产生的目标图片转化为 4 张图片，分别为一张 txt 格式，三张 DAT 格式(RGB，GRAY灰度图，BW 黑白图)。

③ 将上一步产生的 GRAY DAT 图作为显示目标(只支持 DAT 格式的 GRAY图片，其他格式能显示，但有图片放大现象，图片不清晰)，重复第 9 步，即可实现任意图片的显示。

第 3 章　SOPC 系统设计分析

3.1　SOPC 技术简介

20 世纪下半叶以来，微电子技术迅猛发展，集成电路设计和工艺水平有了很大的提高，单片集成度已达上亿个晶体管，这从数量上已经大大超过了大多数电子系统的要求。如何利用这一近乎无限的晶体管集成度，就成了电子工程师的一项重大挑战。在这种背景下，片上系统应运而生。SOC 是将大规模的数字逻辑和嵌入式处理器整合在单个芯片上，集合模拟部件，形成模数混合、软硬件结合的完整的控制和处理片上系统。

3.1.1　SOPC 技术的主要特点

从系统集成的角度看，SOC 是以不同模型的电路集成、不同工艺的集成作为支持基础的。所以，要实现 SOC，首先必须重点研究器件的结构与设计技术、VLSI 设计技术、工艺兼容技术、信号处理技术、测试与封装技术等，这就需要规模较大的专业设计队伍、相对较长的开发周期和高昂的开发费用，并且涉及大量集成电路后端设计和微电子技术的专门知识，因此设计者在转向 SOC 的过程中也要面临着巨大的困难。

SOC 面临上述诸多困难的原因在于 SOC 技术基于超大规模专用集成电路，因此，整个设计过程必须实现完整的定制或半定制集成电路设计流程。美国 Altera 公司在 2000 年提出的片上可编程系统(System On Programmable Chip，SOPC)技术则提供了另一种有效的解决方案，即用大规模可编程器件 FPGA 来实现 SOC 的功能。SOPC 是 SOC 发展的新阶段，代表了当今电子设计的发展方向。其基本特征是设计人员采用自顶向下的设计方法，对整个系统进行方案设计和功能划分，最后系统的核心电路在可编程器件上实现。

随着百万门级的 FPGA 芯片、功能复杂的 IP 核、可重构的嵌入式处理器核以及各种功能强大的开发工具的出现，SOPC 已成为一种一般单位甚至个人都可以承担和实现的设计方法。SOPC 基于 FPGA 芯片，将处理器、存储器、I/O 接口等系统设计需要的模块集成在一起，完成整个系统的主要逻辑功能，具有设计灵活、可裁减、可扩充、可升级及软硬件在系统可编程的特性。

近年来，MCU、DSP 和 FPGA 在现代嵌入式系统中都扮演着非常重要的角色，它们都具有各自的特点但又不能兼顾。在简单的控制和人机接口方面，以 51 系列单片机和 ARM 微处理器为代表的 MCU 因为具有全面的软件支持而处于领先地位；在海量数据处理方面，DSP 优势明显；在高速复杂逻辑处理方面，FPGA 凭借其超大规模的单芯片容量和硬件电路的高速并行运算能力而显示出突出的优势。因此，MCU、DSP、FPGA 的结合将是未来嵌入式系统发展的趋势。而 SOPC 技术正是 MCU、DSP 和 FPGA 的有机融合。目前，在大容量 FPGA 中可以嵌入 16 位或者 32 位的 MCU，如 Altera 公司的 Nios II 处理器。DSP 对海量数据快速处理的优异性能主要在于它的流水线计算技术，只有规律的加减乘除等运算才容易实现流水线的计算方式，这种运算方式也较容易用 FPGA 的硬件门电路来实现。目前，实现各种 DSP 算法的 IP 核已经相当丰富和成熟，例如 FFT、IIR、FIR、Codec 等。利用相关设计工具（如 DSP Builder）可以很方便地把现有的数字信号处理 IP 核添加到工程中去，SOPC 一般采用大容量 FPGA（如 Altera 公司的 Cyclone、Stratix 等系列）作为载体，除了在一片 FPGA 中定制 MCU 处理器和 DSP 功能模块外，可编程器件内还具有小容量高速 RAM 资源和部分可编程模拟电路，还可以设计其他逻辑功能模块。一个大容量 FPGA 的 SOPC 结构图如图 3.1 所示。

　　SOPC 技术具有如此多的优点，已经成为嵌入式系统领域中一个新的研究热点，并代表了未来半导体产业的一个发展方向。相对于单片机、ARM 而言，目前 SOPC 技术的应用还不是很广，但从趋势上看，只要再经过几年的发展，未来 SOPC 技术的应用就会像今天的单片机一样随处可见。

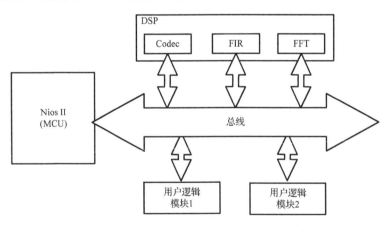

图 3.1　大容量 FPGA 的 SOPC 结构图

3.1.2　SOPC 技术实现方式

　　SOPC 技术实现方式一般分为三种。

　　(1)基于 FPGA 嵌入 IP 硬核的 SOPC 系统。目前最常用的嵌入式系统大多采用了含有 ARM 的 32 位 IP 处理器核的器件。Altera 公司 Excalibur 系列的 FPGA 中就植入了 ARM922T 嵌入式系统处理器；Xilinx 的 Virtex-II Pro 系列中则植入了 IBM PowerPC405 处理器。这样就能使得 FPGA 灵活的硬件设计和硬件实现与处理器强大的软件功能结合，高效地实现 SOPC 系统。

(2)基于 FPGA 嵌入 IP 软核的 SOPC 系统。在第一种实现方案中，由于硬核是预先植入的，其结构不能改变，功能也相对固定，无法裁减硬件资源，而且此类硬核多来自第三方公司，其知识产权费用导致成本的增加。如果利用软核嵌入式系统处理器就能有效克服这些不利因素。最具有代表性的嵌入式软核处理器是 Altera 公司的 Nios II 软核处理器。

(3)基于 HardCopy 技术的 SOPC 系统。HardCopy 就是利用原有的 FPGA 开发工具，将成功实现于 FPGA 器件上的 SOPC 系统通过特定的技术直接向 ASIC 转化，从而克服传统 ASIC 设计中普遍存在的问题。

从 SOPC 实现方式上不难看出，IP 核在 SOPC 系统设计中占有极其重要的地位，IP 核设计及 IP 核的复用成为 SOPC 技术发展的关键所在。半导体产业的 IP 定义为用于 ASIC，ASSP 和 PLD 等当中预先设计好的电路模块。在 SOPC 设计中，每一个组件都是一个 IP 核。IP 核模块有行为、结构和物理三级不同程度的设计，对应描述功能行为的不同分为三类，即完成行为描述的软核(Soft IP Core)、完成结构描述的固核(Firm IP Core)和基于物理描述并经过工艺验证的硬核(Hard IP Core)。

IP 软核通常以 HDL 文本形式提交给用户，它已经过 RTL 级设计优化和功能验证，但其中不含任何具体的物理信息。据此，用户可以综合出正确的门电路级设计网表，并可以进行后续的结构设计，具有很大的灵活性。借助于 EDA 综合工具可以很容易地与其他外部逻辑电路合成一体，根据各种不同半导体工艺，设计成具有不同性能的器件。软 IP 核也称为虚拟组件(Virtual Component，VC)。

IP 硬核是基于半导体工艺的物理设计，已有固定的拓扑布局和具体工艺，并已通过工艺验证，具有可保证的性能。其提供给用户的形式是电路物理结构掩膜版和全套工艺文件。

IP 固核的设计程度则是介于软核和硬核之间，除了完成软核所有的设计外，还完成了门级电路综合和时序仿真等设计环节。一般以门级电路网表的形式提供给用户。

如何设计出性能良好的 IP 核？虽然这个问题没有统一的答案，但根据前人开发的经验以及电子设计的一般规则，仍然可以总结出一般 IP 核设计应该遵循的几个准则。

(1)规范化。严格按照规范设计，这样的系统具有可升级性、可继承性，易于系统集成。

(2)简洁化。设计越简洁的系统，就越容易分析、验证，达到时序收敛。

(3)局部化。时序和验证中的问题局部化，就容易发现和解决问题，减少开发时间，提高质量。

只有按照一定的编码规则编写的 IP 核代码才具有较好的可读性,易于修改并且具有较强的可复用性,同时也可获得较高的综合性能和仿真效果。

3.1.3 SOPC 系统的开发流程

SOPC 系统的开发流程一般分为硬件和软件两大部分,如图 3.2 所示。硬件(按照习惯说法,将一个 SOPC 系统中的 Nios II CPU 和外设等统称为硬件,虽然它也是由软件来实现的,而在这个系统上运行的程序称为软件)开发主要是创建 Nios II 系统,作为应用程序运行的平台;软件开发主要是根据系统应用的需求,利用 C/C++语言和系统所带的应用程序接口(Application Programming Interface,API)函数编写实现特定功能的程序。这其中用到的主要工具是 Altera 公司的 Quartus II 和 Nios II IDE。

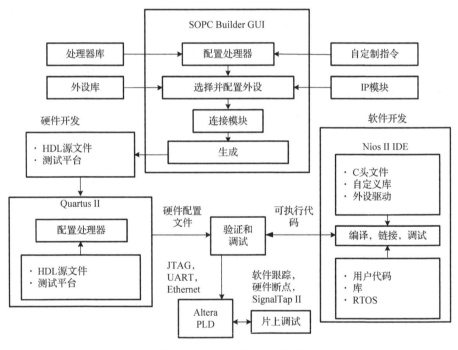

图 3.2　SOPC 系统开发流程

3.2　Nios II 概述

3.2.1 Nios II 嵌入式处理器

Nios II 是一个用户可配置的通用 32 位 RISC 嵌入式处理器,它是片上可编程系统的核心,处理器以软核形式实现,具有高度的灵活性和可配置性。软核意味着 Nios

处理器不像 ARM 那样是由固定的硬件芯片来实现，而是由软件设计来实现，然后用设计文件来配置 FPGA 芯片。Nios II 处理器系统的外设配置具有很大的灵活性，用户可根据应用的具体需要，使用相应的 IP 核来组成 Nios II 系统，可根据实际系统需求来添加必要的外设，这是 Nios II 系统与其他固化的微控制器之间最显著的区别。Nios 的开发包括硬件开发和软件开发两部分，硬件开发是在 Quartus II 中实现的，而软件开发部分是在 Nios II IDE 软件中实现的。

2004 年 6 月，Altera 公司继在全球范围内推出 Cyclone II 和 Stratix II 器件系列后又推出了这些新款 FPGA 系列的 Nios II 嵌入式处理器。Nios II 系列嵌入式处理器使用 32 位的指令集结构，完全与二进制代码兼容，它是建立在第一代 16 位 Nios 处理器的基础之上的，定位于广泛的嵌入式应用。Nios II 嵌入式处理器和 Cyclone II FPGA 组合，使得 Nios 嵌入式处理器在 Cyclone II 中具有超过 100DMIPS 的性能，允许设计者在很短的时间内构建一个完整的可编程系统，风险和成本比中小规模的 ASIC 小。Nios II 处理器系列包括了三种内核，快速的 (Nios II/f)、经济的 (Nios II/e) 和标准的 (Nios II/s) 内核，每种都针对不同的性能范围和成本。使用 Altera 的 Quartus II 软件、SOPC Builder 工具以及 Nios II 集成开发环境 (IDE)，用户可以轻松地将 Nios II 处理器嵌入到系统中。Altera 推出的 Nios II 系列嵌入式处理器扩展了目前世界上最流行的软核嵌入式处理器的性能，把 Nios II 嵌入到 Altera 的所有 FPGA 中，例如 Stratix II、Stratix、Cyclone II、Cyclone、APEX、ACEX 和 HardCopy 系列器件中，用户可以获得超过 200 DMIPS 的性能，用户可以从三种处理器以及超过 60 个的 IP 核中选择所需要的，Nios II 系统为用户提供了最基本的多功能性，设计师可以以此来创建一个最适合他们需求的嵌入式系统。

3.2.2　Nios II 处理器的特性

（1）可定制特性集

采用 Nios II 处理器，将不会局限于预先制造的处理器技术，而是根据自定的标准处理器，按照需要选择合适的外设、存储器和接口。此外，还可以轻松集成特有的功能，使设计具有独特的竞争优势。

（2）配置系统性能

所需要的处理器，应该能够满足当前和今后的设计性能需求。由于今后发展具有不确定性，因此，Nios II 设计人员必须能够更改其设计，加入多个 Nios II CPU、定制指令集、硬件加速器，以达到新的性能目标。采用 Nios II 处理器，可以通过 Avalon 交换架构来调整系统性能，该架构是 Altera 的专有互联技术，支持多种并行数据通道，实现大吞吐量应用。

（3）低成本实现

选择处理器时，为了实现需要的功能，可能要购买比实际所需数量多的处理器，

也可能为了节省成本，而不得不购买比实际需要数量少的处理器。低成本、可定制
Nios II 处理器能够帮助您解决这一难题。采用 Nios II 处理器，可以根据需要，设置
功能，在价格低至 35 美分的 Cyclone II FPGA 等低成本 Altera 器件中实施。在单个
FPGA 中实现处理器、外设、存储器和 I/O 接口，可以降低系统总体成本。

(4)产品生存周期管理

为实现一个成功的产品，需要将其尽快推向市场，增强其功能特性以延长使用
时间，避免出现处理器逐渐过时。可以在短时间内，将 Nios II 嵌入式处理器由最初
概念设想转为系统实现。这种基于 Nios II 处理器的系统具有永久免版税设计许可，
完全经得起时间考验。此外，在 FPGA 中实现软核处理器可以方便实现现场硬件和
软件升级，产品能够符合最新的规范、具备最新特性。

(5)无与伦比的灵活性

Nios II 具有完全可定制和重新配置特性，所实现的产品可满足现在和今后的需求。

(6)定制指令

Nios II 处理器定制指令扩展了 CPU 指令集，提高对时间要求严格的软件运行
速度，从而使开发人员能够提高系统性能。采用定制指令，可以实现传统处理器无
法达到的最佳系统性能。Nios II 系列处理器支持多达 256 条的定制指令，加速通常
由软件实现的逻辑和复杂数学算法。

(7)硬件加速

专用硬件加速器可以作为 FPGA 中的定制协处理器，协助 CPU 同时处理多个数
据块。SOPC Builder 含有一个输入向导，帮助开发人员将其加速逻辑和 DMA 通道
引入系统。

3.3　基于 SOPC 的 Nios II 处理器设计

基于 SOPC 的 Nios II 处理器设计是对以 32 位的 Nios II 软核处理器为核心的嵌
入式系统进行硬件配置、硬件设计、硬件仿真、软件设计以及软件调试等。SOPC
系统设计的基本软件工具有以下几种。

(1)Quartus II：用于完成 Nios 系统的综合、硬件优化、适配、编程下载和硬件
系统调试。

(2)SOPC Builder：作为 Altera Nios 嵌入式处理器软件开发包，实现 Nios 系统
配置、生成及软件调试平台的建立。

(3)ModelSim：用于对 SOPC Builder 生成的 Nios 进行系统功能仿真。

(4)MATLAB/DSP Builder：可用于生成 Nios 系统的硬件加速器(主要适用于
Stratix、Stratix II 等内嵌 DSP 处理模块的 FPGA 系列)，进而为其定制新的指令。

(5)Nios II IDE：集成开发环境，用于软件调试。

(6)第三方嵌入式操作系统，如嵌入式 Linux、uC/OS II 等。

本节着重介绍 SOPC Builder 开发工具的功能及其使用方法。

3.3.1　SOPC Builder 功能

SOPC Builder 系统开发工具允许嵌入式系统设计者在很短的时间内创建高度定制的可编程片上系统(SOPC)。用户使用 SOPC Builder 可以将 IP 核、存储器、接口和微处理器等复杂系统组件简单又快速地集成到 Altera 高密度 FPGA 中，从而缩短设计周期。

SOPC Builder 还可以通过自动生成和目标硬件匹配的软件节省设计者的时间，自定义的软件开发套件包括头文件、自定义库(外围设备程序)和设计特有的操作系统内核。

SOPC Builder 主要包括下列功能。

1)定义和定制

SOPC Builder 是系统定义和组件定制的强大开发工具。使用直观的简化设计定义、定制和验证的图形用户界面(GUI)，用户从可扩展的 SOPC Builder 库中选择处理器、存储器接口、外围设备、总线桥接器、IP 核及其他系统组件，并用单独的组件向导定制这些组件。

2)系统集成

在定义嵌入式系统和配置所有必要的系统组件之后,需要将组件集成到系统中。SOPC Builder 自动生成所在集成处理器、外围设备、存储器、总线、仲裁器和 IP 核所必要的逻辑，同时创建定制的系统组件 VHDL 或 Verilog HDL 源代码。图 3.3 所示为 SOPC Builder 生成的系统模块的一个应用实例。

如果系统包含多个控制器(例如两个处理器或一个处理器和一个 DMA 控制器)，SOPC Builder 自动生成连接它们的仲裁逻辑。SOPC Builder 使用从属设备侧的仲裁技术优化多控制器系统的性能。

3)软件生成

嵌入式软件设计者需要完整的与定制硬件匹配的软件开发环境，SOPC Builder 可以自动产生这些软件。由系统生产的 SOPC Builder 创建软件开发需要的软件组件，并提供完整的设计环境。软件开发环境包括头文件、外围设备驱动程序、自定义软件库及 OS/RTOS 内核。

除了使用方便，软件开发环境还在硬件和软件工程师之间建立了良好的设计连贯性。使用 SOPC Builder，硬件的改变会立即反映在软件开发环境中。软件工程师在进行软件设计时可以不必害怕硬件发生改变,只要软件工程师使用最新的头文件、库和驱动程序，硬件开发和软件开发就可以平滑地连接起来。

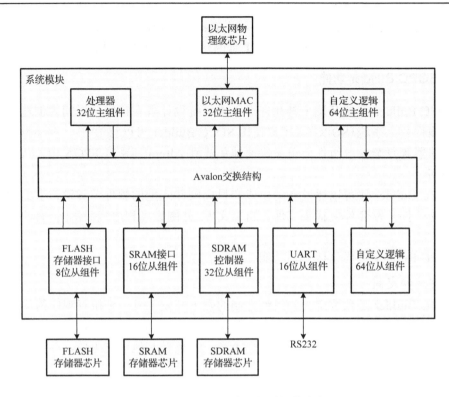

图 3.3　SOPC Builder 生成的系统模块实例

当在 SOPC Builder 中加入所有的组件并指定所有必需的系统参数后，SOPC Builder 将产生 Avalon 交换结构（Switch Fabric），输出描述系统的 HDL 文件。在系统生成的过程中，SOPC Builder 输出以下内容。

（1）一个描述顶层系统模块和系统中各组件的 HDL 文件。

（2）一个代表顶层系统模块的.bsf 文件，可在 Quartus II 的原理图（.bsf）中被调用。

（3）可选项：用于嵌入式软件开发的软件文件，如存储器映射头文件和组件驱动文件。

（4）可选项：系统模块的测试台（Testbench）和 ModelSim 仿真项目文件。

4）系统验证

SOPC Builder 提供硬件和软件环境的快速仿真。SOPC Builder 生成所有 ModelSim 项目文件，包含格式化的总线接口波形和完整的仿真测试平台，编译软件代码自动加入到存储模型并与其他项目文件一起编译。

3.3.2　SOPC Builder 组成

SOPC Builder 是用 CPU、存储器接口和外围设备等组件构成总线系统的工具。

它使用用户指定的组件和接口创建(生成)系统模块,并在 Avalon 控制器和所有系统组件上的从属设备端口之间自动生成互连(总线)逻辑。

SOPC Builder 最常用于构建包含 CPU、存储器和 I/O 设备的嵌入式微处理器系统,也可以生成没有 CPU 的数据流系统。SOPC Builder 允许用户指定带有多个控制器和从属设备的总线结构,包含仲裁器的总线逻辑在系统构造时自动生成。

SOPC Builder 库组件可以是很简单的固定逻辑块,也可以是复杂的、参数化的动态生成子系统。大多数 Altera SOPC Builder 库组件包含图形界面配置向导和 HDL 生成程序。

SOPC Builder 工具通过 Quartus II 软件启动。只要用户已经创建新的 Quartus II 项目,就可以使用 SOPC Builder。重新运行 SOPC Builder 编辑现有系统模块的快捷方法是双击 Quartus II 原理图编辑器中的系统模块符号。

SOPC Builder 由两个基本独立的部分组成。

(1)包含系统组件的图形用户界面(GUI)。在 GUI 内每个组件也可以提供自己的配置图形用户界面,GUI 创建系统 PTF 文件以对系统进行描述。

(2)将系统描述(PTF)转换成硬件实现的生成程序。生成程序与其他任务一起创建针对选定目标器件的系统 HDL 描述。

SOPC Builder GUI 用于指定系统包含的组件的排列与生成,GUI 本身不生成任何逻辑,不创建任何软件,也不完成其他的系统生成任务,GUI 仅仅是系统描述文件(系统 PTF 文件)的前端或编辑器。

用户可以在任何文本编辑程序中编辑系统 PTF 文件,但必须关闭作为 PTF 编辑程序的 SOPC Builder GUI。在两个编辑程序中同时打开相同文件可能产生不可预测的结果。

如图 3.4 所示,SOPC Builder 图形用户界面包括两个页面。

1. 系统内容页面

系统内容(System Contents)页面主要包含以下两部分:左侧为组件库,列出了所有可用组件列表,右侧为当前系统使用的所有组件列表。

1)组件库

组件库按照总线类型和种类显示所有的可用组件,共分为三类。

(1)完全授权用于生成系统的组件,如图 3.4 中的 Ethernet 组件库下的 LAN91C111 Interface。

(2)以受限方式用于系统设计的评估组件,典型的限制方式是时间限制或功能限制。

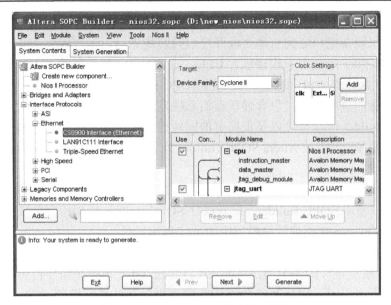

图 3.4　SOPC Builder 图形用户界面

(3)当前不可使用，但可通过网络下载的组件，使用时还需获取授权。如图 3.4 中 CS8900 Interface 就是来自 MorethanIP 的一个组件，使用前需要从网络下载并获取授权。

组件库可以通过过滤动态地显示一部分或所有组件分类。有关组件库中组建的信息可以通过右击项目并从弹出列表中选择可用文档或网络连接获得。

2)组件列表

组件表是用户设计的处理器系统的组件列表，其中的组件来自组件库。组件表允许用户描述以下方面。

(1)系统中包含的组件和接口。

(2)控制器和从属设备的连接关系。

(3)系统地址映射。

(4)系统中断请求分配。

(5)共享从属设备仲裁优先级。

(6)系统时钟频率。

组件表中左侧显示控制器和从属设备间的连接关系。系统中的任何级都可以有一个、多个控制器或从属设备端口，任何使用相同总线规程的控制器和从属设备可以互连。

由于 Avalon 总线与 Avalon Tri-State 三态总线是不同的总线规程，所以在连接 Avalon 控制器和 Avalon Tri-State 从属设备时需要使用桥接器组件。

系统中的每个控制器在组件表的左边都有一个对应的列，用户可以使用 View 菜单改变控制器列的出现，可以全部隐藏控制器列，也可以作为接线板显示(Show Connections)或显示仲裁优先级数(Show Arbitration)。

当两个控制器共用相同的从属设备时，SOPC Builder 自动插入一个仲裁器。当两个控制器同时存取从属设备时，由仲裁器确定获得从属设备存取权的控制器。

每个共用的从属设备都将插入一个仲裁器，从属设备对每个控制器有一个仲裁优先级，并将按下列规则解决冲突：如果某个控制器的优先级为 P_i，所有优先级的总和为 P_{total}，那么控制器 i 将在每 P_{total} 次冲突中赢得 P_i 次仲裁。

系统时钟频率用于外围设备生成时钟分频器或波特率发生器等，也提供测试生成程序，以产生要求频率的时钟。

系统时钟频率只用于 SOPC Builder，不用于 Quartus II 软件的时序分析。Quartus II 软件的时钟频率必须单独配置。

2. 系统生成页面

系统生成(System Generation)页面有一些用于控制系统生成的选项和一个显示系统生成过程输出的控制台窗口，如图 3.5 所示。当 Generate 按钮被按下时，自动显示系统生成页面并启动生成过程。

SOPC 生成程序也可以从命令行运行，完成系统的自动生成。

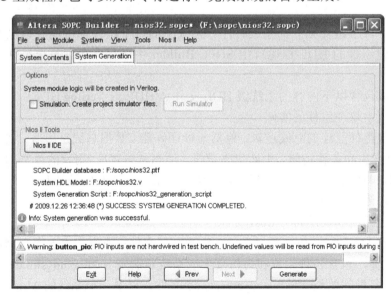

图 3.5　系统生成页面

SOPC Builder 的工作流程如图 3.6 所示。

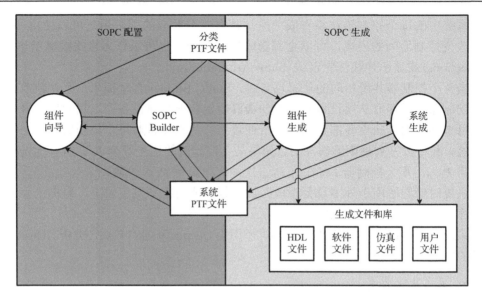

图 3.6　SOPC Builder 工作流程

系统生成程序完成以下任务。

(1)读取系统描述(系统 PTF 文件)。

(2)为在库定义中提供软件支持的系统组件创建软件文件(驱动程序、库和实用程序)。

(3)运行每个组件独立的生成程序。系统中的每个组件都可能有自己的生成程序(例如创建组件的 HDL 描述),主 SOPC Builder 生成程序运行每个组件的子生成程序。

(4)生成包含以下内容的系统级 HDL 文件(VHDL 或 Verilog HDL)。

① 系统中每个组件的实例。

② 实现组件互连的总线逻辑,包括地址译码器、数据总线复用器、共用资源仲裁器、复位产生和条件逻辑、中断优先逻辑、动态总线宽度(用宽的或窄的数据总线匹配控制器和从属设备)以及控制器和从属设备端口间所有的被动互连。

③ 仿真测试平台。

(5)创建系统模块的符号(.bsf 文件)。

(6)创建 ModelSim 仿真项目目录,包括以下文件:所有指定内容存储器组件的仿真数据文件,包含各种设置和为仿真生成系统定制别名的 setup_sim.do 文件,总线接口波形各种初始设置的 wave_presets.do 文件,以及当前系统的 ModelSim 项目(.mpf 文件)。

(7)编写编译用 Quartus II Tcl 脚本,该脚本被用来设置 Quartus II 编译所需要的所有文件。

3.3.3　SOPC Builder 组件

在建立系统时，用户可以从下列两个来源添加组件(components)：一是组件库中的预定义组件，二是用户定义组件。

用户可以将自定义逻辑块直接加入到 SOPC Builder 系统中，也可以加入为系统外部逻辑块定制的接口。

SOPC Builder 提供一组自带的库组件(模板)，包括定时器、PIO、UART、Avalon三态桥接器、存储器接口等。用户还可以从 Altera 或第三方 IP 开发者那里获得其他SOPC Builder 组件。当用户安装新的 SOPC Builder 库组件时，这些新的组件将自动被 SOPC Builder 发现，并在下次运行 GUI 时自动出现在组件库中。

1. 库搜索路径

SOPC Builder 通过扫描搜索路径中的组件目录查找安装在用户系统上的所有库组件，搜索顺序如下。

(1)当前 Quartus II 项目目录。

(2)一个或多个用户指定的目录(在 File->SOPC Builder Setup 菜单下指定 Component/Kit Library Search Path 搜索路径)。

(3)SOPC_BUILDER_PATH 指定的目录。

(4)QUARTUS_ROOTDIR/sopc_builder 目录。

先找到的组件优先于后找到的组件。这样用户可以指定组件替换系统的自带组件。

2. class.ptf 文件

通常情况下，组件所在目录包括 class.ptf、cb_generator.pl 和一个名为 HDL 的目录。

每个有效的库组件通过对应目录名中的 class.ptf 进行认可。组件的 class.ptf 文件用来声明和定义有关组件的全部信息，以便 SOPC Builder 识别和使用。

1)组件标识

(1)名字(Name)：用户可视的组件名。

(2)类别(Class)：区分不同组件的唯一标识。当在 SOPC Builder 中例化一个组件时，默认的例化名即为此 class 名。

(3)版本(Version)：系统生成时，SOPC Builder 记录系统模块中每个组件的版本号。

(4)组别(Group)：决定该组件在 SOPC Builder GUI 显示在哪个组内。如图 3.4所示，Ethernet 组下有多个组件。

2) 组件硬件如何与系统模块相连

(1) 组件接口：class.ptf 描述了组件的黑箱结构，它定义了每个接口信号的名字、类型及方向。

(2) 产生组件硬件实例的方法：如果组件包括了系统模板内部的逻辑，class.ptf 则指定一种让 SOPC Builder 产生组件硬件的机制，通常是一个独立的可执行文件。

3) 指定组件可配置选项

class.ptf 定义用户可配置参数，并指定一个 GUI 图形用户界面，以配置这个参数。

3. cb_generator.pl 文件

这是一个脚本文件，由 SOPC Builder 在系统生成时产生。根据在 SOPC Builder 中指定的参数，脚本产生一个或多个实例安装在系统模块的顶层中。

对 SOPC Builder 组件编辑器产生的组件而言，此脚本产生一个 Verilog 或 VHDL Wrapper，将 HDL 目录下文件中定义的 HDL 模块安装上去。在系统生成的过程中，脚本语言通常会将 HDL 目录下的文件拷贝至工程目录中，还可以根据 SOPC Builder GUI 中指定的参数定义顶层 HDL 模块的参数。

4. 系统 PTF 文件

系统 PTF 包含从基本库组件生成 SOPC 系统需要的所有设计特有的数据。所有设置、选择和通过 GUI 配置的参数都记录在系统 PTF 文件中。

(1) 例如当用户创建新系统模块 my_system_module 时，SOPC Builder 将在用户当前 Quartus II 项目目录中创建 PTF 文件 my_system_module.ptf。

(2) 当用户第一次创建系统时，SOPC Builder 生成只有全局系统设置（像系统输入时钟频率和目标器件）的新系统 PTF 文件。

(3) 用户每向系统添加一个组件，组件表中将有相应的显示，对应的 MODULE 部分将添加到系统 PTF 中。MODULE 部分的内容最初来自库中组件的定义，组件 class.ptf 文件的定义部分被复制到系统 PTF 文件的对应 MODULE 部分。

(4) 有些库组件允许参数化新添加的组件，并提供 GUI。任何通过组件 GUI 进行的更改都将记录在系统 PTF 文件的对应 MODULE 部分。

(5) 当 SOPC Builder 生成程序运行时，将检查系统中的每个组件，看是否有对应的生成程序（Generator_Program）在库目录中。如果有，SOPC Builder 将运行组件生成程序，组件生成程序可以修改或加入系统 PTF 文件中对应 MODULE 部分的内容。

当用户在 Nios II IDE 中创建一个应用程序时，将要求指定系统 PTF 文件的位置。有了这个系统 PTF 文件，其中的配置信息将通过 system.h（自动生成）传递到应用程序中。

3.4　SOPC 设计讲解

本节以 DE2 开发板为硬件平台，使用 SOPC 构建一个基于 JTAG UART 的 Nios II 通信系统。从硬件平台搭建开始，系统地介绍整个设计过程，以方便大家熟悉 SOPC 开发的整体流程。开发流程一般分为以下几个步骤。

(1)在 Quartus II 中建立工程。

(2)用 SOPC Builder 建立 Nios 系统模块。

(3)在 Quartus II 中的图形编辑界面中进行引脚连接、锁定工作。

(4)编译工程后下载到 FPGA 中。

(5)在 Nios II IDE 中根据硬件建立软件工程。

(6)编译后，经过简单设置下载到 FPGA 中进行调试、实验。

3.4.1　硬件部分设计

1. 使用 SOPC Builder 创建 Nios 系统

每个 SOPC Builder 系统都与一个 Quartus II 的工程相关联，因此在使用 SOPC Builder 之前，必须首先在 Quartus II 中建立一个 Project。

(1)运行 Quartus II 软件，如图 3.7 所示。

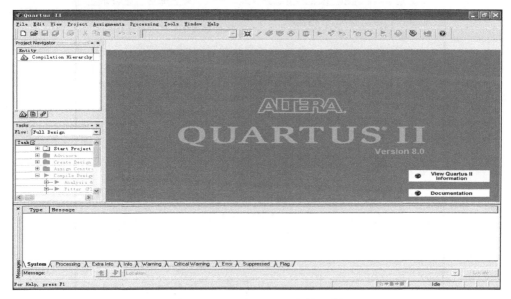

图 3.7　运行 Quartus II 软件界面

📄 New...	Ctrl+N
📂 Open...	Ctrl+O
Close	Ctrl+F4
📄 New Project Wizard...	
📂 Open Project...	Ctrl+J
Convert MAX+PLUS II Project...	
Save Project	
Close Project	
💾 Save	Ctrl+S
Save As...	
Save Current Report Section As...	
File Properties...	
Create / Update	▶
Export...	
Convert Programming Files...	
📄 Page Setup...	
🔍 Print Preview	
🖨 Print...	Ctrl+P
Recent Files	▶
Recent Projects	▶
Exit	Alt+F4

图 3.8　建立新工程向导

(2)选择菜单 File→New Project Wizard,如图 3.8 所示,建立一个新工程,单击"Next"出现如图 3.9 所示 New Project Wizard 对话框界面选择工程目录名称,工程名称及顶层文件名称为 jtag_uart,在选择器件设置对话框中选择目标器件,建立新工程。注:工程目录名称一栏为工程的保存路径,可在运行软件之前在硬盘分区创建工程保存文件夹,亦可在此对话框中直接创建。

(3)单击"Next"出现如图 3.10 所示的添加文件对话框界面。单击 ... 和 Add 按钮可查找添加工程需要的源程序和图形文件。

(4)单击"Next"出现如图 3.11 所示的器件设置对话框界面。这里选择 Altera 公司的 DE2 开发板使用的 Cyclone II 系列 EP2C35F672C6 芯片,一直单击"Next"按钮,完成新工程的建立。

(5)选择 Tools->SOPC Builder 菜单,如图 3.12 所示,运行 SOPC Builder 程序,此时将出现如图 3.13 所示的窗口。

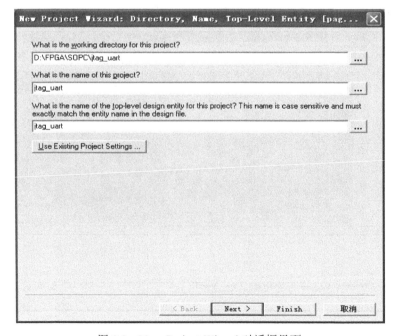

图 3.9　New Project Wizard 对话框界面

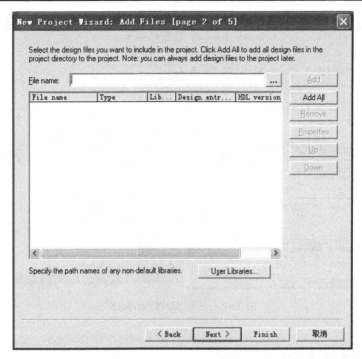

图 3.10　Add Files 对话框界面

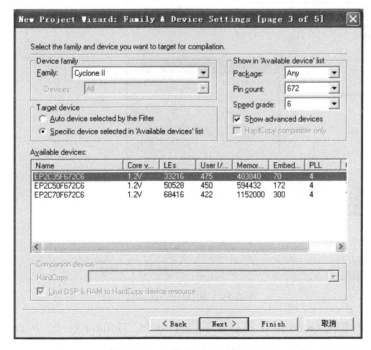

图 3.11　器件设置对话框界面

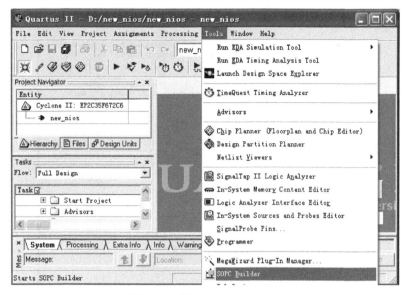

图 3.12　运行 SOPC Builder

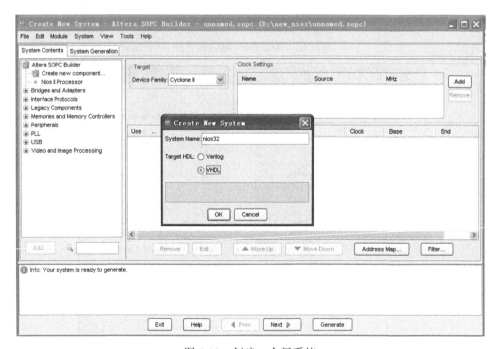

图 3.13　创建一个新系统

（6）由于当前的 Quartus II 项目中不包含 SOPC Builder 系统，因此图 3.13 中弹出 Create New System 对话框，要求创建一个新系统。输入系统的名字为"nios32"，同时选择 Target HDL 为 VHDL。单击"OK"按钮，出现如图 3.14 所示的窗口。事实上可以将多个 SOPC Builder 系统集成到一个 Quartus II 项目中。但需注意的是，所有系统模块中的所有组件都必须具有一个独立的名字(Name)，否则会引起冲突。比如可以将模块 1 中的 CPU 命名为 cpu1，模块 2 中的 CPU 命名为 cpu2。

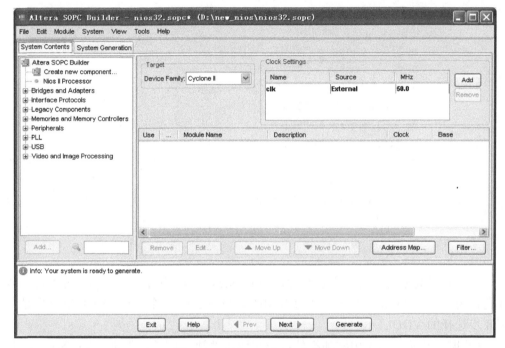

图 3.14　SOPC Builder 主界面

(7)在 Device Family 中选择使用芯片的系列，这里选择 Cyclone II，更改系统频率为 50MHz，如图 3.15 所示。

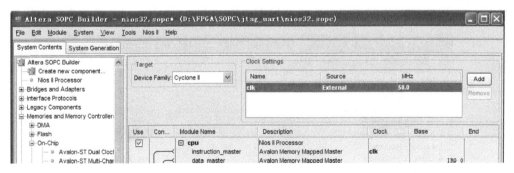

图 3.15　设定芯片及系统时钟

(8)每个 SOPC Builder 系统将产生一个系统 PTF 文件，此文件保存在 Quartus II

项目所在的目录下。本例中可以在 D:\FPGA\SOPC\jtag_uart 目录下找到新生成的
Nios32.ptf 文件。这是一个纯文本文件，它记录了系统的结构及其他与系统相关的
信息。用文本编辑软件打开此文件，显示其内容如下：

```
SYSTEM Nios32
{ …
    WIZARD_SCRIPT_ARGUMENTS
    { hdl_language = "vhdl";
      device_family = "CYCLONEII";
      device_family_id = "CYCLONEII";
      generate_sdk = "0";
      do_build_sim = "0";
      hardcopy_compatible = "0";
      CLOCKS
      {  CLOCK clk
        { frequency = "50000000";
          …}
      …
}
```

由于此时尚未向系统中添加组件，因此 Nios32.ptf 内容比较简单。可以看出器
件选择为 CYCLONEII，时钟频率为 50MHz，与图 3.15 完全一致。HDL 语言也是在
第 6 步选择的 VHDL。

(9)现在开始向系统中添加组件，在左边元件池中选择需要的元件：Nios II 32
位 CPU、JTAG UART Interface 接口、Led_pio、onchip_mem 存储器、SDRAM 存储
器。首先添加 Nios II 32 位 CPU，如图 3.16 所示，双击 Nios II Processor 或者选
中后单击 Add 按钮，弹出如图 3.17 所示的 Nios II Processor 设置对话框，三种类
型 CPU 占用的资源各不相同，性能差异也较大，在 Core Nios II 选项中选择全能型

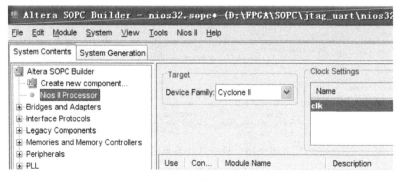

图 3.16　选择 Nios II

CPU（Nios II/f），最高性能的优化，具有 Nios II CPU 核的所有功能。单击 Next 按钮，在 JTAG Debug Module 选项中选择 Level 2，如图 3.18 此时可设置 2 个硬件断点、2 个数据触发，整个 Debug 模块将占用 800～900 个 LE，2 个 M4K。其他设置保持默认选项，单击 Finish 按钮返回 SOPC Builder 窗口，命名为 CPU，如图 3.19 所示。（对模块命名应遵循如下规则：首字母应该使用英文；能使用的字符只有英文字母、数字和"_"；不能连续使用"_"符号，名字的最后也不能使用"_"。）

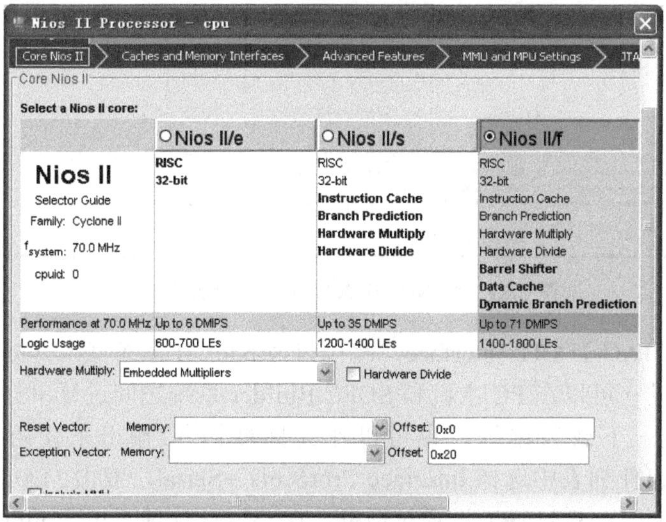

图 3.17　Nios II Processor 设置对话框

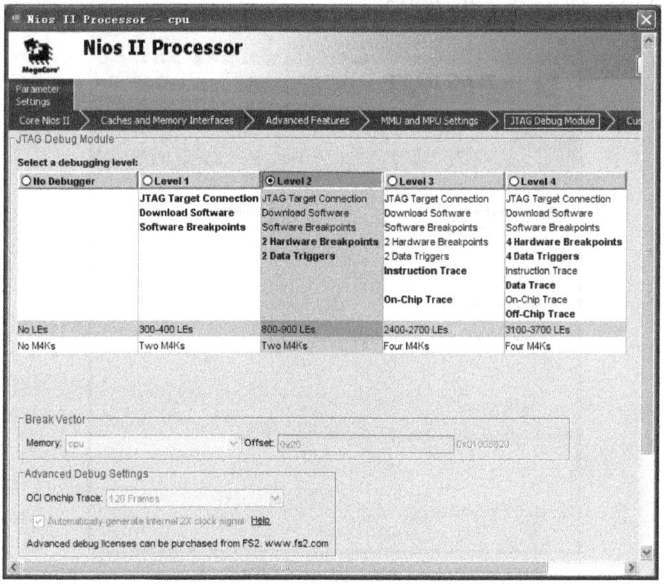

图 3.18　JTAG Debug Module 设置对话框

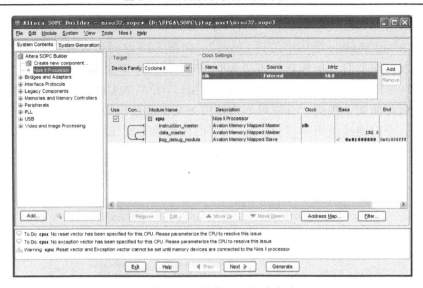

图 3.19　将 Nios II 软核处理器命名为 CPU

(10)添加 JTAG UART Interface，此接口为 Nios II 系统嵌入式处理器新添加的
接口元件，通过它可以在 PC 主机和 SOPC Builder 系统之间进行串行数据交互，它
主要用来调试、下载数据等，也可以作为标准输入/输出来使用。在"Avalon
Components"组件列表中选择 Interface Protocols→Serial，双击 JTAG UART，弹出
如图 3.20 所示的 JTAG UART 设置对话框，保持默认选项。单击 Finish 按钮后返回
SOPC Builder 窗口，命名为 jtag_uart。

图 3.20　JTAG UART 设置对话框

（11）添加内部 RAM，RAM 为程序运行空间，类似于计算机的内存。在"Avalon Components"组件列表中选择 Memories and Memory Controllers→On-Chip，双击 On-Chip Memory，弹出如图 3.21 所示的 On-Chip Memory 设置对话框，按图 3.21 所示设置，将 Total memory size 改为 4K，其他保持默认值，单击 Finish 按钮后返回 SOPC Builder 窗口，重新命名为 onchip_mem。

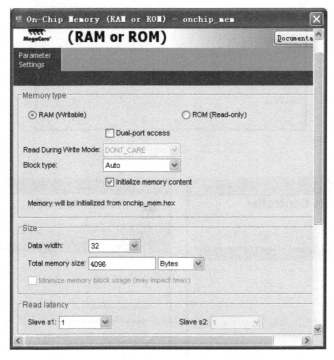

图 3.21　设置内部 RAM 作为系统内存

（12）加入 led_pio，此元件为 I/O 口，与单片机中的 I/O 类似，用户可以根据需要配置设置选项。在"Avalon Components"组件列表中选择 Peripherals/Microcontroller Peripherals，双击 PIO，弹出如图 3.22 所示的 PIO 设置对话框，选中 Output ports only 选项，单击 Finish 按钮后返回 SOPC Builder 窗口，重新命名为 led_pio。

（13）添加 SDRAM，SDRAM 一般用在需要大容量易失性存储器且对成本敏感的应用系统中。在图 3.14 中选择 Memories and Memory Controllers/SDRAM，再双击 SDRAM Controller，弹出 SDRAM 参数设置对话框。在 Data Width 下列表框中选择 16；Chip Selects 下拉列表框中选择 1；Banks 下拉列表框中选择 4；Row 文本框中键入 12，Column 文本框中键入 8，设置好后如图 3.23 所示。单击 Next 按钮，在弹出的对话框中设置时序参数，如图 3.24 所示。

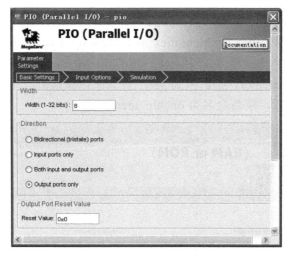

图 3.22　PIO 设置对话框

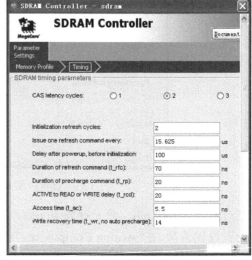

图 3.23　SDRAM 参数设置　　　　　　图 3.24　SDRAM 参数设置
对话框-Memory Profile　　　　　　对话框-Timing 选项卡

(14)添加完所需的组件后,一个最简单的 SOPC 硬件系统已构建完成,如图 3.25
所示。

(15)指定基地址和分配中断号。SOPC Builder 会给用户的 Nios II 系统模块分配
默认的基地址, 用户也可以更改这些默认地址。选择 System→Auto-Assign Base
Address 菜单项自动分配各组件的基地址,选择 System→Auto-Assign IRQs 菜单项自
动分配中断号。

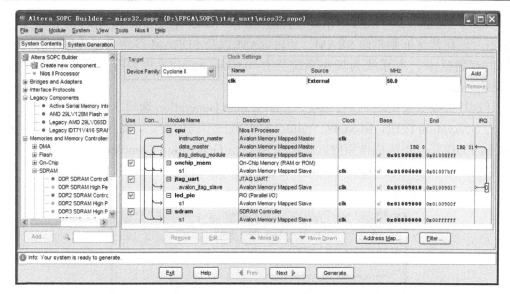

图 3.25　构成的 SOPC 硬件系统

　　(16)系统设置，根据需要设置复位地址和异常地址。双击"CPU"，弹出如图 3.26 所示对话框，分别在 Reset　Vector:Memory:和 Exception　Vector:Memory:下拉栏中选

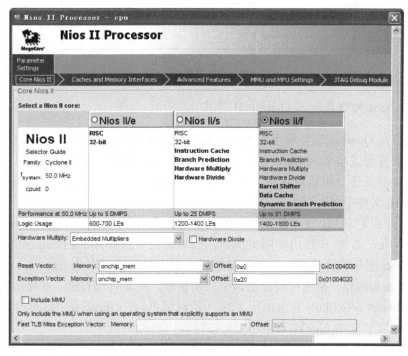

图 3.26　设置系统运行空间

择 onchip_mem，如图 3.26 所示。（通常情况下，Reset 地址指向 FLASH 等非易失存储器，而异常地址则指向 SRAM、片内 RAM 以及 SDRAM 等用来运行程序的掉电易失存储器中。本系统为最小系统只有 onchip_mem 片内内存，所以都设置为 onchip_mem）。

　　（17）生成系统模块。保存系统，选择 System Generation 选项卡，如图 3.27 所示。单击 Generation 按钮，则 SOPC Builder 根据用户不同的设定，而在生成的过程中执行不同的操作，当生成结束时，将出现 System Generation Completed 的信息，系统生成后单击 Exit 退出 SOPC Builder。此时将在 Quartus II 当前项目目录下产生一个名为 nios32.bsf 的文件。

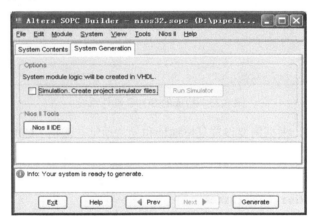

图 3.27　生成系统模块

2.　将 Nios 处理器加入 Quartus II 项目

　　下面将在 Quartus II 环境下用原理图调用这个生成的 Nios 元件。将刚生成的模块以符号文件形式添加到 BDF 文件中。在 SOPC Builder 生成的过程中，会生成系统模块的符号文件，可以将该符号文件像其他 Quartus II 符号文件一样添加到当前项目的 BDF 文件中。

　　（1）首先在 Quartus II 下新建一个原理图文件（Block Diagram/Schematic File），选择 File→New 菜单，在弹出如图 3.28 所示的对话框中选择 Block Diagram/Schematic File 选项创建图形设计文件，单击 OK 按钮，保存设计文件名为 jtag_uart。

　　（2）添加 nios32。在图形设计窗口中双击鼠标，或者单击右键，在弹出的快捷菜单中选择 Insert→Symbol，弹出如图 3.29 所示对话框，在 Libraries 中选择打开 Project 目录，双击或者选中 nios32 后单击 OK 按钮。

　　（3）加入锁相环。锁相环能够为用户提供多个精确的系统时钟频率。在如图 3.30 所示的 IO 目录下选择 altpll，双击进入锁相环的设置向导界面，选择 Parameter

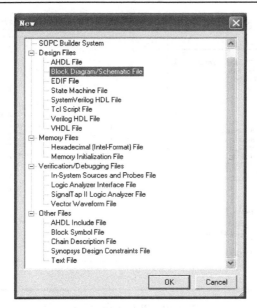

图 3.28　新建设计文件选择窗口

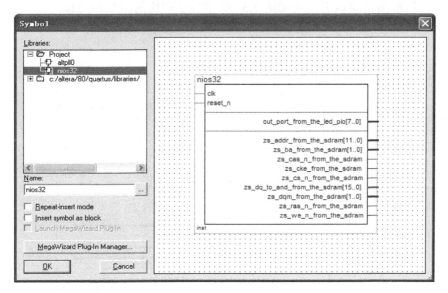

图 3.29　添加 nios32

Settings→inputs/lock，取消选中 Create an 'areset' input to asynchronously reset the PLL 和 Create 'locked' output，再选择 Output Clocks→clk c0，在 Enter output clock parameters 选项中的 Clock multiplication factor 和 Clock division factor 取值分别设为 3 和 2，其他设置保持默认选项。

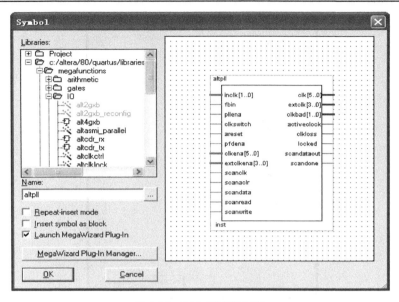

图 3.30　PLL 所在的路径

(4)在图形编辑窗口中完成如图 3.31 所示各个模块的添加和连接。

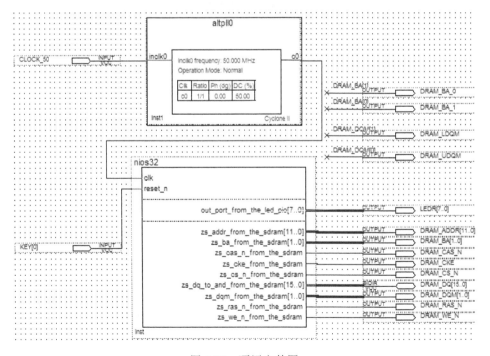

图 3.31　顶层文件图

(5)引脚锁定。将光盘提供的 DE2_pin.tcl 文件复制到当前工程目录下，然后选择 Tools→Tcl Scripts，弹出如图 3.32 所示对话框。选择 DE2_pin 选项，然后单击 Run 按钮，引脚约束将自动加入如图 3.33 所示。

 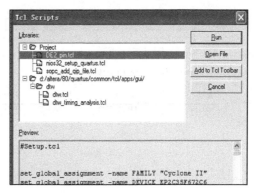

图 3.32　运行 Tcl 脚本文件对引脚进行锁定

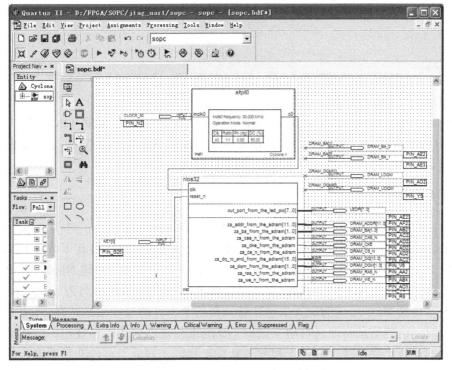

图 3.33　分配引脚后的系统

(6) 编译工程。选择 Processing→Start Compilation 选项对工程进行编译，生成可以配置到 FPGA 的 sof 文件。

(7) 配置 FPGA。选择 Tools→Quartus II Programmer 菜单，单击"Add File"按

钮，选中在前面生成的 sopc.sof，同时选中"Program/Configure"，按如图 3.34 所示设置后单击 Start 按钮，将编译生成的 SOF 文件下载到目标板上。

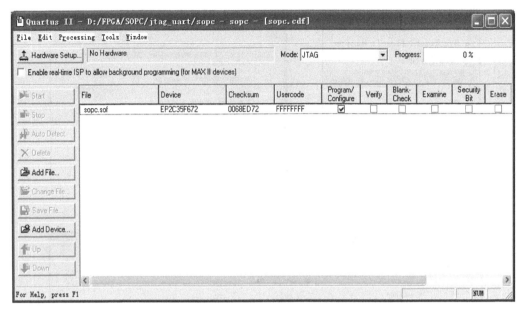

图 3.34　下载配置文件

　　至此完成了整个 Nios 处理器应用系统的设计。下面将借助 FPGA 片内实现的 JTAG_UART，在 Nios II IDE 下开发一个简单程序，实现计算机与开发板之间的通信。

3.4.2　软件部分设计

　　在前面的步骤中产生的两个文件对后续工作起着重要作用。一个是 sopc.sof（或 sopc.pof），是含有 Nios 处理器软件核的 FPGA 配置文件，需要将其下载到 FPGA 或片外的 EPCS1 中，是运行 Nios 软件的基础。另外一个文件与构建 Nios 软件更加密切相关，它就是用 SOPC Builder 生成的系统 PTF 文件，本例中名为 nios32.ptf。它主要用来传递 Nios 系统的配置信息，特别是各个组件的地址信息。在 Nios II IDE 下编译时，这些信息将通过自动生成的 system.h 传递给应用程序使用。这样硬件与软件之间形成无缝衔接，硬件工程师与软件工程师之间分工可以非常明确，软件工程师无需了解各个组件的物理地址。

　　（1）运行 Nios II IDE，在"File"菜单下单击"New->C/C++Application"，出现如图 3.35 所示的对话框，工程模板选择 Hello Word Small，并将工程命名为 jtag_uart，找到系统 nios32.ptf 文件所在路径，单击 Finish 返回主界面如图 3.36，左侧显示的

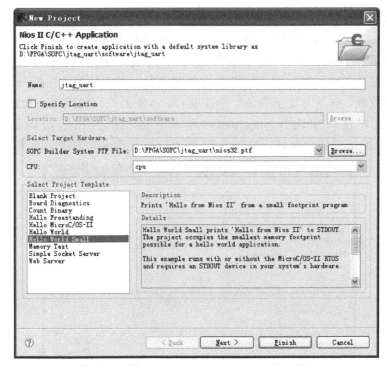

图 3.35　添加新工程

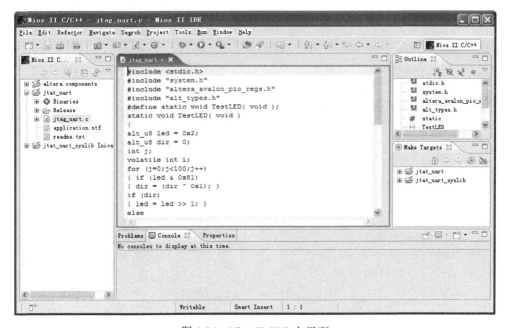

图 3.36　Nios II IDE 主界面

是项目的名称。(对每个项目,Nios II IDE 都将生成一个 System Library,通过它可以更改一些设置。本例在生成 jtag_uart 项目的同时,也将生成一个名为 jtag_uart_syslib 的 System Library。图的中间是一个文本编辑器,右侧显示了程序中用到的头文件及其他函数,双击这些头文件和函数,可在编辑器中打开该文件或直接跳到该函数处。右下方显示的是一个控制台,本例的控制输出将在此窗口显示。)

(2) 在工程窗口中选择 jtag_uart,单击右键,在弹出的快捷菜单中选择 New→Source File 创建源文件,如图 3.37 所示。单击 Finish 按钮返回编写代码。

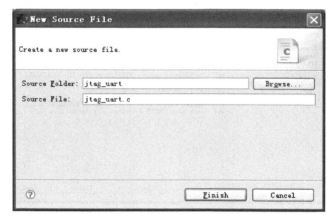

图 3.37　创建源文件

代码如下:

```c
#include <stdio.h>
#include "system.h"
#include "altera_avalon_pio_regs.h"
#include "alt_types.h"
#define static void TestLED( void );
static void TestLED( void )
{
alt_u8 led = 0x2;
alt_u8 dir = 0;
int j;
volatile int i;
for (j=0; j<100; j++)
    { if (led & 0x81)
        { dir = (dir ^ 0x1);  }
        if (dir)
            { led = led >> 1;  }
```

```
            else
                { led = led << 1; }
    IOWR_ALTERA_AVALON_PIO_DATA(LED_PIO_BASE, led);
        i = 0;
        while (i<200000)
        i++;
            }
    return ;
    }
    int main()
    {
        static int ch = 97;
        printf("------------------------------------------\n");
        printf("Please input characters in console: \n");
        printf("'g':run leds \n");
        printf("Other characters except 'g':nothing to do \n");
        printf("'q':exit \n");
        printf("------------------------------------------\n");
        while((ch = getchar())!='q')
        {
            if(ch=='g')
            {
                printf("LEDs begin run...\n");
                TestLED();
                printf("LEDs run over.\n");
            }
        }
    return 0;
    }
```

　　这里先简单介绍一下各头文件的作用。stdio.h 头文件包含了标准输入、输出及错误函数库。system.h 头文件描述了每个设备并给出了以下信息，设备的硬件配置、基地址、中断优先级、设备的符号名称等。用户不需要编辑 system.h 文件，此文件由 HAL 系统库自动生成，其内容取决于硬件配置和用户在 IDE 中设置的系统库属性。altera_avalon_pio_regs.h 头文件是 I/O 口与高层软件之间的接口，IOWR_ALTERA_AVALON_PIO_DATA（LED_PIO_BASE，led）函数就是在此文件中定义的，此函数的功能为将数值（led）赋给以 LED_PIO_BASE 为基地址的用户自定义的 I/O 口上，也就是将 led 这个值赋给硬件中 LED 灯所接的 FPGA 引脚上。alt_types.h 头文件定义了数据类型。

（3）在图 3.36 左侧的窗口中选中 jtag_uart，单击鼠标右键，在弹出菜单中选择"Properties"，出现 Properties for jtag_uart 窗口。选中 C/C++ Build，对 Configuration 选择 Release，在 Configuration Settings 选项卡中选择 Nios II Compiler→General。在 Optimization Levels（优化级别）下拉列表框中有几种不同的设置：None、Optimize（-01）、Optimize more（-02），Optimize most（-03）和 Optimize size（-0s），这主要用于在编译时对程序代码的优化设置，这里可以选择 Optimize size（-0s），如图 3.38 所示。

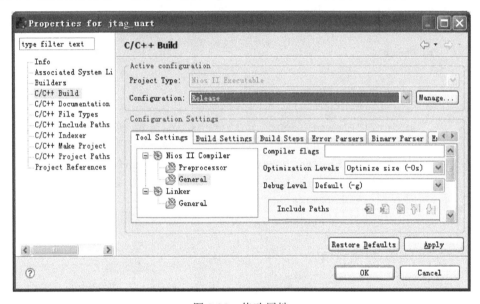

图 3.38　修改属性

（4）然后重新选中 jtag_uart，单击鼠标右键，在弹出菜单中选择"System Library Properties"，出现如图 3.39 所示的窗口。在 Properties for jtag_uart_syslib 窗口中，首先选中 C/C++ Build，对 Configuration 选择 Release，Configuration Settings 下 Tool Settings 标签选中 General，更改 Optimization Levels 为 Optimize size（-0s）；接着选中 System Library 勾选 Clean exit 和 Reduced device drivers 这两个选项。在图 3.39 窗口中，RTOS 选择 none（single-threaded）。由于本例中没有使用 PIO、BUTTON 及 LCD 等输入、输出设备，因此 stdout，stderr 和 stdin 只能设置成 jtag_uart，也就是在 SOPC Builder 下加入的 JTAG_UART。本例中 SPOC Builder 没有加入 Timer 定时器，因此"System clock timer"和"Timerstamp timer"均选择 none。在图的右侧，可以将所有的存储器都指向 onchip_mem。单击 OK 后，完成设置工作。

（5）设置好系统库后，就可以对程序进行编译了。首先在图 3.36 左侧的窗口中选中"jtag_uart"，然后单击鼠标右键，在弹出的菜单中选择"Build Project"即可，也可以选择"Project->Build Project"进行编译。编译之前，Nios II IDE 会自动根据

nios32.ptf 生成 system.h 头文件，程序将可能用到这个文件中的一些定义，编译结果如图 3.40 所示。

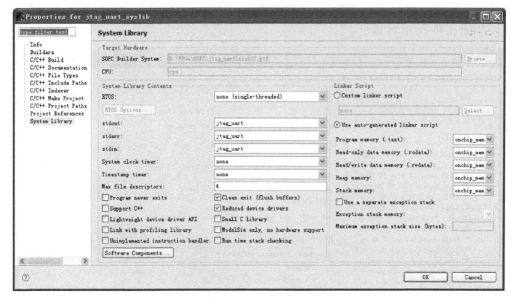

图 3.39　修改系统库的属性

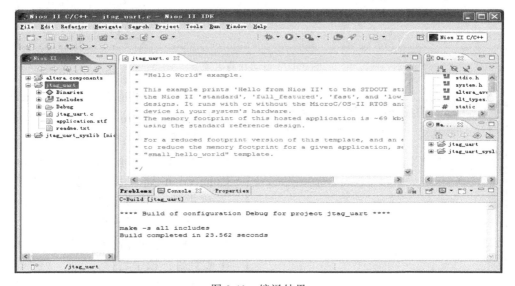

图 3.40　编译结果

编译链接完成后，就可以运行或调试程序。由于本程序很简单，下一步直接运行此程序，运行程序前应先将 Nios 处理器下载到 FPGA 中。

(6)将本实验的硬件工程文件下载到 FPGA 中，在图 3.36 左侧的窗口中选中
"jtag_uart"，然后单击鼠标右键，在弹出的菜单中选择"Run As->Nios II hardware"，
即可运行程序，也可以在 IDE 窗口中选择 Run→Run，系统会自动探测下载电缆及
弹出如图 3.41 所示对话框。

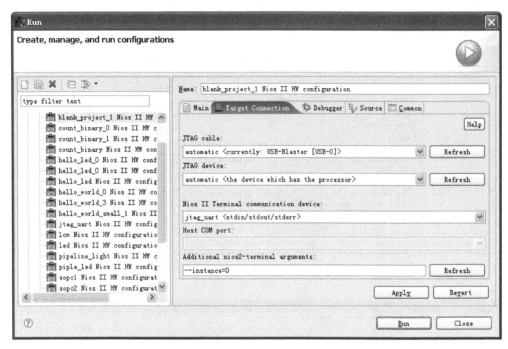

图 3.41　自动探测电缆

图 3.42　选择工程文件

(7)单击 Main 选项卡中 Project 文本框后面的 Browse 按钮，弹出如图 3.42 所示对话框。选择刚才建立的工程文件 jtag_uart，在 Target Connection 选项卡中选择要使用的下载电缆，这里选择 USB-Blaster [USB-0]。其他设置保持默认选项，单击 OK 后再单击 Run，将软件工程下载到目标板中运行。

(8)编译下载到目标板后，当在用户的控制台(Console)窗口输入 g 时，控制台显示"LEDs begin run..."同时目标板 DE2 上的 LED 灯就会出

现循环熄灭(流水灯)的现象。图 3.43 给出控制台显示结果。通过这个简单程序，可以发现 Nios 处理器系统已经正常工作，实现了 JTAG UART 通信。

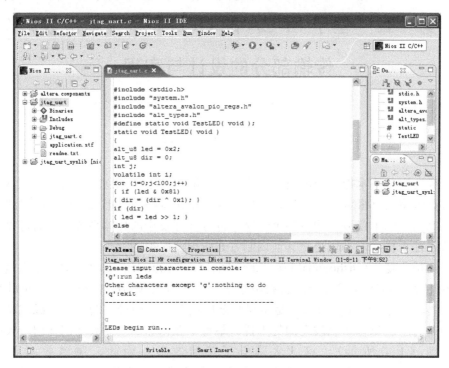

图 3.43　控制台显示

第 4 章 基于 FPGA 的 OFDM 系统基带数据
传输部分的设计与实现

4.1 实 例 介 绍

多载波调制技术把一个高速串行数据流分解为若干个独立的子数据流，这样每个子数据流将具有很低的比特速率，用这样的低比特率数据形成的低速率多状态符号去调制相应的子载波，构成多个低速率符号并行发送的传输系统，从而可以有效地对抗多径干扰，这种优势是其他调制方式所无法比拟的。

正交频分复用(Orthogonal Frequency Division Multiplexing，OFDM)技术是多载波传输方案的实现方式之一，它利用逆快速傅里叶变换(IFFT)和快速傅里叶变换(FFT)来分别实现调制和解调，是实现复杂度最低、应用最广的一种多载波调制方案。但是为了避免各子载波之间的干扰，不得不在相邻的子载波之间保留较大的间隔(如图 4.1(a)所示)，这大大降低了频谱效率。因此，频谱效率更高的TDM/TDMA(时分复用/多址)和CDM/CDMA技术成为了无线通信的核心传输技术。但近几年，由于数字调制技术 FFT 的发展，使 FDM 技术有了革命性的变化。FFT允许将 FDM 的各个子载波重叠排列，同时保持子载波之间的正交性(以避免子载波之间干扰)。如图 4.1(b)所示，部分重叠的子载波排列可以大大提高频谱效率，因为相同的带宽内可以容纳更多的子载波。

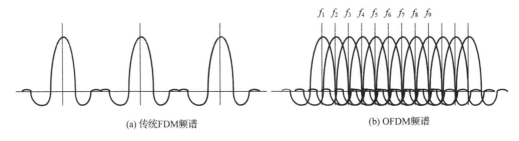

(a) 传统FDM频谱　　　　　　　　　　(b) OFDM频谱

图 4.1　频谱效率对比

OFDM 技术在 20 世纪 60 年代中期被首次提出,但在之后相当长的一段时间里,OFDM 技术一直没有形成大规模的应用,只是在军事通信中有过一些应用。在当时

OFDM 技术的发展遇到了很多困难。OFDM 要求各个子载波之间相互正交,尽管理论上发现采用快速傅里叶变换(FFT)可以很好地实现这种调制方式,但实际上需要大量的复杂计算和高速的存储设备,由于当时技术条件的限制,实现相当困难。20世纪 80 年代以来,大规模集成电路技术的发展以及数字信号处理技术的发展解决了FFT 的实现问题,制约 OFDM 技术的发展的障碍已经不存在,OFDM 技术开始从理论向实际应用转化。OFDM 技术凭借其固有的对时延扩展较强的抵抗力和较高的频谱效率两大优势迅速成为研究的焦点并被多个国际规范采用,如欧洲数字音频广播(DAB)、欧洲数字视频广播(DVB)、HIPERLAN 和 IEEE802.11 无线局域网、IEEE802.16 无线城域网。

本章主要介绍了 OFDM 调制解调技术的基本原理,其中着重介绍了基于 FFT的 OFDM 的系统各模块的理论概要设计,并对其中一些问题进行进一步解释。进而介绍 OFDM 系统的 FPGA 详细设计与仿真验证,最后进行了实例总结。

4.2　设计思路与原理

4.2.1　OFDM 技术简介

OFDM 是多载波调制(Multi-Carrier Modulation,MCM)的一种。其主要思想是将信道分成若干正交子信道,将串行的高速数据信号转换成并行的低速子数据流,然后调制到每个子信道上进行传输。正交信号可以通过在接收端采用相关技术来分开,这样可以减少子信道之间的相互干扰。每个子信道上的信号带宽小于信道的相关带宽,因此每个子信道上的信号可以看成平坦性衰落,从而可以消除符号间干扰。而且由于每个子信道的带宽仅仅是原信道带宽的一小部分,信道均衡也变得相对容易。图 4.2(a)与图 4.2(b)为 OFDM 发射机与接收机的示意图。

多径衰落是影响移动通信系统的主要问题。由于多径传播,会造成信道的时间弥散性效应。在无线电波传输过程中,由于时延扩展,接收信号中的某些符号的波形会扩展到其他符号中,造成了符号间干扰(Inter Symbol Interference,ISI)。

在单载波系统中,如果数据传输速率较低,多径效应造成的符号间干扰不是特别严重,可以利用合理的均衡技术使系统正常工作。但对高速数据业务而言,时延扩展造成的 ISI 很大,这样就会对均衡器提出非常高的要求,特别是均衡器实现的复杂性及收敛速度,导致均衡器难以实现或实现的成本过高。

OFDM,即正交频分复用,是多载波调制(MCM)技术的一种。MCM 的基本思想是把一路高速串行数据流经串并转换为 N 路低速并行的子数据流,用它们分别去调制 N 路子载波后进行并行传输。由于子数据流的速率是原来的 $1/N$,即符号周期扩大为原来的 N 倍,远大于信道的最大延迟扩展,这样 MCM 就把一个宽带频率选

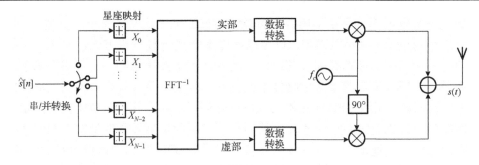

(a) OFDM 发射机示意图

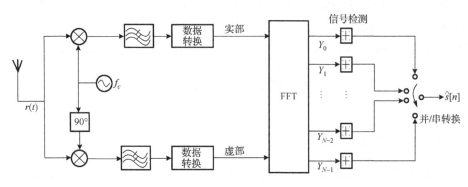

(b) OFDM 接收机示意图

图 4.2　OFDM 发射机与接收机示意图

择性信道划分成了 N 个窄带平坦衰落信道(均衡简单),从而先天具有很强的抗无线信道多径衰落和抗脉冲干扰的能力,特别适合于高速无线数据传输。OFDM 是一种子载波频谱相互混叠的 MCM,因此它除了具有上述 MCM 的优势外,还具有更高的频谱利用率。OFDM 选择时域相互正交的子载波集,它们虽然在频域相互混叠,却仍能够在接收端被分离出来。

OFDM 的历史可以追溯到 20 世纪 60 年代中期,Chang 发表了关于将带限信号合成进行多信道传输的论文,其中阐述了把消息在线性带限信道中进行无信道间干扰(ICI)和符号间干扰(ISI)的并行传输的基本原理。之后,Saltzberg 对这种处理进行了分析,并得出设计一个有效的并行处理系统的目的在于减少相邻信道间的串扰,而不在于完善单个信道,因为减小串扰失真更为重要。该结论在几年之后所形成的数字基带处理技术得到了证明。

1971 年 Weinstein 和 Ebert 对 OFDM 的发展做出了重要贡献,他们将 DFT 技术引入 OFDM 中,进行基带调制和解调。他们的工作不在于完善单个信道,而是引入了更加有效的处理技术,避免了使用大量子载波振荡器,并且为了减少 ISI 和 ICI,

他们在 OFDM 符号间加入了保护间隔以及时域升余弦窗函数，但在他们的系统中，子载波在弥散信道环境下不能保持完善的正交性。1980 年 Peled 和 Ruiz 对 OFDM 技术做出了另一个重要贡献，即把循环前缀(CP)或称循环扩展引入 OFDM 系统以解决子载波间的正交性问题。他们在保护间隔中加入的是 OFDM 符号的循环扩展，而不是使用空白保护间隔，从而有效地模仿了循环卷积信道，当 CP 大于信道冲激响应时间(即信道的最大延迟扩展 τ_{max})时，就能够保证弥散信道中子载波间的正交性。虽然加入 CP 也同时引入了能量损失，但是相比于其所获得的几乎是零的 ICI，还是值得的。

1999 年，IEEE 将 OFDM 作为无线局域网标准 IEEE802.lla 的物理层的调制标准。目前，OFDM 已被多种数字无线通信标准所采纳，如欧洲的数字音频广播 DAB、数字视频广播 DVB-T，以及无线局域网 HIPERLAN 等。OFDM 在蜂窝移动通信中的应用始于 20 世纪 80 年代中期，从 1993 年开始兴起了 OFDM 与 CDMA 相结合的研究，欧洲已把 OFDM 作为发展地面数字电视的基础，日本也将它用于发展便携式电视和安装在旅游车、出租车上的车载电视，OFDM 也应用于有线环境的各种高速公共电话交换网(PSTN)接入，用来抗脉冲干扰、防止串话，如 ADSL，RISL，VDSL 等。当 OFDM 应用于有线时，通常被称为 DMT，即离散多音频。OFDM 技术还应用于 HFC 及 HDTV 传输系统。

OFDM 具有频谱利用率高，抗多径衰落能力强等优点，是一项非常有潜力的高速数据通信技术。OFDM 技术的优点主要归结为以下几个方面。

(1)频谱利用率高

在 OFDM 系统中，各个子载波之间相互正交，频谱互相重叠，提高了系统频谱利用率。当子载波很多时，频谱利用率趋于 2Baud/Hz。这一优点在频谱资源日益紧张的无线通信应用中尤为重要。

(2)有效克服符号间干扰

OFDM 系统中，把高速串行的数据流通过串/并转换器变为并行低速的子数据流，使得每个子载波上数据符号的持续周期相对增加，从而有效地减小无线信道时间弥散所带来的 ICI。同时，在数据间插入的循环前缀也有效地降低了 ICI。

(3)带宽扩展性强

由于 OFDM 系统的信号带宽取决于使用的子载波的数量，因此 OFDM 系统具有很好的带宽扩展性。小到几百 kHz，大到几百 MHz，都很容易实现。尤其是随着移动通信宽带化(将由 MHz 增加到最大 20MHz)，OFDM 系统对大带宽的有效支持，成为其相对于单载波技术(如 CDMA)的决定性优势。

(4)对抗频率选择性衰落或窄带干扰

在单载波系统中，单个衰落或干扰能够导致整个通信链路失败，但是在多载波系统中，窄带干扰只会影响到一个或有限的几个子信道。对于这些子信道，可以通过降低受干扰子载波的数据率或放弃受干扰的子载波，来降低窄带干扰对整个 OFDM 系统性能的影响。

(5)具有频率分集能力

由于 OFDM 系统的频带内存在零点，因此，数据被并行分配在互不相关的子频带上发送时，可将时间分集与频率分集结合起来，提高系统传输的可靠性。

(6)频谱资源灵活分配

OFDM 系统可以通过灵活的选择适合的子载波进行传输，来实现动态的频域资源分配，从而充分利用频率分集和多用户分集，以获得最佳的系统性能。

(7)实现 MIMO 技术较简单

由于每个 OFDM 子载波内的信道可看作水平衰落信道，多天线(MIMO)系统带来的额外复杂度可以控制在较低的水平(随天线数量呈线性增加)。相反，单载波 MIMO 系统的复杂度与天线数量和多径数量的乘积的幂成正比，很不利于 MIMO 技术的应用。

任何一种技术都不可能是十全十美的，OFDM 技术也不例外。OFDM 信号是由多个子信道信号叠加而成的，因此与单载波系统相比，存在以下两大缺点。

(1)高峰均功率比

高峰均功率比(Peak-to-Average Power Ratio，PAPR)对发射机内功率放大器的线性范围提出了很高的要求，且会引起信号频谱的变化，破坏子载波间的正交性。因此，如何降低 PAPR 就成为有效应用 OFDM 技术中的一个难点。

(2)对频偏和相位噪声比较敏感

OFDM 系统中，各个子载波必须严格满足频率正交性。无线信号的频率偏移，或者发射机载波频率与接收机本地振荡器之间的频率偏移，都会破坏子载波间的正交性，产生子载波间串扰，导致整个系统性能严重下降。

OFDM 虽然已成为新一代无线通信最有竞争力的技术，但这种技术也存在一些内在的局限和设计中必须注意的问题。

(1)子载波的排列和分配

OFDM 子载波可以按两种方式排列，集中式(Localized)和分布式(Distributed)。集中式即将若干连续子载波分配给一个用户，这种方式下系统可以通过频域调度(scheduling)选择较优的子载波组(用户)进行传输，从而获得多用户分集增益。 另外，集中方式也可以降低信道估计的难度。但这种方式获得的频率分集增益较小，用户平均性能略差。分布式系统将分配给一个用户的子载波分散到整个带宽，从而获得频率分集增益。但这种方式下信道估计较为复杂，也无法采用频域调度。设计中应根据实际情况在上述两种方式中灵活进行选择。

(2)PAPR 问题

OFDM 系统由于发送频域信号，PAPR 较高，从而增加了发射机功放的成本和耗电量，不利于在上行链路实现(终端成本和耗电量受到限制)。在未来的上行移动通信系统中，很可能将采用改进型的 OFDM 技术，如 DFT-S(离散傅里叶变换扩展)-OFDM 或带有降 PAPR 技术(子载波保留、削波)的 OFDM。

(3)频偏问题和相位噪声

OFDM 系统由于子载波宽度较窄，对频偏和相位噪声敏感(导致子载波间正交性恶化)。因此 OFDM 子载波宽度必须仔细选定，既不能太大(频谱效率较低)，也不能太小(难以支持高速移动)。

(4)信道估计和导频设计

OFDM 系统的信道估计，从某种意义上讲，比单载波复杂。需要考虑在获得较高性能的同时尽可能减小开销。因此导频插入的方式(时分复用还是频分复用)及导频的密度都需要认真考虑。

(5)多小区多址和干扰抑制

OFDM 系统虽然保证了小区内用户间的正交性，但无法实现自然的小区间多址(CDMA 则很容易实现)。如果不采取任何额外设计，系统将面临严重的小区间干扰(WiMAX 系统就因缺乏这方面的考虑给多小区组网带来困难)。可能的解决方案包括：跳频 OFDMA、小区间频域协调、干扰消除等。

4.2.2　OFDM 系统基本原理

1. OFDM 子载波正交性

为了避免子载波之间的相互干扰，OFDM 系统对于子载波之间的正交性要求极高，有关信号之间的正交性可从时域与频域分别来说明。

$$\int_{-\infty}^{\infty} x_i(t)x_j^*(t)\mathrm{d}t = \begin{cases} 1, & i = j \\ 0 & i \neq j \end{cases} \Longleftrightarrow \int_{-\infty}^{\infty} X_i(f)X_j^*(f)\mathrm{d}f = \begin{cases} 1, & i = j \\ 0 & i \neq j \end{cases} \qquad (4.1)$$

满足式(4.1)的条件，即表示两信号间为正交。在多载波传输下，为了确保载送在不同的子载波之间的信号是正交的，对子载波之间的频率间隔有一定的要求，才能满足式(4.1)之条件。我们可以由下述的有限频带的带通信号来解释这一要求。

$$x_m(t) = \cos(2\pi(f_c + f_m)t) = \mathrm{Re}(\mathrm{e}^{\mathrm{i}2\pi(f_c+f_m)t}) = \mathrm{Re}(x_{lm}(t) \cdot \mathrm{e}^{\mathrm{i}2\pi f_c t}) \qquad (4.2)$$

上式中的 $x_{lm}(t) = \mathrm{e}^{\mathrm{i}2\pi f_m t}$ 相当于 $x_m(t)$ 的等效低通信号成分，一般称之为基带信号。假定我们目前要分析两子载波频率 $\{f_1, f_2\}$ 之间的间隔 Δf，我们先计算其互相关性(cross-correlation) γ_{12}。

$$\gamma_{12} = \int_0^T \mathrm{e}^{\mathrm{i}2\pi f_1 t}(\mathrm{e}^{\mathrm{i}2\pi f_2 t})^* \mathrm{d}t = \int_0^T \mathrm{e}^{\mathrm{i}2\pi(f_1-f_2)t}\mathrm{d}t = \frac{\sin(\pi\Delta f T)}{\pi\Delta f}\mathrm{e}^{\mathrm{i}\pi\Delta f T} \qquad (4.3)$$

其中，$\Delta f \triangleq f_1 - f_2$ 为两子载波频率 $\{f_1, f_2\}$ 之间的间隔，在上式中，设 $\Delta f T = n$，其中 n 为一个非零整数，则 $\Delta f = \dfrac{n}{T}$，此时 $\gamma_{12} = 0$ 代表这两个子载波在信号周期内为正交。

从前面的系统正交性推广开，在正交频分复用系统中具有正交性的信号除了在时域满足式(4.1)，还要满足以下条件。

在傅里叶积分区间内，每个子载波分支信号必须有整数倍的周期信号。并且相邻两个子载波分支信号的周期数必须相差 1。如果 OFDM 信号满足了上述的正交特性，子载波间不互相干扰，就能够正确的还原出原始信号。如式(4.4)。

$$\int_{t_s}^{t_s+T} e^{-j2\pi\frac{k}{T}(t-t_s)} \cdot \sum_{n=0}^{N-1} d_n e^{j2\pi\frac{n}{T}(t-t_s)} \mathrm{d}t = \sum_{n=0}^{N-1} d_n \int_{t_s}^{t_s+T} e^{j2\pi\frac{n-k}{T}(t-t_s)} \mathrm{d}t = d_k T \tag{4.4}$$

因为 OFDM 信号具有子载波彼此正交的特性，所以时域波形和频谱如图 4.3 所示。

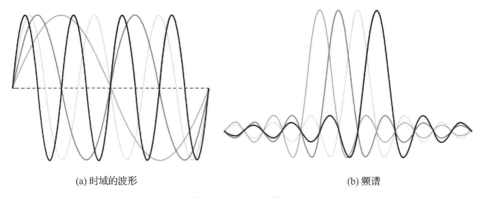

(a) 时域的波形　　　　　　　　　　　　　　　　　(b) 频谱

图 4.3　OFDM 信号

2. 基于 DFT 的 OFDM 系统数学模型

在正交频分复用系统中，其核心内容就是实现各子载波之间的正交性。传统上，多载波调制信号的产生需要使用多个数控振荡器(正弦波产生器)与各个输入信号进行混频。但在 OFDM 系统中，采用了离散傅里叶变换(DFT)替代上述作法。采用此方法可以大幅降低实现 OFDM 系统收发机的硬件复杂度，同时，接收端频率同步也较容易实现。由于现今 DSP 技术及硬件制作工艺已经相当成熟，完成快速傅里叶变换(Fast Fourier Transform，FFT)与快速傅里叶逆变换(Inverse Fast Fourier Transform，IFFT)已变得不像过去那么困难，因此，这种实现调制信号技术上的进步可以有效地降低实现 OFDM 系统接收机的复杂度。下面分析一下其理论推导过程。

$$\text{IDFT } x[n] = \frac{1}{N} \sum_{k=0}^{N-1} X[k] e^{j\frac{2\pi}{N}kn} \tag{4.5}$$

$$\text{DFT } X[k] = \sum_{n=0}^{N-1} x[n]\mathrm{e}^{-\mathrm{j}\frac{2\pi}{N}kn} \tag{4.6}$$

第 n 个取样时间离散傅里叶逆变换的输出端信号 c_n 为

$$c_n = \frac{1}{N}\sum_{k=0}^{N-1} C_k \mathrm{e}^{\left(2\pi\frac{kn}{N}\right)}, \quad n = 0,1,2,\cdots,N-1 \tag{4.7}$$

因此，$c = (c_0, c_1, \cdots, c_n, \cdots, c_{N-2}, c_{N-1})$ 的实数信号部分可以写成下式：

$$\begin{aligned} S_n &= \mathrm{Re}(c_n) \\ &= \sum_{k=0}^{N-1}\left(A_k \cos 2\pi f_k t_n - B_k \sin 2\pi f_k t_n\right), \quad n = 0,1,2,\cdots,N-1 \quad (t_n = nt_s) \end{aligned} \tag{4.8}$$

所以当 S_n 信号通过时间区间为 t_s 的低通滤波器后，我们可以得到下式：

$$\begin{aligned} S(t) &= \sum_{k=0}^{N-1}\left(A_k \cos 2\pi f_k t - B_k \sin 2\pi f_k t\right), \quad 0 \leqslant t \leqslant NT \\ &= \sum_{k=0}^{N-1} C_k \mathrm{e}^{\mathrm{j}2\pi\frac{kt}{T}} \end{aligned} \tag{4.9}$$

调整式 (4.9) 中 f_k 与 t，以符合 IDFT 的物理意义。由以上推导可得，以 f_s 对 $S(t)$ 采样所得的 N 个样值 $\{S_n\}$ 刚好为 $\{C_k\}$ 的 N 个点的离散傅里叶逆变换 (IDFT)，所以 IDFT 的输出信号与多载波调制的输出信号具有相同的形式。因此 OFDM 系统可以这样实现，在发送端，先由 $\{C_k\}$ 的 IDFT 求得 $\{S_n\}$，再经过一低通滤波器即得所需的 OFDM 信号 $S(t)$；在接收端，先对 $S(t)$ 采样得到 $\{S_n\}$，再对 $\{S_n\}$ 求 DFT 即得 $\{C_k\}$。所以 OFDM 的核心其实是一对离散傅里叶变换，当 $N = 2^m$（m 为正整数），可应用快速傅里叶变换 (FFT)，利用硬件快速实现。

在 OFDM 的实际应用中，可以采用更加方便快捷的快速傅里叶逆变换/快速傅里叶变换来实现 OFDM 的调制与解调。N 点的 IDFT 运算需要 N^2 次复数乘法，而 IFFT 可以显著的降低运算的复杂度和时间。对于基-2 的 IFFT 算法，其复数乘法的次数是 $\left(\dfrac{N}{2}\right)\log_2 N$，基-4 的 IFFT 算法需要复数乘法的次数是 $(\log_2 N - 2) \times 3N/8$。我们将在后面详细介绍 FFT 算法的基本原理。

3. OFDM 系统的基本模型

图 4.4 是 OFDM 基带信号处理原理图。其中，(a) 是发射机工作原理，(b) 是接收机工作原理。

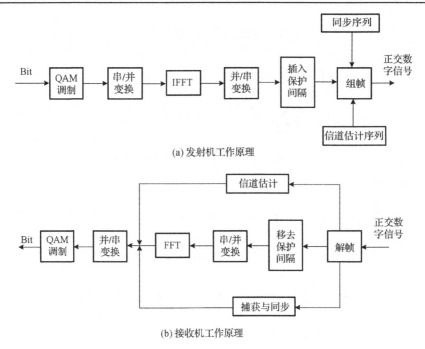

(a) 发射机工作原理

(b) 接收机工作原理

图 4.4　OFDM 基带信号处理原理图

　　当调制信号通过无线信道到达接收端时，由于信道多径效应带来的码间串扰的作用，子载波之间不再保持良好的正交状态，因而发送前需要在码元间插入保护间隔。如果保护间隔大于最大时延扩展，则所有时延小于保护间隔的多径信号将不会延伸到下一个码元期间，从而有效地消除了码间串扰。当采用单载波调制时，为减小 ISI 的影响，需要采用多级均衡器，这会遇到收敛和复杂性高等问题。

　　在发射端，首先对比特流进行 QAM 或 QPSK 调制，然后依次经过串/并变换和 IFFT 变换，再将并行数据转化为串行数据，加上保护间隔(又称循环前缀)，形成 OFDM 码元。在组帧时，需加入同步序列和信道估计序列，以便接收端进行突发检测、同步和信道估计，最后输出正交的基带信号。其详细流程如下所述。

　　1) 发送端

　　(1) 信道编码

　　信道编码的目的是提高通信系统的抗干扰能力。在 OFDM 基带系统中可以使用任何传统的信道编码，如 Reed-Solomon 码、卷积纠错码、网格编码调制以及 Turbo 码。有时为了防止突发的连续错误，还会加上交织处理，提高系统的可靠性，降低系统误码率。有时为了防止输入比特流的连 1 或连 0 情况，还会在信道编码前端加入能量打散模块，采用伪随机序列将这些连 0 或连 1 分散开来。

(2) 符号映射

对信道编码以后的数据进行星座映射,采用的方式有 MPSK、MQAM 等。星座图将数据映射到相应的星座点上,产生相应的 IO 值,再经过处理进行 OFDM 调制。

(3) 串/并变换

串/并变换是为了进行 IFFT 变换做准备,把星座映射后的 IO 值缓冲起来,形成并行的数据流送入 IFFT 模块。

(4) 离散傅里叶逆变换

IFFT 对 M 路并行数据进行 OFDM 调制,即 $N(N{\geqslant}M)$ 点 IFFT 变换。在大多数情况下, 这些并行数据并非都是数据信息, 其中包含一部分导频信号以及 TPS(Transmission Parameter Signalling)信息。这些信息是为了接收端能够正确解调信号而加入的。IFFT 变换生成用于 OFDM 传输的正交子载波,它是 OFDM 基带系统的核心模块。

(5) 循环前缀

经过 IFFT 变换之后的数据, 需要进行并/串变换, 为添加循环前缀做准备。为了消除由于多径传播造成的载波间干扰(Inter Carrier Interference, ICI), 将原来 N 个数据进行周期扩展, 用扩展信号填充保护间隔, 进而构成一个 OFDM 符号。然后经过 D/A 变换发送到信道上。

2) 接收端

当接收机检测到信号到达时,首先进行同步和信道估计。当完成时间同步、小数倍频偏估计和纠正后,经过 FFT 变换,进行整数倍频偏估计和纠正,此时得到的数据是 QAM 或 QPSK 的已调数据。对该数据进行相应的解调,就可得到比特流。

接收端的数据处理流程如下。在接收端信号经过滤波器滤波后进行 A/D 变换,然后对变换之后的数据进行载波同步、样值同步、符号同步。同步以后对数据删除循环前缀,为了进行 OFDM 解调,需要将串行数据变成并行数据后再进行 FFT 变换。之后进行信道估计从中提取出数据信息,进行并串变换后进行基带解调即星座解映射,最后经过信道解码恢复出原数据信息。

4. OFDM 系统的相关技术

1) 信道编解码技术

OFDM 系统中插入循环前缀后可以避免符号间干扰 ISI, 并减小 ICI, 但是经过多径衰落信道到达接收端的所有子载波上的信号幅度可能有所不同。而且在实际的系统中, 某些子信道由于衰落比较严重, 甚至出现信号被完全淹没。所以, 即使在大多数子载波上都能够无差错的解调, 但由于一小部分的子信道信号幅度很小造成整个系统的误码率急剧下降, 严重影响系统的整体性能。

　　因此，一个 OFDM 系统中必须加入信道编解码才能让 OFDM 技术的优势发挥出来，需要引入前向纠错编码（Forward Error Correction，FEC）。在 OFDM 系统中，可以从时域和频域两个角度使用 FEC 来对抗频率选择性衰落和时间选择性衰落。为了达到这个目的，一般采用交织编码技术。对于衰落信道中的随机错误可采用信道编码；对于突发错误，可采用交织技术来把连续的错误变成离散的错误。同时采用这两种技术以进一步提高系统的性能。

　　在 DVB-T 标准中信道编码采用了卷积编码加交织处理。采用卷积编码实现难度不大，而且其编码效果在实际应用中优于分组码。而且卷积编码比较灵活，可以通过凿孔（punctured）来提高编码的效率。

　　对于卷积编码的译码算法可以分为两大类，代数译码和概率译码。代数译码利用编码本身的代数结构进行译码，并不考虑信道的统计特性，这种译码实现比较简单，但性能不佳。相反概率译码考虑了信道的统计特性，是建立在最大似然准则基础上的译码。相对于代数译码，概率译码的复杂度要大得多，性能优于代数译码。常用的卷积码的译码算法是 viterbi 算法，属于概率译码。

　2）保护间隔与循环前缀

　（1）保护间隔

OFDM 技术的优点之一就是可以有效地对抗多径时延扩展。它把高速串行的数据流并行地分配到 N 个并行的子信道上，使得符号周期扩大到原来的 N 倍，同时时延扩展与符号周期的比值也同样降低了 N 倍。

　　在实际的系统中，为了最大限度的消除符号间干扰，每个 OFDM 符号之间需要插入保护间隔，而且该保护间隔的时间要大于无线信道的最大时延扩展，这样就可以保证一个符号的多径分量不会对下一个符号解调造成干扰。如果在保护间隔内不插入任何信号，即在 N 个数据块前加 M 个 0。插入保护间隔的示意图如图 4.5 所示。

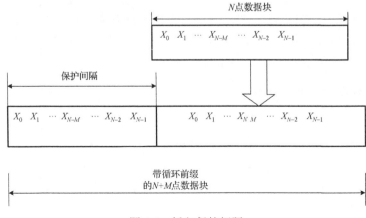

图 4.5　插入保护间隔

然而在这种情况下，由于多径传播的影响，将会产生载波之间的干扰，造成子载波之间的正交性遭到破坏，解调出现问题，如图 4.6 所示。

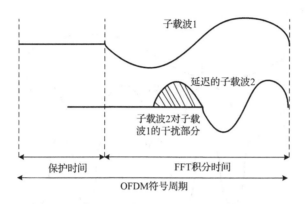

图 4.6　空闲保护间隔在多径情况下的影响

当接收端解调子载波 1 的信号时，会引入子载波 2 对它的干扰，同理当接收端对子载波 2 的信号进行解调时，同样会引入子载波 1 对它的干扰。这主要是由于在 FFT 积分时间内子载波 1 和延迟的子载波 2 的周期个数之差不再是整数，从而不能保证正交性。

(2)循环前缀

为了消除由于多径传播造成的影响，1980 年 Peled 和 Ruiz 把循环前缀引入 OFDM 以解决正交性问题。为了减小 ICI，OFDM 符号可以在保护间隔内发送循环扩展信号，称为循环前缀。循环前缀是将 OFDM 符号尾部的信号搬移到头部构成的，而不是使用空白保护间隔，如图 4.7 所示。

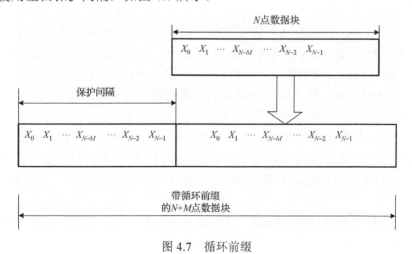

图 4.7　循环前缀

这样可以保证有时延的 OFDM 信号在 FFT 积分周期内总是具有整倍数周期。如图 4.8 所示。因此只要多径延时小于保护间隔，就不会造成载波间干扰，不破坏子载波之间的正交性。

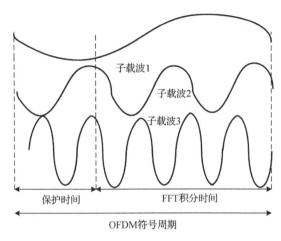

图 4.8   具有循环前缀的 OFDM 符号

(3)同步技术

同步技术对于任何通信系统来说都是十分重要的，其性能直接关系到系统的性能。没有精确的同步就不能对传送的数据进行可靠的恢复，因此同步是信息可靠传输的前提。

当采用同步解调或相干检测时，接收端需要提供一个与发射端调制载波同频同相的相干载波来进行解调，获取同频同相的相干载波的过程就是载波同步。除了载波同步外，数字系统中还有一个符号同步，它的目的是使得接收端得到与发送端周期相同的符号序列，并确定每个符号的起止时刻，进而实现块同步或者帧同步。

对于 OFDM 系统，除了载波同步和符号同步外，为了能够可靠的恢复出原始信息，还需要样值同步，包括样值定时同步和样值频率同步。OFDM 系统的同步如图 4.9 所示。

在 OFDM 系统中，载波同步是要求接收端的频率与发送端载波同频同相。任何的频率偏差都会引起子载波间正交性的破坏，从而在子载波间引入干扰产生 ICI，使误码率恶化；样值定时同步是为了使接收端确定每个样值符号的起止时刻；样值频率同步是为了保证使接收端具有与发送端相同的采样频率；符号定时同步是为了确定每个 OFDM 符号的起止时刻，即确定准确的解窗位置，并进一步实现块同步和帧同步。

载波频率同步误差造成接收信号在频域上的偏移。如果发送端与接收端的频率误差是子载波间隔的整数倍，虽然子载波之间还是相互正交的，但是 OFDM 信号的频谱结构发生了错位，从而导致误码率为 0.5 的严重错误；如果频率误差不是子载

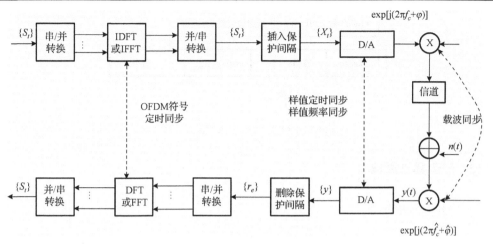

图 4.9　OFDM 系统中的同步

波间隔的整数倍，则子载波之间的正交性遭到破坏，导致引入了 ICI，同样也会造成系统性能的下降。OFDM 信号有、无频率误差的情况如图 4.10 所示。

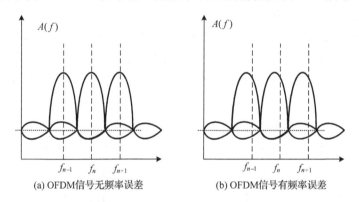

(a) OFDM信号无频率误差　　　(b) OFDM信号有频率误差

图 4.10　OFDM 信号载波同步情况

　　虽然符号定时同步误差不会引起子载波间干扰，但是符号定时同步误差有可能导致 FFT 处理窗包含连续的两个 OFDM 符号，从而引入了 OFDM 符号间干扰。并且即使 FFT 处理窗位置略微有所偏移，也会使 OFDM 信号频域发生偏移，导致系统性能下降。

　　一个 OFDM 符号由保护间隔和有效数据构成，保护间隔在前，有效数据在后。如果 FFT 处理窗延迟放置，则 FFT 积分处理包含了当前符号的样值与下一个符号的样值。如果 FFT 处理窗超前放置，则 FFT 积分处理包含了当前符号的数据部分和保护时间部分。后者不会引入码间干扰，而前者却可能造成严重的后果，影响系统性能。OFDM 符号定时同步误差情况如图 4.11 所示。

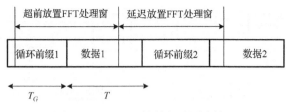

图 4.11　OFDM 符号定时同步情况

4.2.3　FFT 算法原理

1. DFT 算法简介

有限长序列在数字信号处理中是很重要的一种序列,可以用 Z 变换和傅里叶变换来研究它,但是使用离散傅里叶变换(DFT)更能反映有限长序列的特点。离散傅里叶变换除了作为有限长序列的一种傅里叶表示法在理论上相当重要之外,而且由于存在着计算离散傅里叶变换的有效快速算法,因而离散傅里叶变换在各种数字信号处理的算法中起着核心的作用。

有限长序列的离散傅里叶变换(DFT)和周期序列的离散傅里叶级数(DFS)本质上是一样的。为了更好地理解 DFT,需要先讨论周期序列的离散傅里叶级数。为了讨论离散傅里叶级数及离散傅里叶变换,我们首先来回顾并讨论傅里叶变换的几种可能形式。

1)连续时间、连续频率,采用连续傅里叶变换

设 $x(t)$ 为连续时间非周期信号,傅里叶变换关系如图 4.12 所示。

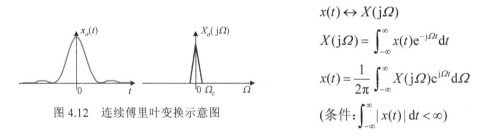

图 4.12　连续傅里叶变换示意图

$$x(t) \leftrightarrow X(\mathrm{j}\Omega)$$

$$X(\mathrm{j}\Omega) = \int_{-\infty}^{\infty} x(t)\mathrm{e}^{-\mathrm{j}\Omega t}\mathrm{d}t$$

$$x(t) = \frac{1}{2\pi} \int_{-\infty}^{\infty} X(\mathrm{j}\Omega)\mathrm{e}^{\mathrm{j}\Omega t}\mathrm{d}\Omega$$

$$\left(\text{条件：} \int_{-\infty}^{\infty} |x(t)|\,\mathrm{d}t < \infty\right)$$

从图 4.12 中可以看出时域连续函数造成频域是非周期的谱,而时域的非周期造成频域是连续的谱。

2)连续时间,离散频率,采用傅里叶级数

设 $f(t)$ 代表一个周期为 T_1 的周期性连续时间函数,$f(t)$ 可展成傅里叶级数,其傅里叶级数的系数为 F_n,$f(t)$ 和 F_n 组成变换对,表示为

$$f(t) = \sum_{n=-\infty}^{\infty} F_n e^{jn\Omega t} \left(T_1 = \frac{2\pi}{\Omega_1} \right)$$

$$F_n = \frac{1}{T_1} \int_{-\frac{T_1}{2}}^{\frac{T_1}{2}} f(t) e^{-jn\Omega t} dt$$

从图 4.13 中可以看出时域连续函数造成频域是非周期的谱，而时域的周期造成频域是离散的谱。

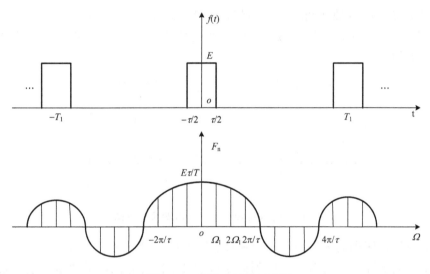

图 4.13　傅里叶级数示意图

3)离散时间，连续频率，采用序列的傅里叶变换

正变换：$\mathrm{DTFT}[x(n)] = X(e^{jw}) = \sum_{n=-\infty}^{\infty} x(n) e^{-j\omega n}$

反变换：$\mathrm{DTFT}^{-1}[X(e^{j\omega})] = x(n) = \frac{1}{2\pi} \int_{-\pi}^{\pi} X(e^{j\omega}) e^{j\omega n} d\omega$

$X(e^{j\omega})$ 级数收敛条件为 $\left| \sum_{n=-\infty}^{\infty} x(n) e^{-j\omega n} \right| = \sum_{n=-\infty}^{\infty} |x(n)| < \infty$。

从图 4.14 中可以看出时域离散函数造成频域是周期的谱，而时域的非周期造成频域是连续的谱。

4)离散时间，离散频率，采用离散傅里叶变换

上面讨论的三种傅里叶变换对，都不适合在计算机上运算，因为至少在一个域（时域或频域）中，函数是连续的。而从数字计算角度，我们感兴趣的是时域及频域都是离散的情况，这就是我们这里要谈到的离散傅里叶变换。

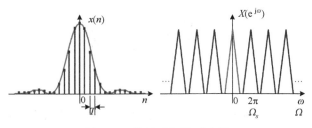

图 4.14   傅里叶级数示意图

在图 4.15 中时域抽样间隔 T，频域周期 $\Omega_s = 2\pi/T$，时域周期 T_1，频域抽样间隔 $\Omega_1 = 2\pi/T_1$，从图中可以看出时域离散函数造成频域是周期的谱，而时域的周期造成频域是离散的谱。

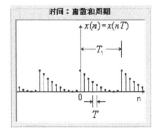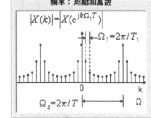

图 4.15   时域及频域都是离散变换示意图

下面对周期序列的离散傅里叶变换(DFT)进行详细讨论。

周期序列实际上只有有限个序列值才有意义，因此它的离散傅里叶级数表示式也适用于有限长序列，这就可以得到有限长序列的傅里叶变换(DFT)。

设 $x(n)$ 是一个长度为 M 的有限长序列。

正变换：$X(k) = \mathrm{DFT}[x(n)] = \displaystyle\sum_{n=0}^{N-1} x(n)\mathrm{e}^{-\mathrm{j}\frac{2\pi}{N}nk} = \sum_{n=0}^{N-1} x(n)W_N^{nk}$ ，$(k = 0,1,2,\cdots,N-1)$

反变换：$x(n) = \mathrm{IDFT}[X(k)] = \dfrac{1}{N}\displaystyle\sum_{k=0}^{N-1} X(k)\mathrm{e}^{\mathrm{j}\frac{2\pi}{N}kn} = \dfrac{1}{N}\sum_{k=0}^{N-1} X(k)W_N^{-nk}$ ，$(n = 0,1,2,\cdots,$

$N-1)$

式中，$W_N = \mathrm{e}^{-\mathrm{j}\frac{2\pi}{N}}$，$N$ 称为 DFT 变换区间长度，$N \geqslant M$。

2. 离散傅里叶变换的性质

1）线性

设 $x_1(n)$、$x_2(n)$ 是两个有限长序列，长度分别为 N_1，N_2，且 $y(n) = a \cdot x_1(n) + b \cdot x_2(n)$，$a$，$b$ 为常数。其中 $N = \max(N_1, N_2)$；$x_1(n)$ 为有限长序列，长度为 N_1；$x_2(n)$ 为有限长序列，长度为 N_2；$y(n)$ 有限长序列，长度为 N。

$x_1(n)$ 的 N 点 DFT 为

$$X_1(k) = \mathrm{DFT}[x_1(n)] = \sum_{n=0}^{N-1} x_1(n) W_N^{nk} \qquad (0 \leqslant k \leqslant N-1)$$

$x_2(n)$ 的 N 点 DFT 为

$$X_2(k) = \mathrm{DFT}[x_2(n)] = \sum_{n=0}^{N-1} x_2(n) W_N^{nk} \qquad (0 \leqslant k \leqslant N-1)$$

$y(n)$ 的 N 点 DFT 为

$$Y(k) = \mathrm{DFT}[y(n)] = \sum_{n=0}^{N-1} y(n) W_N^{nk} = \sum_{n=0}^{N-1} (ax_1(n)+bx_2(n)) W_N^{nk} = aX_1(k)+bX_2(k) \ (0 \leqslant k \leqslant N-1)$$

2）循环移位定理

（1）序列的循环移位

设 $x(n)$ 为有限长序列，长度为 N，则 $x(n)$ 的循环移位定义为

$$y(n) = x((n+m))_N R_N(n)$$

上式表明先将 $x(n)$ 以 N 为周期进行周期延拓得到序列 $\overline{x}(n) = x((n))_N$，再将 $\overline{x}(n)$ 左移得到 $\overline{x}(n+m)$，最后取 $\overline{x}(n+m)$ 主值区间 $(n = 0 \sim N-1)$ 上的序列值，则得到有限长序列 $x(n)$ 的循环移位序列 $y(n)$。过程如图 4.16 所示。

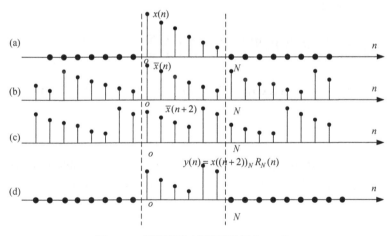

图 4.16　循环移位过程示意图 $(N=6)$

（2）时域循环移位定理

设 $x(n)$ 为有限长序列，长度为 N，$y(n)$ 为 $x(n)$ 的循环移位序列，即 $y(n) = x((n+m))_N R_N(n)$，则 $Y(k) = \mathrm{DFT}[y(n)] = \mathrm{DFT}[x((n+m))_N R_N(n)] = W_N^{-km} X(k)$。其中，$X(k) = \mathrm{DFT}[x(n)]$，$0 \leqslant k \leqslant N-1$。

证明如下：

$$Y(k) = \mathrm{DFT}[y(n)] = \sum_{n=0}^{N-1} x((n+m))_N R_N(n) W_N^{kn} = \sum_{n=0}^{N-1} x((n+m))_N W_N^{kn}$$

令 $n+m = n'$，则有

$$Y(k) = \sum_{n=m}^{N-1+m} x((n'))_N W_N^{k(n'-m)} = W_N^{-km} \sum_{n=m}^{N-1+m} x((n'))_N W_N^{kn'}$$

由于上式中求和项以 N 为周期，所以对其在任一周期上的求和结果相同。将上式的求和区间改在主值区间，则得

$$Y(k) = W_N^{-km} \sum_{n'=0}^{N-1} x((n'))_N W_N^{kn'} = W_N^{-km} \sum_{n'=0}^{N-1} x(n') W_N^{kn'} = W_N^{-km} X(k)，\quad 0 \leqslant k \leqslant N-1$$

(3)频域循环移位定理

如果 $X(k) = \mathrm{DFT}[x(n)]$，$0 \leqslant k \leqslant N-1$，$Y(k) = X((k+l))_N R_N(k)$，则 $y(n) = \mathrm{IDFT}[Y(k)] = W_N^{nl} x(n)$。

证明如下：

$$y(n) = \mathrm{IDFT}[Y(k)] = \frac{1}{N} \sum_{k=0}^{N-1} X((k+l))_N R_N(k) W_N^{-kn} = \frac{1}{N} \sum_{K=0}^{N-1} X((k+l))_N W_N^{-kn}$$

令 $k+l = k'$，则有

$$y(n) = \frac{1}{N} \sum_{k'=l}^{N-1+l} X((k'))_N W_N^{-(k'-l)n} = W_N^{nl} \left(\frac{1}{N} \sum_{k'=l}^{N-1+l} X((k'))_N W_N^{-k'n} \right)$$

$$= W_N^{nl} \left(\frac{1}{N} \sum_{k'=0}^{N-1} X((k'))_N W_N^{-k'n} \right) = W_N^{nl} \left(\frac{1}{N} \sum_{k'=0}^{N-1} X(k') W_N^{-k'n} \right) = W_N^{nl} x(n)$$

3)循环卷积定理

设有限长序列 $x_1(n)$ 和 $x_2(n)$，长度分别为 N_1 和 N_2，$N = \max(N_1, N_2)$。$x_1(n)$ 和 $x_2(n)$ 的 N 点 DFT 分别为：$X_1(k) = \mathrm{DFT}[x_1(n)]$，$X_2(k) = \mathrm{DFT}[x_2(n)]$。如果令 $X(k) = X_1(k) X_2(k)$，则

$$x(n) = \mathrm{IDFT}[X(k)] = \left[\sum_{m=0}^{N-1} x_1(m) x_2((n-m))_N \right] R_N(n)$$

循环卷积计算过程中，要求对循环反转，循环移位，特别是两个长度为 N 的序列的循环卷积长度仍为 N。显然与一般的线性卷积不同，故称为循环卷积。记为

$$x(n) = x_1(n) \otimes x_2(n) = \left[\sum_{m=0}^{N-1} x_1(m) x_2((n-m))_N \right] R_N(n)$$

4）复共轭序列的 DFT

设 $x^*(n)$ 是 $x(n)$ 的复共轭序列，长度为 N，已知 $X(k) = \mathrm{DFT}[x(n)]$，则 $\mathrm{DFT}[x^*(n)] = X^*(N-k)$，$0 \leqslant k \leqslant N-1$，且 $X(N) = X(0)$。

证明：

$$\mathrm{DFT}[x^*(n)] = \sum_{n-0}^{N-1} x^*(n) W_N^{nk} R_N(k) = \left[\sum_{n=0}^{N-1} x(n) W_N^{-nk} \right]^* R_N(k) = \left[\sum_{n=0}^{N-1} x(n) W_N^{(N-k)n} \right]^* R_N(k)$$

$$= X^*((N-k))_N R_N(k) = X^*(N-k), \quad 0 \leqslant k \leqslant N-1$$

已知　$X(k) = \mathrm{DFT}[x(n)]$，则 $\mathrm{DFT}[x^*(N-n)] = X^*(k)$

证明：

因为 $X(k) = \mathrm{DFT}[x(n)]$，即

$$x(n) = \mathrm{IDFT}[X(k)] = \frac{1}{N} \sum_{k=0}^{N-1} X(k) W_N^{-nk} = \frac{1}{N} \sum_{k=0}^{N-1} X(k) \mathrm{e}^{\mathrm{j}\frac{2\pi}{N}kn}$$

$$x(N-n) = \frac{1}{N} \sum_{k=0}^{N-1} X(k) W_N^{-(N-n)k} = \frac{1}{N} \sum_{k=0}^{N-1} X(k) W_N^{nk}$$

$$x^*(N-n) = \left[\frac{1}{N} \sum_{k=0}^{N-1} X(k) W_N^{nk} \right]^* = \frac{1}{N} \sum_{k=0}^{N-1} X^*(k) W_N^{-nk} = \mathrm{IDFT}(X^*(k))$$

故 $\mathrm{DFT}[x^*(N-n)] = X^*(k)$

5）DFT 的共轭对称性

（1）有限长共轭对称序列和共轭反对称序列

我们用 $x_{ep}(n)$ 和 $x_{op}(n)$ 分别表示有限长共轭对称序列和共轭反对称序列。二者的定义如下：

$$x_{ep}(n) = x^*_{ep}(N-n), \quad 0 \leqslant n \leqslant N-1$$

$$x_{op}(n) = -x^*_{op}(N-n), \quad 0 \leqslant n \leqslant N-1$$

当 N 为偶数时，将上式的 n 换成 $N/2 - n$，得到 $x_{ep}\left(\dfrac{N}{2} - n\right) = x^*_{ep}\left(\dfrac{N}{2} + n\right)$，$0 \leqslant n \leqslant N/2 - 1$。

当 N 为奇数时，将上式的 n 换成 $(N-1)/2 - n$，得到 $x_{ep}\left(\dfrac{N-1}{2} - n\right) = x^*_{ep}\left(\dfrac{N+1}{2} + n\right)$，$0 \leqslant n \leqslant (N-1)/2 - 1$。

任意有限长序列 $x(n)$ 可表示成共轭对称分量和共轭反对称分量之和即 $x(n) = x_{ep}(n) + x_{op}(n)$，$0 \leqslant n \leqslant N-1$。将 $x(n) = x_{ep}(n) + x_{op}(n)$ 中的 n 换成 $N-n$，并取复共轭，

得到

$$x^*(N-n) = x_{ep}^*(N-n) + x_{op}^*(N-n) = x_{ep}(n) - x_{op}(n)$$

$$x_{ep}(n) = 1/2(x(n) + x^*(N-n))$$

$$x_{op}(n) = 1/2(x(n) + x^*(N-n))$$

(2)DFT 的共轭对称性

① 将有限长序列 $x(n)$ 分成实部与虚部，即 $x(n) = x_r(n) + jx_i(n)$，则 $X(k) = X_{ep}(k) + X_{op}(k)$。

证明：

$$x_r(n) = 1/2(x(n) + x^*(n))$$

$$\text{DFT}[x_r(n)] = 1/2(X(k) + X^*(N-k)) = X_{ep}(k)$$

$$jx_i(n) = 1/2(x(n) - x^*(n))$$

$$\text{DFT}[jx_i(n)] = 1/2(X(k) - X^*(N-k)) = X_{op}(k)$$

② 将有限长序列 $x(n)$ 分成共轭对称部分和共轭反对称部分，即 $x(n) = x_{ep}(n) + x_{op}(n)$，$0 \leqslant n \leqslant N-1$，则 $X(k) = XR(k) + jX_1(k)$。

证明：

$$x_{ep}(n) = 1/2(x(n) + x^*(N-n))$$

$$\text{DFT}[x_{ep}(n)] = 1/2((X(k) + X^*(k)) = X_R(k)$$

$$x_{op}(n) = 1/2(x(n) - x^*(N-n))$$

$$\text{DFT}[x_{op}(n)] = 1/2(X(k) - X^*(k)) = jX_1(k)$$

3. 频域抽样理论

时域采样定理告诉我们，在一定条件下，可以由时域采样信号恢复原来的连续信号。那么能不能也由频域采样信号恢复频域连续信号？频域采样理论是什么？

已知序列 $x(n)$ 及其长度为 M。$x(n)$ 的 Z 变换为 $X(z) = \sum_{n=-\infty}^{\infty} x(n)z^{-n}$。因为 $X(z)$ 收敛域包含单位圆，所以其序列傅里叶变换 $X(e^{j\omega})$ 存在。

对 $X(e^{j\omega})$ 在区间 $[0, 2\pi]$ 上进行 N 点等间隔采样(对 $X(z)$ 在单位圆上进行 N 点等间隔采样)，得到 $X(k)$ 或 $\overline{X}(k)$。

$$X(k) = X(z)\big|_{z=e^{j\frac{2\pi}{N}k}} = \sum_{n=-\infty}^{\infty} x(n)e^{-j\frac{2\pi}{N}kn}, \quad 0 \leqslant k \leqslant N-1$$

将 $\overline{X}(k)$ 进行 IDFS 得周期序列 $\overline{x}(n)$，取 $\overline{x}(n)$ 的主值序列 $x_N(n)$，$x_N(n)$ 与原序列

$x(n)$ 相等吗？相等的条件是什么？由此导出频域采样定理。

$$\overline{x}(n) = \text{IDFS}[X(k)] = \frac{1}{N}\sum_{k=0}^{N-1}\overline{X}(k)W_N^{-nk}$$

$$= \frac{1}{N}\sum_{k=0}^{N-1}X(k)W_N^{-nk} = \frac{1}{N}\sum_{k=0}^{N-1}\left[\sum_{m=-\infty}^{\infty}x(m)W_N^{km}\right]W_N^{-nk}$$

$$= \sum_{m=-\infty}^{\infty}x(m)\frac{1}{N}\sum_{k=0}^{N-1}W_N^{km}W_N^{-kn} = x(n+rN) \qquad ,r\text{为整数}$$

$$= \sum_{r=-\infty}^{\infty}x(n+rN)$$

式中，$\dfrac{1}{N}\displaystyle\sum_{k=0}^{N-1}W_N^{km}W_N^{-kn} = \dfrac{1}{N}\displaystyle\sum_{k=0}^{N-1}W_N^{k(m-n)}\begin{cases}=1, & m=n+rN, r\text{为整数}\\ =0, & \text{其他}m\end{cases}$

$$\overline{x} = \sum_{r=-\infty}^{\infty}x(n+rN)$$

从上式得出，$X(z)$ 在单位圆上的 N 点等间隔采样 $\overline{X}(k)$ 的 IDFS，为原序列 $x(n)$ 以 N 为周期的周期延拓序列。

$$x_N(n) = \overline{x}(n)R_N(n) = \sum_{r=-\infty}^{\infty}x(n+rN)R_N(n)$$

所以只有当频域采样点数 $N \geqslant M$ 时，才有 $x_N(n) = \text{IDFT}[X(k)] = x(n)$，即可由频域采样 $X(k)$ 恢复原序列 $x(n)$，否则产生时域混叠现象。这就是频域采样定理。满足频域采样定理，$N \geqslant M$，即可由频域采样 $X(k)$ 来表示 $X(z)$。

设序列 $x(n)$ 长度为 M，在频域 $0\sim 2\pi$ 之间等间隔采样 N 点，$N \geqslant M$。

$$X(z) = \sum_{n=0}^{N-1}x(n)z^{-n}$$

$$X(k) = X(z)\big|_{z=e^{\frac{2\pi}{N}k}}, \quad 0 \leqslant k \leqslant N-1$$

根据频域抽样定理，

$$x(n) = \text{IDFT}[X(k)] = \frac{1}{N}\sum_{k=0}^{N-1}X(k)W_N^{-nk}$$

$$X(z) = \sum_{n=0}^{N-1}\left[\frac{1}{N}\sum_{k=0}^{N-1}X(k)W_N^{-nk}\right]z^{-n} = \frac{1}{N}\sum_{k=0}^{N-1}X(k)\sum_{n=0}^{N-1}W_N^{-nk}z^{-n}$$

$$= \frac{1}{N}\sum_{k=0}^{N-1}X(k)\frac{1-W_N^{-nk}z^{-n}}{1-W_N^{-k}z^{-1}} = \sum_{k=0}^{N-1}X(k)\frac{1}{N}\frac{1-z^{-N}}{1-W_N^{-k}z^{-1}}$$

$$\phi_k(z) = \frac{1}{N}\frac{1-z^{-N}}{1-W_N^{-k}z^{-1}} \text{，称为内插函数}$$

$$X(z) = \sum_{k=0}^{N-1} X(k)\phi_k(z) \text{，称为内插公式}$$

当 $z = e^{j\omega}$ 时，

$$\varphi_k(\omega) = \frac{1}{N}\frac{1-e^{-j\omega N}}{1-e^{-j\left(\omega-\frac{2\pi}{N}k\right)}}$$

$$X(e^{j\omega}) = \sum_{k=0}^{N-1} X(k)\varphi_k(\omega)$$

进一步化简，可得

$$\varphi(\omega) = \frac{1}{N}\frac{\sin(\omega N/2)}{\sin(\omega/2)}e^{-j\omega\left(\frac{N-1}{2}\right)}$$

$$X(e^{j\omega}) = \sum_{k=0}^{N-1} X(k)\varphi\left(\omega-\frac{2\pi}{N}k\right)$$

4. FFT/IFFT 算法原理

1）直接计算 DFT 的问题及改进的途径

设 $x(n)$ 为 N 点有限长序列，其 DFT 正变换为

$$X(k) = \sum_{n=0}^{N-1} x(n)W_N^{nk}, \quad k = 0,1,\cdots,N-1$$

其反变换（IDFT）

$$x(k) = \frac{1}{N}\sum_{k=0}^{N-1} X(n)W_N^{-nk}, \quad n = 0,1,\cdots,N-1$$

二者的差别只在于 W_N 的指数符号不同，以及差一个常数乘因子 $1/N$，因而下面我们只讨论 DFT 正变换的运算量，反变换的运算量是完全相同的。

考虑 $x(n)$ 为复数序列的一般情况，每计算一个 $X(k)$，需要 N 次复数乘法以及 $(N-1)$ 次复数加法。因此，对所有 N 个 k 值，共需 N^2 次复数乘法及 $N(N-1)$ 次复数加法运算。所以直接计算 DFT，乘法次数和加法次数都是和 N^2 成正比的，当 N 很大时，运算量是很可观的，因而需要改进 DFT 的计算方法，以减少运算次数。

下面讨论减少运算工作量的途径。仔细观察DFT的运算就可看出,利用系数 W_N^{nk} 以下固有特性，就可减小 DFT 的运算量。

(1) W_N^{nk} 的对称性，$(W_N^{nk})* = W_N^{-nk}$。

(2) W_N^{nk} 的周期性，$W_N^{nk} = W_N^{(n+N)k} = W_N^{n(k+N)}$。

(3) W_N^{nk} 的可约性，$W_N^{nk} = W_{mN}^{mnk} = W_{N/m}^{nk/m}$。

由此可得 $W_N^{-nk} = W_N^{(N-n)k} = W_N^{n(N-k)}$，$W_N^{N/2} = -1$，$W_N^{(k+N/2)} = -W_N^k$。利用这些特性，可以将长序列的 DFT 分解为短序列的 DFT。快速傅里叶变换算法正是基于这样的思路发展起来的。它的算法基本上可以分成两大类，时域抽取法 FFT（Decimation-In-Time FFT，DIT-FFT）和频域抽取法 FFT（Decimation-In-Frequency FFT，DIF-FFT）。

2）时域抽取法基-2 FFT 原理

先设序列点数为 $N = 2^M$，M 为整数。如果不满足这个条件，可以人为地加上若干零值点，使之达到这一要求。这种 N 为 2 的整数幂的 FFT 称基-2 FFT。

设输入序列长度为 $N = 2^M$（M 为正整数），将该序列按时间顺序的奇偶分解为越来越短的子序列，称为按时间抽取（DIT）的 FFT 算法。也称 Cooley-Tukey 算法。

将 $N = 2^M$ 的序列 $x(n)$ 先按 n 的奇偶分成以下两组：

$$\left.\begin{array}{l} x(2r) = x_1(r) \\ x(2r+1) = x_2(r) \end{array}\right\} r = 0,1,\cdots,N/2-1$$

则 $x(n)$ 的 DFT 为

$$X(k) = \text{DFT}[x(n)] = \sum_{n=0}^{N-1} x(n)W_N^{nk}，\quad k = 0,1,\cdots,N-1$$

$$= \sum_{\substack{n=0 \\ n为偶数}}^{N-1} x(n)W_N^{nk} + \sum_{\substack{n=0 \\ n为奇数}}^{N-1} x(n)W_N^{nk}$$

$$= \sum_{r=0}^{N/2-1} x(2r)W_N^{2rk} + \sum_{r=0}^{N/2-1} x(2r+1)W_N^{(2r+1)k}$$

$$= \sum_{r=0}^{N/2-1} x_1(2r)(W_N^2)^{rk} + W_N^k \sum_{r=0}^{N/2-1} x_2(r)(W_N^2)^{rk}$$

$$= \sum_{r=0}^{N/2-1} x_1(r)W_{N/2}^{rk} + W_N^k \sum_{r=0}^{N/2-1} x_2(r)W_{N/2}^{rk}$$

$$= X_1(k) + W_N^k X_2(k)，\quad k = 0,1,\cdots,N-1 \qquad (4.10)$$

式中，$X_1(k)$ 与 $X_2(k)$ 分别是 $x_1(r)$ 及 $x_2(r)$ 的 $N/2$ 点 DFT。

$$X_1(k) = \sum_{r=0}^{N/2-1} x_1(r)W_{N/2}^{rk} = \sum_{r=0}^{N/2-1} x(2r)W_{N/2}^{rk}，\quad k = 0,1,\cdots,N/2-1$$

$$X_2(k) = \sum_{r=0}^{N/2-1} x_2(r) W_{N/2}^{rk} = \sum_{r=0}^{N/2-1} x(2r+1) W_{N/2}^{rk} ， \quad k = 0,1,\cdots,N/2-1$$

由式(4.10)可看出，一个 N 点 DFT 已分解成两个 $N/2$ 点 DFT，它们按式(4.10)又组合成一个 N 点 DFT。

现在讨论 $X_1(k)$ 的周期性。

$$X_1(k+N/2) = \sum_{r=0}^{N/2-1} x_1(r) W_{N/2}^{r(k+N/2)} = \sum_{r=0}^{N/2-1} x_1(r) W_{N/2}^{rk} = X_1(k)$$

式中，用了 $W_{N/2}^{rk} = W_{N/2}^{r(k+N/2)}$

同理可得 $$X_2(k+N/2) = X_2(k)$$

再考虑 W_N^k 的以下性质：

$$W_N^{(N/2+k)} = W_N^{N/2} W_N^k = -W_N^k$$

所以前半部分 $X(k)$ 可表示如下：

$$X(k) = X_1(k) + W_N^k X_2(k) ， \quad k = 0,1,\cdots,N/2-1$$

后半部分 $X(k+N/2)$ 可表示如下：

$$X(k+N/2) = X_1(k+N/2) + W_N^{(N/2+k)} X_2(k+N/2)$$
$$= X_1(k) - W_N^k X_2(k), \quad k = 0,1,\cdots,N/2-1$$

这样，只要求出 $0\sim(N/2-1)$ 区间的所有 $X_1(k)$ 和 $X_2(k)$ 值，即可求出 $0\sim(N-1)$ 区间内的所有 $X(k)$ 值，这就大大减少了运算量。

$$X(k) = X_1(k) + W_N^k X_2(k) ， \quad k = 0, 1, \cdots, N/2-1 \tag{4.11}$$

$$X(k+N/2) = X_1(k) - W_N^k X_2(k) ， \quad k = 0, 1, \cdots, N/2-1 \tag{4.12}$$

采用如图 4.17 所示的蝶形运算符号表示的图示法，可将上面讨论的分解过程表示于图 4.18 中。此图表示 $N = 2^3 = 8$ 的情况，其中输出值 $X(0)\sim X(3)$ 是由式(4.11)给出的，而输出值 $X(4)\sim X(7)$ 是由式(4.12)给出。

既然如此，由于 $N = 2^M$，因而 $N/2$ 仍是偶数，可以进一步把每个 $N/2$ 点子序列再按其奇偶部分分解为两个 $N/4$ 点的子序列，如图 4.19 所示。

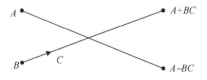

图 4.17　蝶形运算符号

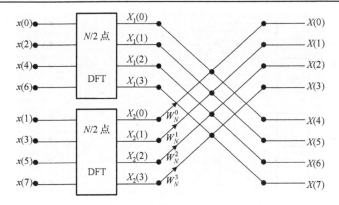

图 4.18　N 点 DFT 的第一次时域分解图$(N = 8)$

$$\left.\begin{array}{l} x_1(2r) = x_3(r) \\ x_1(2r+1) = x_4(r) \end{array}\right\} r = 0,1,\cdots,N/4-1$$

$$\begin{aligned} X_1(k) &= \sum_{r=0}^{N/4-1} x_1(2r)W_{N/2}^{2rk} + \sum_{r=0}^{N/4-1} x_1(2r+1)W_{N/2}^{(2r+1)k} \\ &= \sum_{r=0}^{N/4-1} x_3(r)W_{N/4}^{rk} + W_{N/2}^k \sum_{r=0}^{N/4-1} x_4(r)W_{N/4}^{rk} \quad, \quad k = 0, 1, \cdots, N/4-1 \\ &= X_3(k) + W_{N/2}^k X_4(k) \end{aligned}$$

且　　　　　　　$X_1(k+N/4) = X_3(k) - W_{N/2}^k X_4(k)$，$k = 0, 1, \cdots, N/4-1$

同理，$X_2(k)$ 也可进行同样的分解：

$$X_2(k) = X_5(k) + W_{N/2}^k X_6(k)，\quad k = 0, 1, \cdots, N/4-1$$

且　　　　　　　$X_2(k+N/4) = X_5(k) - W_{N/2}^k X_6(k)，\quad k = 0, 1, \cdots, N/4-1$

其中，　　　　　$X_5(k) = \sum_{r=0}^{N/4-1} x_2(2r)W_{N/2}^{2rk} = \sum_{r=0}^{N/4-1} x_5(r)W_{N/4}^{rk}$

$$X_6(k) = \sum_{r=0}^{N/4-1} x_2(2r+1)W_{N/2}^{2rk} = \sum_{r=0}^{N/4-1} x_6(r)W_{N/4}^{rk}$$

进一步具体化，过程如图 4.20 所示，设 $N = 8 = 2^3$，

$$X_3(k) = \sum_{r=0}^{1} x_3(r)W_2^{rk} = x(0) + x(4)W_2^k，\quad k = 0, 1$$

$$X_3(0) = x(0) + x(4)W_2^0$$

$$X_3(1) = x(0) + x(4)W_2^1 = x(0) - x(4)W_2^0$$

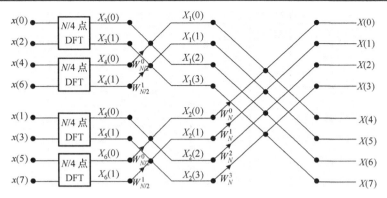

图 4.19　N 点 DFT 的第二次时域分解图($N = 8$)

注意上式中
$$W_2^1 = e^{-j\frac{2\pi}{2}*1} = e^{-j\pi} = -1 = -W_2^0 = -W_N^0$$

同理，
$$X_5(0) = x(1) + x(5)W_2^0$$

$$X_5(1) = x(1) - x(5)W_2^0$$

3) DIT-FFT 算法与直接计算 DFT 运算量的比较

由图 4.20 得，当 $N = 2^M$ 时，其运算流图有 M 级蝶形，每一级都有 $N/2$ 个蝶形运算构成。每一个蝶形运算需要 1 次复数乘和 2 次复数加。所以每一级运算都需要 $N/2$ 次复数乘和 N 次复数加。

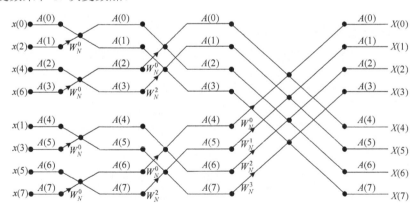

图 4.20　N 点 DIT-FFT 运算流图($N = 8$)

M 级运算总共需要的复数乘法次数为
$$\frac{N}{2} \times M = \frac{N}{2}\log_2 N$$

M 级运算总共需要的复数加法次数为

$$N \times M = N \log_2 N$$

如直接计算 DFT，复数乘法为 N^2 次，复数加法 $N(N-1)$ 次。

当 $N = 1024$ 时，复数乘之比：$\dfrac{N^2}{(N/2)\log_2 N} = 204.8$，这样使运算效率提高 200

多倍。

图 4.21 为 FFT 算法和直接 DFT 算法所需运算量与计算点数 N 的关系曲线。显然，N 越大，FFT 算法的优越性就越明显。

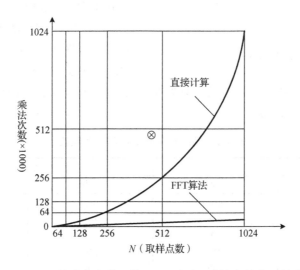

图 4.21　FFT 算法与直接计算 DFT 所需要乘法次数的比较曲线

4）时域抽取法 FFT 算法的特点

（1）原位运算

由图 4.20 可以看出，DIT-FFT 的运算过程很有规律。$N = 2^M$ 点的 FFT 共进行 M 级运算，每级由 $N/2$ 个蝶形运算组成。同一级中，每个蝶形的两个输入数据只对计算本蝶形有用，而且每个蝶形的输入、输出数据结点又同在一条水平线上，这就意味着计算完一个蝶形后，所得输出数据可立即存入原输入数据所占用的存储单元。这样，经过 M 级运算后，原来存放输入序列数据的 N 个存储单元中便依次存放 $X(k)$ 的 N 个值。这种利用同一存储单元存储蝶形计算输入、输出数据的方法称为原位计算。原位计算可节省大量内存，从而使设备成本降低。

（2）倒序规律

由图 4.20 可以看出，按原位计算时，FFT 的输出 $X(k)$ 是按正常顺序排列在存储单元中，即按 $X(0)$，$X(1)$，$\cdots$，$X(7)$ 的顺序排列，但是这时输入 $x(n)$ 却不是按自然顺序存储的，而是按 $x(0)$，$x(4)$，$\cdots$，$x(7)$ 的顺序存入存储单元，看起来好像是混乱无序的，实际上是有规律的，我们称之为倒序。

造成倒序的原因是输入 $x(n)$ 按标号 n 的奇偶的不断分组造成。由于 $N = 2^M$，所

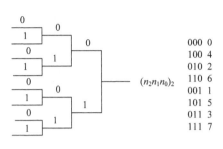

图 4.22　二进制倒序数

以倒序数可用 M 位二进制数 $(n_{M-1}n_{M-2}\cdots n_0)_2$ (当 $N = 8 = 2^3$ 时，二进制为三位)表示。第一次分组，标为 n_0。n 为偶数在上半部分，用 $n_0 = 0$ 表示，n 为奇数在下半部分，用 $n_0 = 1$ 表示；第二次分组，标为 n_1。偶数部分再分为偶(0)奇(1)，奇数部分再分为偶(0)奇(1)…。依次类推，直到 M 次分组，最后所得二进制倒序数如图 4.22 所示。

表 4.1 列出了 $N = 8$ 时以二进制数表示的顺序数和倒序数，由表显而易见，只要将顺序数 $(n_2n_1n_0)$ 的二进制位倒置，则得对应的二进制倒序值 $(n_0n_1n_2)$。

表 4.1　顺序和倒序二进制数对照表

顺序		倒序	
十进制数 I	二进制数	二进制数	十进制数 J
0	000	000	0
1	001	100	4
2	010	010	2
3	011	110	6
4	100	001	1
5	101	101	5
6	110	011	3
7	111	111	7

(3)倒序的实现

设原输入序列 $x(n)$ 先按自然顺序存入数组 A 中。例如 $N = 8$，$A(0)$，$A(1)$，$A(2)$，$A(3)$，$A(4)$，$A(5)$，$A(6)$，$A(7)$ 中依次存放着 $x(0)$，$x(1)$，$x(2)$，$x(3)$，$x(4)$，$x(5)$，$x(6)$，$x(7)$，如图 4.23 所示。

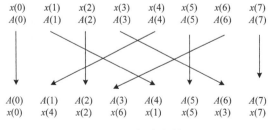

图 4.23　倒序规律

顺序数用 I 表示，$I = 1{\sim}N{-}2$。倒序数用 J 表示，与 I 对应分别为 4，2，6，1，5，3。当 $I = J$ 时不需要交换，$I < J$ 时调换存放内容。

$I = 1$ 时，对应的倒序数是 4；$I = 2$ 时，对应的倒序数是 2。倒序数从 4 到 2 的关系可从表 4.1 得到：每次最高位加 1。(注意 J 用十进制数表示)。如果最高位为 0，J 直接加 $N/2$，如果最高位为 1，则要将最高位归 0，次高位加 1。但次高位加 1 时也要判断是否为 1 或 0。程序框图如图 4.24 虚线框所示。

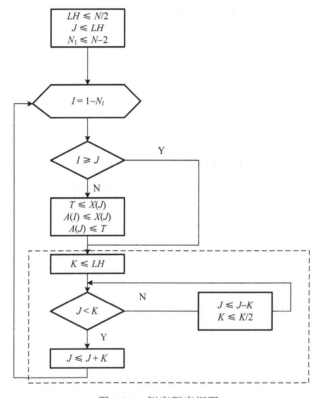

图 4.24　倒序程序框图

(4) 蝶形运算两个输入数据的距离

以图 4.20 的 8 点 FFT 为例，其输入是倒位序的，输出是自然顺序的。$N = 2^{M}$，共有第一级蝶形运算，第二级蝶形运算，$\cdots$，第 M 级蝶形运算。用 L 表示第某级运算，每个蝶形的两个输入数据的距离为 $B = 2^{L-1}$。

(5) 旋转因子的变化规律

仍观察图 4.20，每级都有 $N/2$ 个蝶形，每个蝶形都要乘以因子 W_{N}^{P}，称其为旋转因子，p 称为旋转因子的指数。第 L 级蝶形运算(从左向右数)，共有 2^{L-1} 个 W_{N}^{P}。

$L = 1$，第一级：$W_{N}^{P} = W_{2^{L}}^{J}$，$J = 0$

$L = 2$，第二级：$W_N^P = W_{2^L}^J$，$J = 0, 1$

$L = 3$，第三级：$W_N^P = W_{2^L}^J$，$J = 0, 1, 2, 3$

所以对于 $N = 2^M$ 的一般情况，第 L 级的 W_N^P 为

$$W_{2^L}^J, \quad J = 0, 1, \cdots, 2^{L-1}-1$$

由于 $2^L = 2^M 2^{L-M} = N2^{L-M}$ ，所以 $W_N^P = W_{2^L}^J = W_{2^M}^{J2^{M-L}} = W_N^{J2^{M-L}}$。

所以，第 L 级的 W_N^P 为：$W_N^{J2^{M-L}}$，$J = 0, 1, \cdots, 2^{L-1}-1$；$P = J2^{M-L}$。

例如：

$L = 1$，第一级：$2^{L-1} = 1$，$J = 0$，W_N^0

$L = 2$，第二级：$2^{L-1} = 2$，$J = 0, 1$，W_N^0，W_N^2

$L = 3$，第三级：$2^{L-1} = 4$，$J = 0, 1, 2, 3$，W_N^0，W_N^1，W_N^2，W_N^3

(6)蝶形运算规律

设序列 $x(n)$ 经时域抽选(倒序)后，存入数组 X 中。如果蝶形运算的两个输入数据相距 B 个点，应用原位计算，则蝶形运算可表示成如下形式：

$$X_L(k) \Leftarrow X_{L-1}(k) + X_{L-1}(k+B)W_N^p$$
$$X_L(k+B) \Leftarrow X_{L-1}(k) - X_{L-1}(k+B)W_N^p$$

式中 $J = 0, 1, \cdots, 2^{L-1}-1$；$P = J2^{M-L}$；$L = 1, \cdots, M$。

DIT-FFT 运算和程序框图如图 4.25 所示。

同一旋转因子对应着间隔为 2^L 点的 2^{M-L} 个蝶形。

5)按频率抽选(DIF)的基-2 FFT 算法

设序列点数为 $N = 2^M$，M 为整数。

$$X(k) = \sum_{n=0}^{N-1} x(n)W_N^{nk}, \quad k = 0, 1, \cdots, N-1$$

先把输入按 n 的顺序分成前后两半。

$$X(k) = \sum_{n=0}^{N-1} x(n)W_N^{nk}, \quad k = 0, 1, \cdots, N-1$$
$$= \sum_{n=0}^{N/2-1} x(n)W_N^{nk} + \sum_{n=N/2}^{N-1} x(n)W_N^{nk}$$
$$= \sum_{n=0}^{N/2-1} x(n)W_N^{nk} + \sum_{n=0}^{N/2-1} x(n+N/2)W_N^{(n+N/2)k}$$
$$= \sum_{n=0}^{N/2-1} [x(n) + x(n+N/2)W_N^{Nk/2}] \times W_N^{nk}, \quad k = 0, 1, \cdots, N-1$$

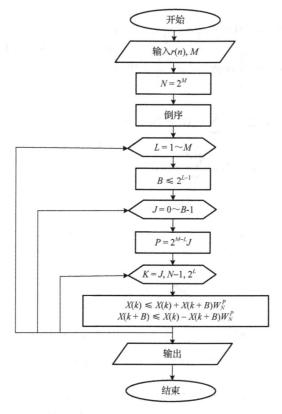

图 4.25　DIT-FFT 运算程序框图

$$X(k) = \sum_{n=0}^{N/2-1} [x(n) + x(n + N/2)W_N^{Nk/2}] \times W_N^{nk}, \quad k = 0, 1, \cdots, N-1$$

$$W_N^{Nk/2} = (-1)^k = \begin{cases} 1, & k\text{为偶数} \\ -1, & k\text{为奇数} \end{cases}$$

将 $X(k)$ 分解成偶数组与奇数组。

当 k 取偶数，即 $k = 2r$ 时 $(r = 0, 1, \cdots, N/2-1)$，

$$X(2r) = \sum_{n=0}^{N/2-1} [x(n) + x(n + N/2)] \times W_N^{n2r} = \sum_{n=0}^{N/2-1} [x(n) + x(n + N/2)] \times W_{N/2}^{nr}$$

当 k 取奇数，即 $k = 2r+1$ 时 $(r = 0, 1, \cdots, N/2-1)$，

$$X(2r+1) = \sum_{n=0}^{N/2-1} [x(n) - x(n + N/2)] \times W_{N/2}^{n(2r+1)}$$

$$= \sum_{n=0}^{N/2-1} [x(n) - x(n + N/2)]W_N^n \times W_{N/2}^{nr}$$

令
$$
\left.\begin{array}{l}
x_1(n) = x(n) + x\left(n+\dfrac{N}{2}\right) \\
x_2(n) = \left[x(n) - x\left(n+\dfrac{N}{2}\right)\right]W_N^n
\end{array}\right\} n = 0,1,\cdots,N/2-1
$$

$$
\left.\begin{array}{l}
X(2r) = \displaystyle\sum_{n=0}^{N/2-1} x_1(n)W_{N/2}^{nr} \\
X(2r+1) = \displaystyle\sum_{n=0}^{N/2-1} x_2(n)W_{N/2}^{nr}
\end{array}\right\} r = 0,1,\cdots,N/2-1 \tag{4.13}
$$

$x_1(n)$、$x_2(n)$ 和 $x(n)$ 之间可用图 4.26 所示的蝶形运算符号表示。

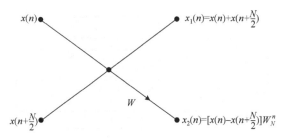

图 4.26 DIF-FFT 蝶形运算流图符号

式 (4.13) 用图 4.27 表示，$N=8$ 时的一次分解流图。

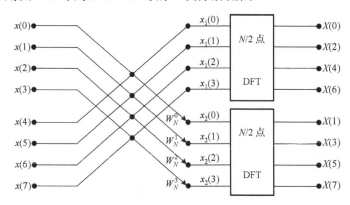

图 4.27 DIF-FFT 一次分解流图 ($N=8$)

由于 $N=2^M$，$N/2$ 仍是偶数，继续将 $N/2$ 点 DFT 分成偶数组和奇数组。图 4.28 表示 $N=8$ 时二次分解运算流图。

最后完整的分解流图如图 4.29 所示。

这种算法是对 $X(k)$ 进行奇偶抽取分解的结果，所以称之为频域抽取法 FFT。

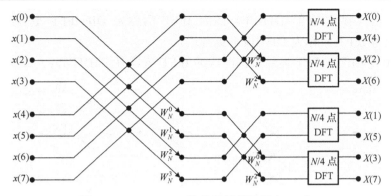

图 4.28　DIF-FFT 二次分解运算流图 $(N=8)$

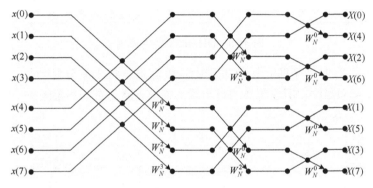

图 4.29　DIF-FFT 运算流图 $(N=8)$

DIF-FFT 算法与 DIT-FFT 算法类似，不同的是 DIF-FFT 算法输入序列为自然顺序，而输出为倒序排列。另外，蝶形运算略有不同，DIT-FFT 蝶形先乘后加，而 DIF-FFT 蝶形先加后乘。

上述两种 FFT 的算法流图形式不是唯一的。只要保证各节点所连支路及其传输系数不变，改变输入与输出点以及中间结点的排列顺序，就可以得到其他变形的 FFT 运算流图。

6）IDFT 的高效算法

离散傅里叶反变换

$$x(k) = \frac{1}{N} \sum_{n=0}^{N-1} X(n) W_N^{-nk} , \quad n = 0, 1, \cdots, N-1$$

与离散傅里叶正变换（$X(k) = \sum_{n=0}^{N-1} x(n) W_N^{nk}$，$k = 0, 1, \cdots, N-1$）相比，只要将 DFT 中的系数 W_N^{nk} 改变为 W_N^{-nk}，最后乘以 $1/N$，就是 IDFT 的运算公式。流图输入为 $X(k)$，

输出为 $x(n)$。因此原来的 DIT-FFT 改为 IFFT 后称为 DIF-IFFT 更合适；原来的
DIF-FFT 改为 IFFT 后称为 DIT-IFFT 更合适。

图 4.30 是由 DIF-FFT 运算流图改成的 IFFT 运算流图（DIT-IFFT）。

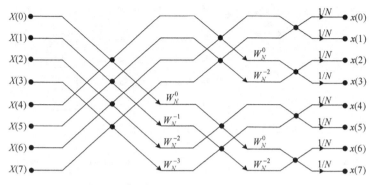

图 4.30   DIT-IFFT 运算流图

在实际中，有时为了防止运算过程中发生溢出，将 $1/N$ 分配到每一级蝶形运算
中。由于 $1/N = (1/2)^M$，所以每级的每个蝶形输出支路均有一相乘因子 1/2。如图 4.31
所示。

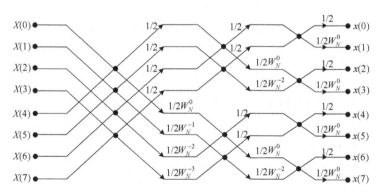

图 4.31   DIT-IFFT 运算流图（防止溢出）

如果希望直接调用 FFT 子程序计算 IFFT，则可用下面的方法。

因为

$$x(n) = \frac{1}{N}\sum_{n=0}^{N-1} X(k)W_N^{-nk}$$

所以

$$x^*(n) = \frac{1}{N}\sum_{k=0}^{N-1} X^*(k)W_N^{nk}$$

$$x(n) = \frac{1}{N}\left[\sum_{k=0}^{N-1} X^*(k)W_N^{nk}\right]^* = \frac{1}{N}\{\mathrm{DFT}[X^*(k)]\}^*$$

这样可以先将 $X(k)$ 取共轭，然后直接调用 FFT 子程序进行 DFT 运算，最后取共轭并乘以 $1/N$ 得到序列 $x(n)$。

5. 进一步减少运算量的措施

1) 多类蝶形单元运算

由图 4.32 可以得出，$N = 2^M$ 点 FFT 共需要 $MN/2$ 次复数乘法。

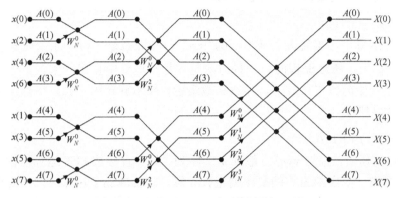

图 4.32　N 点 DIT-FFT 运算流图 $(N = 8)$

由 $W_N^P = W_N^{J2^{M-L}}$，$J = 0, 1, \cdots, 2^{L-1}-1$ 得，当 $L = 1$ 时，只有一种旋转因子 W_N^0，所以第一级不需要乘法运算。当 $L = 2$ 时，共有两个旋转因子 $W_N^0 = 1$ 和 $W_N^{N/4} = -j$，因此第二级也不需要乘法运算。在 DFT 中，称其值为 ±1 和 $\pm j$ 的旋转因子为无关紧要的旋转因子。

综上所述，先除去第一、第二两级后，所需复数乘法次数为

$$G_M(2) = \frac{N}{2}(M - 2)$$

进一步考虑各级中的无关紧要旋转因子。当 $L = 3$ 时，有两个无关紧要的旋转因子 W_N^0 和 $W_N^{N/4}$。因为同一旋转因子对应着 $2^{M-L} = N/2^L$ 个蝶形运算，所以，第三级共有 $2N/2^3 = N/4$ 个蝶形不需要复数乘法运算。依次类推，当 $L \geq 3$ 时，第 L 级的 2 个无关紧要的旋转因子减少复数乘法的次数为 $2N/2^L = N/2^{L-1}$。这样，$L = 3$ 至 $L = M$ 共减少复数乘法次数为

$$\sum_{L=3}^{M} \frac{N}{2^{L-1}} = 2N \sum_{L=3}^{M} \left(\frac{1}{2}\right)^L = \frac{N}{2} - 2$$

因此

$$C_M(2) = \frac{N}{2}(M - 2) - \left(\frac{N}{2} - 2\right) = \frac{N}{2}(M - 3) + 2$$

在基-2 FFT 程序中，若包含了所有旋转因子，则称该算法为一类蝶形单元运算；若去掉 $W_N^r = \pm 1$ 的旋转因子，则称之为二类蝶形单元运算；若再去掉 $W_N^r = \pm j$ 的旋转因子，则称为三类蝶形单元运算；若再处理 $W_N^r = (1-j)\sqrt{2}/2$，则称之为四类蝶形运算。我们将后三种运算称为多类蝶形单元运算。显然蝶形单元越多，编程就越复杂，但当 N 较大时，乘法运算的减少量是相当可观的。例如，$N = 4096$ 时，三类蝶形单元运算的乘法次数为一类蝶形单元运算的 75%。

2）旋转因子的生成

在 FFT 运算中，旋转因子 $W_N^p = \cos(2\pi p/N) - j\sin(2\pi p/N)$，求余弦和正弦函数值的计算量很大，所以编程时，一种方法是在每级运算中直接产生，另一种方法是在 FFT 程序开始前预先计算好，存放在数组中，作为旋转因子表，在程序执行过程中直接查表得到。

3）实序列的 FFT 算法

在实际工作中，数据 $x(n)$ 一般都是实序列。如果直接按 FFT 运算流图计算，就是把 $x(n)$ 看成一个虚部为零的复序列进行计算，这就增加了运算时间。处理这个问题有两种方法，一种是早期提出的用一个 N 点 FFT 计算 N 点实序列的 FFT。第二种方法是用 $N/2$ 点 FFT 计算一个 N 点实序列的 DFT。

4.2.4　OFDM 系统整体设计

发送端整体示意图和接收端整体示意图分别如图 4.33 和图 4.34 所示。根据 IEEE802.16d 标准，数据经过扰码（随机化）、RS 码编码、卷积码编码、交织、16QAM 映射，进行 OFDM 调制，再加入循环前缀，基带成形滤波，最后通过天线进行发射。解调过程按相反顺序逐步进行。

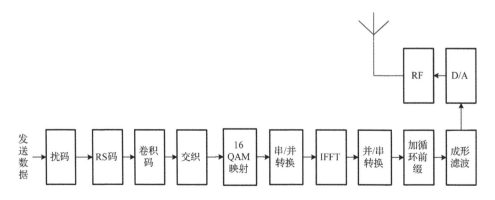

图 4.33　发送端结构示意图

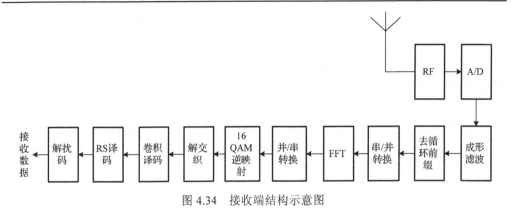

图 4.34　接收端结构示意图

4.3　硬　件　设　计

4.3.1　逻辑模块设计

OFDM 系统发送端和接收端的整体设计已在前文给出，本节将就每个子模块的具体实现原理，分别阐述各个子模块的详细设计。

1. 扰码模块

进行基带传输的信号如果出现长的连"1"和连"0"串，则会包含较大的低频分量，很难通过信道进行传输。对数据进行离散化，也称之为扰码，使数据变成伪随机序列，可解决这一问题。它的原理是将待传送的数据与一个伪随机序列进行逐比特异或运算，然后再进行随后的处理步骤并通过信道传送。在接收端把经过解调解码的数据流与相同的一个伪随机序列进行异或，则可以恢复出原始的发送信息。扰码器可用一个线性反馈移位寄存器构成，如图 4.35 所示。

图 4.35　扰码模块示意图

2. RS 码模块

RS 码是一类有很强纠错能力的多进制 BCH 码，也是一类典型的代数几何码。

它最早是由 Reed 和 Solomon 应用 MS 多项式在频域构造出来的。利用 MS 多项式构造的 RS 码是非系统码，我们可以利用 BCH 码的构造方法在时域产生系统码。对于线性分组码来说，在其他指标相同的情况下，非系统码和系统码的纠错能力相同，但在译码时系统码可直接读出信息元，非系统码还要增加一个信息元的转换电路。所以本章采用系统码编码方案。

RS(255，239)码是在有限域 GF(2^8)上运算得到的。它的编码参数如下。

(1)码长 $n = 255$，信息位个数 $k = 239$。

(2)校验位 $r = n-k = 16$，纠错能力 $t = 8$，码距 $d = 17$。

(3)本原多项式 $p(x) = x_8 + x_4 + x_3 + x_2 + x_1$。

(4)生成多项式 $g(x) = (x-a_0)(x-a_1)(x-a_2)\cdots(x-a_{15})$。

RS 码译码器的结构较为复杂，通常包括伴随式计算电路、关键方程求解电路、钱氏搜索电路、福尼算法电路和译码输出等部分。其中关键方程的求解是整个译码器的核心，本书采用 Berlekamp-Massey(BM)算法来求解关键方程。

本章在信道编码部分，采用 RS(255，239)码与(2，1，6)卷积码级联的结构。级联码一定程度上解决了纠错码理论中性能与设备复杂性的矛盾，它不仅有极强的纠突发错误的能力，也有极强的纠随机错误的能力。可以根据需要，对编码采用不同的增信删余方案，可以得到不同的编码速率。交织技术对经过编码的数据序列重新排列，解交织后使突发错误在时间上被分散，从而有利于纠错编码有效地进行纠错。

3. 卷积码模块

卷积码可表示为(n_0，k_0，m)，参数的意义如下。

(1)码长 n_0，信息元个数 k_0，校验元个数 n_0-k_0。

(2)码率 k_0/n，表示卷积码传输信息的有效性。

(3)编码存储 m，表示输入信息组在编码器中的存储周期(即编码器中寄存器的级数)。

(4)编码约束度 $N = m+1$，表示编码过程中相互约束的信息组的个数。

(5)编码约束长度 $Na = n_0N$，表示编码过程中相互约束的码元个数。

(n_0，k_0，m)卷积码编码器通常分为两类，一类是 $m(n_0-k_0)$ 级的串行编码器，另一类是 mk_0 的串行和并行编码器。对于最常见的(2，1，m)卷积码来说，$m(n_0-k_0)$ 级的串行编码器最常用。特别是在使用子生成元的方式来描述卷积码时，可直接根据子生成元方便地画出相应的 $m(n_0-k_0)$ 级的串行编码器。对(2，1，m)卷积码进行增信删余处理，即可方便地获得其他码率的卷积码。

卷积码在编码过程中，充分利用了各组之间的相关性，k_0 和 n_0 较小，在与分组码同样的码率和设备复杂性条件下，从理论和实际上均已证明卷积码的性能不比分组码差，并且实现最佳和准最佳译码也比较简单。由于卷积码各组之间相互关联，因此在卷积码的分析过程中，至今没有找到像分组码那样有效的数学工具，所以对卷积码的性能分析比较困难，从分析中得到的成果也不像分组码那么多，实际应用中往往要借助计算机的搜索来寻找好码。

卷积码的译码通常有门限译码、序列译码、Viterbi 算法这三种较好的译码算法。特别是 Viterbi 算法是基于码的网格(trellis)图基础上的一种最大似然译码算法，是一种最佳的概率译码算法。

4. QAM 映射

正交幅度调制(Quadrature Amplitude Modulation，QAM)是用两路独立的信号分别去调制同相与正交的两个载波，QAM 已调信号可以表示为下式

$$s_m(t) = \mathrm{Re}\Big[(A_{mc} + jA_{ms})g(t)e^{j2\pi f_c t}\Big], (m = 1, 2, \cdots, M, 0 \leqslant t \leqslant T) \tag{4.14}$$
$$= A_{mc}g(t)\cos 2\pi f_c t - A_{ms}g(t)\sin 2\pi f_c$$

式中，A_{mc} 和 A_{ms} 是承载信息的正交载波的信号幅度，$g(t)$ 是信号脉冲。

用另一种方法可将 QAM 信号波形表示为式(4.15)。

$$s_m(t) = \mathrm{Re}\Big[V_m e^{j\theta_m} g(t)e^{j2\pi f_c t}\Big] = V_m g(t)\cos(2\pi f_c t + \theta_m) \tag{4.15}$$

式中，$V_m = \sqrt{A_{mc}^2 + A_{ms}^2}$，$\theta_m = \arctan(A_{ms} / A_{mc})$。该表达式表明，QAM 信号波形可以看做组合幅度和相位调制。

图 4.36 是 16QAM 的一个矩形信号点星座图。

16QAM 映射的实现框图如图 4.37 所示。

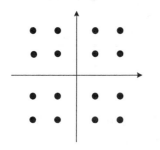

图 4.36　16QAM 矩形信号星座图

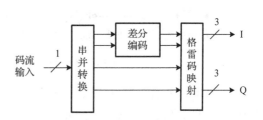

图 4.37　16QAM 映射框图

5. IFFT/FFT 模块

DFT 的出现大大地增加了数字信号处理的灵活性，有效的 FFT 算法的出现使得硬件实现高速实时的 DFT 运算成为可能。FFT 是数字信号处理中应用最为广泛的工具之一。根据不同的实现方法，可有多种 FFT 算法。

快速傅里叶(FFT)变换利用旋转因子 W_N^m 具有周期性和对称性的特点对运算进行简化。旋转因子 W_N^m 的周期性表现为

$$W_N^{m+lN} = \mathrm{e}^{-\mathrm{j}\frac{2\pi}{N}(m+lN)} = \mathrm{e}^{-\mathrm{j}\frac{2\pi}{N}m} = W_N^m \tag{4.16}$$

旋转因子 W_N^m 的对称性表现为

$$W_N^{-m} = W_N^{N-m}，或者 \left[W_N^{N-m}\right]^* = W_N^m，或者 W_N^{m+\frac{N}{2}} = -W_N^m \tag{4.17}$$

通过简化，复数乘法运算量从 N^2 次减少到 $(N/2)\log_2 N$。在硬件实现中，乘法所需运算时间远远大于加法，因此以乘法运算量作为整个算法的运算量。当 N 趋向较大值时，FFT 所占用的时间远远小于 DFT。

FFT 的基本思想在于，将原有 N 点序列分解成为两个或更多的较短序列，这些短序列的 DFT 可重新组合成原序列的 DFT，而总的运算次数却比直接的 DFT 少得多，从而达到提高运算速度的目的。FFT 算法按照分解方式基本上可分成两大类，时域抽取法 FFT(Decimation-In-Time FFT，DIT-FFT)和频域抽取法 FFT(Decimation-In-Frequency FFT，DIF-FFT)。DIT-FFT 算法运算流图如图 4.38 所示。

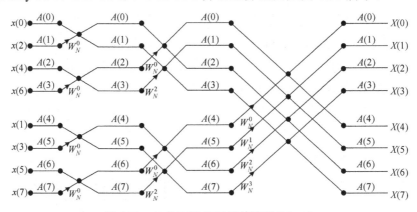

图 4.38　N 点 DIT-FFT 运算流图($N=8$)

IFFT 运算的实现有多种方式，既可以经预处理后直接调用已设计好的 FFT 模块来实现，也可以直接采用基-2 的 DIT-IFFT 运算流图来实现。

如果要调用已设计好的 FFT 模块实现 IFFT，可根据下式所示。

$$x(n) = \frac{1}{N}\sum_{k=0}^{N-1} X(k)W_N^{-kn} \tag{4.18}$$

所以

$$x^*(n) = \frac{1}{N}\sum_{k=0}^{N-1} X^*(k)W_N^{kn} \tag{4.19}$$

对式(4.18)和式(4.19)两边同时取共轭，得下式

$$x(n) = \frac{1}{N}\left[\sum_{k=0}^{N-1} X^*(k)W_N^{kn}\right]^* = \frac{1}{N}\left\{\text{DFT}\left[X^*(k)\right]\right\}^* \tag{4.20}$$

这样，可以先将 $X(k)$ 取共轭，然后直接调用已设计好的 FFT 模块进行处理，最后取共轭并乘以 $1/N$ 得到序列 $x(n)$。

若直接采用基-2 的 DIT-FFT 实现 IFFT：

将 FFT 算法流图稍加变换，就可以用于离散傅里叶逆变换 IDFT。比较 DFT 式(4.21)和 IDFT 式(4.22)的运算公式。

$$X(k) = \text{DFT}\left[x(n)\right] = \sum_{n=0}^{N-1} x(n)W_N^{kn} \tag{4.21}$$

$$x(n) = \text{IDFT}\left[X(k)\right] = \frac{1}{N}\sum_{n=0}^{N-1} X(k)W_N^{-kn} \tag{4.22}$$

只要将 DFT 运算式中的系数 W_N^{kn} 改为 W_N^{-kn}，最后乘以 $1/N$，就是 IDFT 的运算公式。所以，只要将上述的 DIT-FFT 与 DIF-FFT 算法中的旋转因子 W_N^p 改为 W_N^{-p}，最后的输出再乘以 $1/N$ 就可以用来计算 IDFT。这两种方法各有优势，根据具体应用中的实际要求灵活选用。

6. 加循环前缀

OFDM 系统数据流被分配到 N 个子载波，符号速率变成单载波系统的 $1/N$，低符号速率使得 OFDM 能有效抵抗由于多径传播而引起的符号间干扰(ISI)。ISI 对 OFDM 符号的影响还可以通过在每个符号的开始位置加上额外的保护间隔来进一步改善。如果所加的保护间隔是扩展符号波形的循环复制，则每个子载波在符号的数据部分都有一个整数的循环，所以称为循环前缀。插入循环前缀更重要的作用是可以有效消除子载波间干扰(ICI)。ISI 的产生如图 4.39 所示。

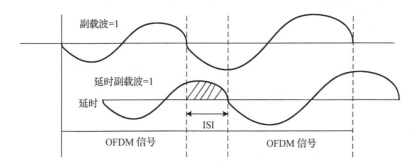

图 4.39　多径效应引起子载波间干扰 ISI

由图 4.39 可知，在不加循环前缀的情况下，在一个 OFDM 符号周期里，第二子载波相对第一子载波有时延。这样使得在 FFT 计算周期内，第一子载波和第二子载波之间相差的周期数不是整数。这种情况下，对其中任一个子载波进行解调都会受到另一个子载波的干扰。由于多径传播使子载波之间出现相对时延，从而破坏子载波间的正交性，造成子载波间干扰。循环前缀就是把每个 OFDM 符号的后 T_G 时间中的样点复制到 OFDM 符号的前面以形成前缀，在交接点没有间断。

图 4.40 显示了插入循环前缀的情况。

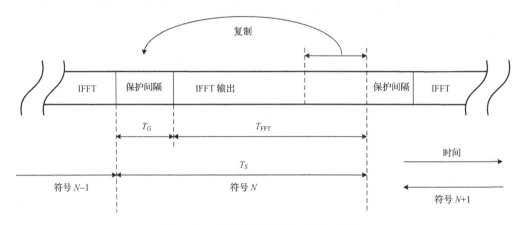

图 4.40　插入循环前缀的 OFDM 信号

整个符号长度为 $T_s = T_G + T_{FFT}$，此处 T_s 为符号总长度，T_G 为保护间隔，T_{FFT} 为于生成 OFDM 信号的 FFT 的长度。在接收端抽样开始的时刻 T_x 应该大于信道的最大多径时延扩展，并小于循环前缀的长度 T_G。这样可以保证在子载波间有相对时移的情况下，每个 FFT 计算周期内子载波间相差的周期数仍为整数。这样子载波间的正交性就不会由于多径效应而受到破坏。

7. 基带成形滤波器模块

为了提高频谱利用率，频谱成形技术被广泛采用。对发送信号的频谱进行加工，在消除码间干扰和实行最佳检测的前提下，压缩信号频带，提高频谱的利用率。为了有效利用频谱，要求每个码元波形的频谱扩展尽可能小。但信号的频谱分析表明，任何信号的频谱与它的时间宽度不能同时被限制在任意小的有限值以内。这要求我们在设计波形时要加以权衡，折中考虑。

成形滤波可以在调制后对调制波以带通滤波方式完成，也可以在调制前对基带以低通滤波方式完成。虽然也可以在中频和射频实现，但由于中频和射频信号频率较高，难以采用数字处理技术，实现难度较大，因而很少采用。

与基带模拟成形滤波器相比，基带数字成形滤波器具有高精度、高可靠性、高灵活性的优点,便于大规模集成、易于实现线性相位等特点。现代数字通信系统中,成形滤波大多在数字域进行。通过设计数字滤波器来实现成形滤波。

数字滤波器是完成信号滤波处理功能的,用有限精度算法实现的离散时间线性非时变系统,其输入是一组数字量,其输出是经过变换的另一组数字量。数字滤波器具有稳定性高、精度高、灵活性大等突出优点。随着数字技术的发展,用数字技术设计实现滤波器越来越受到人们的注意,得到广泛的应用。

本章研究了 FIR 和 IIR 滤波器的设计和实现结构,在此基础上设计实现了平方根升余弦滚降滤波器。

1) 数字滤波器介绍

数字滤波器在信号滤波处理、检测与参数估计等方面有重要应用。它利用有限精度算法实现离散时间线性非时变系统,其输入是一组数字量,输出是经过变换的另一组数字量。数字滤波器具有稳定性高、精度高、灵活性大等突出优点。

数字滤波器的系统函数可以表示为下式:

$$H(z) = \frac{\sum_{k=0}^{m} b_k z^{-k}}{1 - \sum_{k=1}^{n} a_k z^{-k}} = \frac{Y(z)}{X(z)} \tag{4.23}$$

直接由 $H(z)$ 得出表示输入输出关系的线性常系数差分方程如式(4.24)所示。

$$y(n) = \sum_{k=1}^{n} a_k y(n-k) + \sum_{k=0}^{m} b_k x(n-k) \tag{4.24}$$

数字滤波器根据单位脉冲响应 $h(n)$ 的时间特性可分为无限长单位脉冲响应(Infinite Impulse Response,IIR)数字滤波器和有限长单位脉冲响应(Finite Impulse Response,FIR)数字滤波器两种。若系统的单位取样响应延伸到无穷长,称之为 IIR 系统。IIR 系统用式(4.24)表示时,系数 a_k、b_k 不全为零;系统函数 $H(z)$ 在有限平面 Z 上有极点存在,可能会出现不稳定的情况;在结构上存在着输出到输入的反馈网络,即结构是递归的。若系统的单位取样响应是一个有限长序列,则称之为 FIR 系统。FIR 系统函数仅有零点(除 $z = o$ 的极点外),故一定是稳定的,并可以用因果系统来实现。FIR 系统用式(4.24)表示时系数 $a*$ 全为零,故也可用式(4.25)来描述 FIR 系统。

$$y(n) = \sum_{k=0}^{m} b_k x(n-k) \tag{4.25}$$

数字滤波器设计的一个重要步骤是确定一个可实现的传输函数 $G(z)$ 来逼近指定的频率响应。如果要设计一个无限冲激响应滤波器,$G(z)$ 必须要保证是稳定的。

确定传输函数 $G(z)$ 的过程称为数字滤波器设计。在 $G(z)$ 确定以后，要选用一种合适的滤波器结构来实现它。

　　2)IIR 数字滤波器设计

　　设计 IIR 数字滤波器时，通常将数字滤波器的设计指标转化成模拟低通原型滤波器的设计指标，从而确定满足这些指标的模拟低通滤波器的传输函数 $H_a(s)$，然后再将它变换成所需要的数字滤波器传输函数 $G(z)$。这种方法之所以得到广泛应用，是因为模拟逼近技术已经很成熟，通常能产生闭式的解，模拟滤波器设计有大量图表可查，在很多应用中需要模拟滤波器的数字仿真。

　　将 $H_a(s)$ 变换成 $G(z)$ 的基本思路是把 s 域映射到 z 域，从而使数字滤波器能模仿模拟滤波器的特性。这种映射函数必须满足以下条件。

　　(1)s 平面的虚轴($j\Omega$)必须映射到 Z 平面的单位圆上。

　　(2)稳定的模拟传输函数能变换为稳定的数字传输函数。

　　双线性变换是目前应用最广泛的一种变换，如式(4.26)所示。

$$s = \frac{2}{T}\left(\frac{1-z^{-1}}{1+z^{-1}}\right) \tag{4.26}$$

数字传输函数 $G(z)$ 和原模拟传输函数 $H_a(s)$ 之间的关系如式(4.27)所示。

$$G(z) = H_a(s)\Bigg|_{s=\frac{2}{T}\left(\frac{1-z^{-1}}{1+z^{-1}}\right)} \tag{4.27}$$

　　由于双线性变换是一种单值映射，因此消除了频率混叠现象。通常可选择 $T = 2$ 来简化设计过程。根据 S 平面的虚轴 $s = j\Omega$ 与 Z 平面单位圆($z = e^{j\omega}$)之间的映射，由式(4.28)可推得。

$$\Omega = \tan\left(\frac{\omega}{2}\right) \tag{4.28}$$

　　这说明双线性变换这种映射的非线性程度很高，导致了频率轴的失真。因此，在设计满足特定幅度响应的数字滤波器前，要首先利用式(4.24)对临界频带(ω_p, ω_s)加以预畸变，再进行后续设计步骤。

　　在满足相同幅度指标的前提下，IIR 滤波器的阶数比 FIR 滤波器低得多，因而具有较低的计算复杂度。但使用 IIR 数字滤波器逼近理想的滤波器幅度频率特性时，得到的滤波器往往是非线性的，这限制了 IIR 数字滤波器在要求线性相位响应的数字系统中的应用。

　　3)FIR 数字滤波器设计

　　FIR 数字滤波器可以在设计任意幅度频率特性滤波器的同时，保证精确、严格的线性相位特性，总是可以独立于滤波器系数保持有界输入/输出（BIBO）稳定，允许设计多通带（或多阻带）滤波器。因此在很多领域，FIR 数字滤波器都是首选。

FIR 数字滤波器的设计方法有很多种。一种方法是基于对频率样本进行离散傅里叶逆变换来设计。对于长度为 N 的 FIR 数字滤波器，其冲激响应的 N 点离散傅里叶变换由其频率响应的 N 个等间隔的不同频率样本组成，因此该滤波器的冲激响应序列可以利用它的频率样本的离散傅里叶逆变换来计算。这里的基本假设是指定的频率响应可以由 N 个频率样本来描述，因此就可以通过这个样本完全恢复。

另一种直观的设计方法是基于对指定的频率响应的傅里叶级数进行截短来设计，这种方法最为常用。在均方误差准则下，理想无限冲激响应的最佳和最简单的有限长逼近是通过截短来得到的。

通过截短得到的 FIR 滤波器的幅度响应呈现振动的现象，通常称为吉布斯现象。截短运算可以认为是将无限冲激响应序列 $h_d[n]$ 与一个有限长矩形窗序列 $\omega[n]$ 相乘的结果，如下式所示：

$$h_1[n] = h_d[n] \cdot \omega[n] \tag{4.29}$$

出现吉布斯现象的原因就是因为矩形窗有陡峭的下降沿。为了减弱吉布斯现象，可以利用两边都是逐渐平滑减少到零的窗函数，或者在通带到阻带之间设计平滑的过渡带。

FIR 数字滤波器有多种实现结构。

（1）直接型

直接型结构的 FIR 滤波器可用式（4.30）来描述。

$$y[n] = \sum_{k=0}^{N} h[k]x[n-k] \tag{4.30}$$

图 4.41 所示为延时线或横向滤波器。乘法器的系数正好是传输函数的系数，这种结构也称为抽头，它的转置形式如图 4.42 所示，两种结构是等效的。

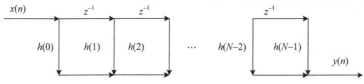

图 4.41　直接型 FIR 滤波器结构

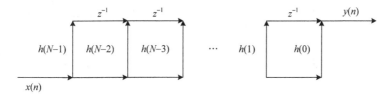

图 4.42　直接型 FIR 结构的转置形式

(2)级联型

高阶 FIR 传输函数可以用每部分都是一阶或二阶传输函数的级联来实现。级联型结构可以用式(4.31)来描述。

$$H(z) = \sum_{n=0}^{N-1} h(n)^{-n} = h(0) \prod_{k=1}^{L} (1 + \beta_{1k} z^{-1} + \beta_{2k} z^{-2}) \tag{4.31}$$

级联型 FIR 滤波器结构如图 4.43 所示,其中的每一个二阶部分也可以用转置的直接型结构来实现。

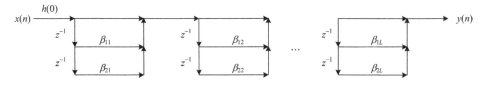

图 4.43　级联型 FIR 结构

(3)线性相位 FIR 结构

N 阶线性相位有限冲激响应滤波器可以用对称冲激响应

$$h[n] = h[N - n] \tag{4.32}$$

或者反对称冲激响应

$$h[n] = -h[N - n] \tag{4.33}$$

来描述。其对称中心在 $n = \dfrac{N-1}{2}$。所谓线性相位特性是指滤波器对不同频率的正弦波所产生的相移和正弦波的频率呈线性关系。

在传输函数的直接型实现中,利用线性 FIR 滤波器的对称(或反对称)性质可以减少近一半的乘法器,如图 4.44 所示。

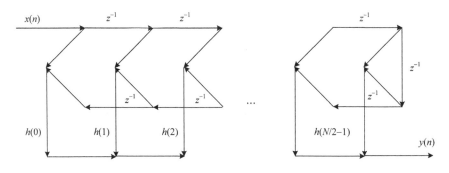

图 4.44　线性相位 FIR 结构

（4）多相实现

L 支 N 阶多相分解的传输函数可以用式（4.34）来描述。

$$H(z) = \sum_{m=0}^{L-1} z^{-m} E_m(z^L) \tag{4.34}$$

式中，

$$E_m(z^L) = \sum_{n=0}^{\lfloor (N+1)/L \rfloor} h[Ln+m] z^{-n}, \quad 0 \leqslant m \leqslant L-1 \tag{4.35}$$

$H(z)$ 的基于式（4.35）的分解实现结构称为多相实现。子滤波器 $E_m(Z^L)$ 也是有限冲激响应滤波器，并可用上述任意一种结构实现。在多抽样率的数字信号处理中，多相结构经常用于有效计算的实现。

图 4.45 给出了一个传输函数的四支、三支的多相实现。每种结构中的子滤波器都是互不相同的。

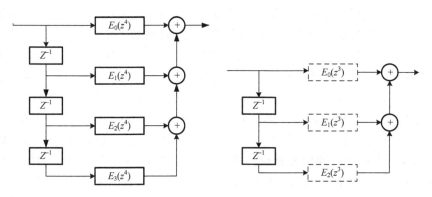

图 4.45　FIR 传输函数的多相实现

数字滤波器结构的计算复杂度取决于实现该结构的乘法器和两输入加法器的数量，这些数量大致说明它的实现成本。但计算复杂度不是对给定的传输函数选择哪一个特定结构来实现的唯一标准。在有限字长的限制下，所选用结构的实现性能也应该与该结构实现成本一起考虑。表 4.2 对 N 阶 FIR 滤波器的各种实现方法的计算复杂度进行了比较。

表 4.2　N 阶 FIR 滤波器各种实现方法的计算复杂度比较

结构	乘法器数目	两输入加法器数目
直接型	$N+1$	N
级联型	$N+1$	N
线性相位		N
多相实现	$N+1$	N

4) 基带成形滤波原理

随着现代数字通信技术的发展，频带拥挤的问题日益严重。由于传输信道的带限和非线性，对发送信号的频谱提出了更高的要求。节省频带，提高频谱利用率，已经成为数字通信领域的一个重要课题。为了提高频谱利用率，广泛采用了频谱成形技术，对发送信号的频谱进行加工，使其在消除码间干扰和实行最佳检测的前提下，压缩信号频带，提高频谱利用率。频谱成形技术常常在基带实现。虽然也可以在中频和射频实现，但由于中频和射频信号频率较高，难以采用数字处理技术，实现难度较大。与基带模拟成形滤波器相比，基带数字成形滤波器具有高精度、高可靠性、高灵活性的优点，便于大规模集成、易于实现线性相位等特点。现代数字通信系统中，成形滤波大多在数字域进行。

二进制数字基带波形都是矩形波，在画频谱时通常只画出了其中能量最集中的频率范围，但这些基带信号在频域内实际上是无穷延伸的。如果直接采用矩形脉冲的基带信号作为传输码型，由于实际信道的频带都是有限的，则传输系统接收端得到的信号频谱必定与发送端不同，这就会使接收端数字基带信号的波形失真。当信道频带严格受限时，波形失真问题就变得比较严重，尤其在传输多元信号时更为突出。因此传输基带信号受到约束的主要因素是系统的频率特性。一种方法是通过加宽传输频带使这种干扰减小到任意程度，但这会导致对频带不必要地浪费，并且如果频带展宽得太多，还会给系统引入额外的大量噪声。另一种方法是通过设计信号波形，或采用合适的传输滤波器，以便在最小传输带宽的条件下大大减小甚至消除这种干扰。

Nyquist 准则给出了数字信号在无噪声线性信道上无失真传输的条件，可以用理想低通滤波器来描述。理想低通滤波器时域上的 $Sa(t)$ 波形具有频带利用率高的优点，但它频域上的陡截止特性无法实现，并且 $Sa(t)$ 波形的前导和后尾波动较大，衰减较慢，码间串扰严重，即使接收端的同步定时出现较小误差，也会导致严重的码间干扰。若将理想低通滤波器的陡截止特性按照一定规律滚降，同样可以实现信号的无失真传输。如图 4.46 所示。

这种滚降特性不仅易于实现，而且其时域响应波形的前导和收尾波动较小，衰减较快，对系统接收端的同步定时精度要求较低。但与理想低通滤波器相比，其频带利用率也下降为 $2/(1+\alpha)$ Baud/Hz。α 称为滚降系数，如式 (4.36) 所示。

$$\alpha = \frac{B - f_N}{f_N}, \quad (0 \leq \alpha \leq 1) \tag{4.36}$$

实际系统中常采用以 Nyquist 频率为中心，具有奇对称特性的升余弦滚降滤波器。升余弦特性除本码元抽样点不为零外，其余所有码元抽样点上均为零。随滚降系数 α 的增大，波形振荡起伏变小，尾部衰减加快，但其所占用频带也变宽。综合考虑频带使用率和控制衰减振荡，α 一般取 0.22～0.38。升余弦谱如式 (4.37) 所示。

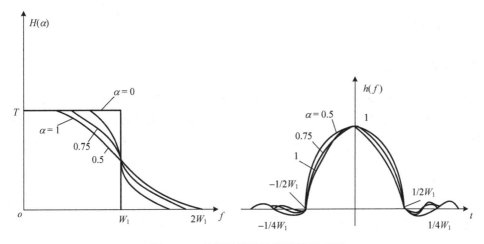

图 4.46　理想低通滤波器滚降示意图

$$X_{rc}(f) = \begin{cases} T, & \left(0 \leqslant |f| < \dfrac{1-\beta}{2T}\right) \\ \dfrac{T}{2}\left\{1 + \cos\left[\dfrac{\pi T}{\beta}\left(|f| - \dfrac{1-\beta}{2T}\right)\right]\right\}, & \left(\dfrac{1-\beta}{2T} \leqslant |f| \leqslant \dfrac{1+\beta}{2T}\right) \\ 0, & \left(|f| > \dfrac{1-\beta}{2T}\right) \end{cases} \tag{4.37}$$

为了使系统实现最佳检测，使传输误码率最低，要求接收滤波器与发送滤波器相匹配，即要求发送成形滤波器特性 $G_T(f)$ 和接收成形滤波器特性 $G_R(f)$ 均分整个信道滤波器特性 $X_{rc}(f)$。由于升余弦谱的平滑特性，因此设计实用的发送和接收滤波器来近似实现整个期望的频率响应是可能的。在信道是理想的情况下，即 $C(f)=1$，$|f| \leqslant W$，有

$$X_{rc}(f) = G_T(f)G_R(f) \tag{4.38}$$

式中，$G_T(f)$ 和 $G_R(f)$ 分别是发送滤波器和接收滤波器的频率响应。在此情况下，若接收滤波器匹配发送滤波器，则有 $X_{rc}(f) = G_T(f)G_R(f) = |G_T(f)|^2$。对此理想情况

$$G_T(f) = \sqrt{|X_{rc}(f)|}\, e^{-j2\pi f t_0} \tag{4.39}$$

并且 $G_R(f) = G_T^*(f)$，其中 t_0 是某标称延时，用来保证该滤波器的物理可实现性。因此，整个升余弦频谱特性在发送滤波器和接收滤波器之间均等的划分，得到两个平方根升余弦滤波器 $G_T(f)$ 和 $G_R(f)$。同时，为了保证接收滤波器的物理可实现性，附加的延时是必要的。

4.3.2　详细设计

1.　FFT IP 核生成与配置

Altera 公司的 IP core，可以通过 Megawizard Plug-In Manager 插入到工程中，使用起来非常方便，而且可以根据实际的需求进行配置，大大缩短了开发周期。IP core 可以应用在 Altera 公司的主流 FPGA 芯片上，包括 Cyclone、Cyclone II、Stratix、Stratix II、Stratix GX 和 Stratix II GX 系列，本实验所用的 DE2 开发板为 Cyclone II 系列的 EP2C35F672C6 芯片。

Altera 公司设计的 IP core，是根据上述系列的 FPGA 芯片进行设计的，并且做了优化，和用户编写的 FFT 模块相比，Altera 公司的 FFT IP core 具有更高的可配置性，利于本章的实验，因此采用 Altera 公司的 FFT IP，其使用方便，参数可配置，加快了开发周期。

1）FFT IP 核的生成

通过点击 Tools 菜单下的"Megawizard Plug-In Manager…"选项，新建一个 FFT IP 核，其目录结构如图 4.47 所示。

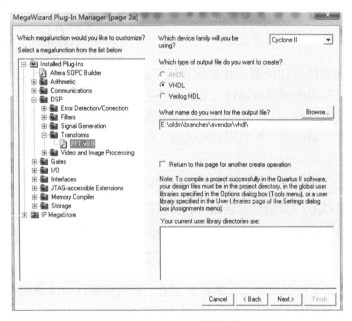

图 4.47　FFT IP 核生成

在 IP Toolbench 中，通过 Parameterize、Set up Simulation、Generate 三步生成 FFT IP core，如图 4.48 所示。在配置参数界面，根据实际需求进行配置。"Target Device

Family"配置目标器件的系列,"Transform Length"配置 FFT 变换的点数,"Data Precision"配置数据输入的精度,"Twiddle Precision"配置旋转因子的精度,"Engine options"配置 FFT Engine 的结构和个数,"IO Data Flow"配置数据输入输出的方式 (Streaming,Buffered Burst,Burst),"Complex Multiplier Implementation"配置复数 乘法的结构和乘法器的实现方法,"Memory Options"配置存储器的类型。具体参数 的作用将在下面做详细介绍。

配置完 FFT 后,点击"Set Up Simulation"进行简要设置后点击"Generate"生 成 FFT IP core,同时把所生成的所有文件加入到工程文件夹下,并生成报告,显示 所生成文件的信息和 IP core 管脚名列表。

2)FFT IP 核的配置说明

"Target Device Family"配置目标器件的 FPGA 系列,需要和在建工程时选择的器 件类型一致;"Transform Length"用于配置 FFT 的点数,点数为 2 的整数次幂,最小 为 64,最大可达 16384;"Data Precision"用于配置输入数据实部和虚部的精度,最小 为 8bits,最大为 24bits;"Twiddle Precision"表示旋转因子的精度,同样最小为 8bits, 最大为 24bits,而且要保证旋转因子的精度要小于或者等于输入数据的精度。在参数配 置的下方有一个窗口实时计算 FFT IP 核所使用的资源和性能,如图 4.49 所示。在该配 置对话框的第二个和第三个选项卡配置采用默认配置即可,直接点击 Generate 生成。

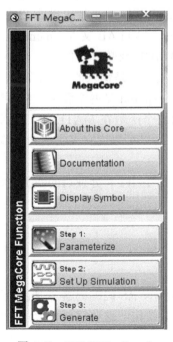

图 4.48　FFT IP Toolbench

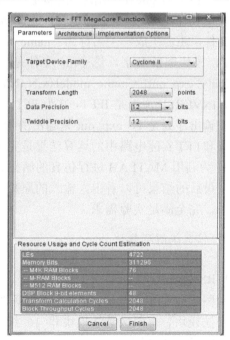

图 4.49　FFT IP 核参数配置

　　生成的 FFT 例化模块如图 4.50 所示，其各引脚说明在前面章节已有详细介绍，在此不再赘述。

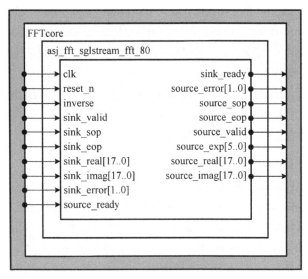

图 4.50　FFT IP 核例化模块图

　　对于 FFT MegaCore 功能上的验证，由于利用 Quartus 的产生的波形图不够直观，这里利用 MATLAB 仿真来做验证。在生成 IP core 的时候，除了生成设计 FPGA 必要的文件，还会生成一个名称为"name_model.m"的 MATLAB 文件，name 是用户为 FFT 模块取的名字。这个.m 文件是一个 MATLAB 函数，它的第一行是：% function[y, exp_out] = name_model(x,N,INVERSE)，其中 x 是输入的序列，N 是 FFT 点数，INVERSE 为 1 是 IFFT，0 为 FFT。输出 y 和 exp_out 是两个和 x 一样维度的数组。输出序列是 y，exp_out 是输出的指数。利用这个函数在 MATLAB 下面计算的结果和 FFT 实际电路中的运算结果是完全一致的，所以可以用它来实现功能验证。图 4.51 为利用 MATLAB 进行仿真的结果。

　　从最后的结果可以看出，输入的原数据和经过 FFT+IFFT 处理后的数据之间误差很小，完全满足实验需求。

　　2.　信道编解码模块

　　1)RS 编码器设计

　　由图 4.52 的 RS 码 n-k 级系统码编码器电路图所示，RS 码编码器主要包括了有限域加法模块、有限域乘法模块和 16 级移位寄存器结构。这些模块也大量使用于 RS 码译码器的实现中。

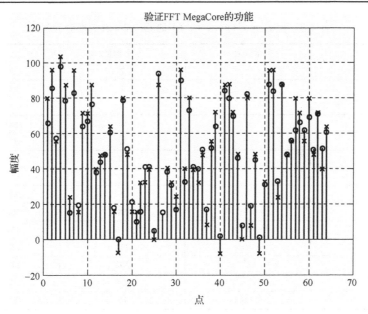

图 4.51 FFT MegaCore 的 MATLAB 仿真结果

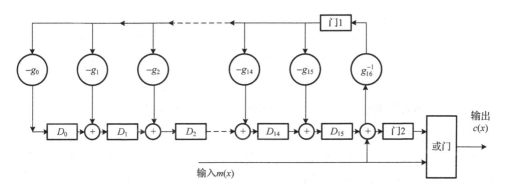

图 4.52 RS 码 n-k 级系统码编码器电路图

有限域元素间的加法运算比较简单，用二进制形式来表示有限域中的元素，将加数和被加数按对应位进行异或运算就可以实现有限域加法。用 Verilog HDL 语言进行描述，如下语句所示：

```
Assign Sum = a[7:0]^b[7:0]
```

有限域乘法器的设计是 RS 编码器实现的关键。可以把有限域 $GF(p^m)$ 中的每一个元素都用它的一组自然基底 $\{1,\ \alpha,\ \alpha^2, \cdots,\ \alpha^{m-1}\}$ 来表示。设 a 是本原多项式 $p(x)$ 的根，则可得 $a^8 = a^4 + a^3 + a^2 + 1$。按此方法可以求得有限域 $GF(2^8)$ 中的全部元素，表 4.3 列出了 $p(x)$ 的 $GF(2^8)$ 域的部分元素。

表 4.3 $p(x) = x^8+x^4+x^3+x^2+1$ 的 $GF(2^8)$ 域的部分元素

幂	多项式表示	十进制值	二进制值
a	x	2	0000_0010
a^2	x^2	4	0000_0100
a^3	x^3	8	0000_1000
a^4	x^4	16	0001_0000
a^5	x^5	32	0010_0000
a^6	x^6	64	0100_0000
a^7	x^7	128	1000_0000
a^8	$x^4+x^3+x^2+1$	29	0001_1101
a^9	$x^5+x^4+x^3+x$	58	0011_1010
a^{10}	$x^6+x^5+x^4+x^2$	116	0111_1010
a^{11}	$x^7+x^6+x^5+x^3$	224	1110_1000
a^{12}	$x^7+x^6+x^3+x^2+1$	205	1100_1101
a^{13}	$x^7+x^3+x^2+1$	135	1000_0111
a^{14}	x^3+x+1	19	0001_0011

这样，可以计算出生成多项式，其中 $\alpha = 02_{HEX}$。

$$g(x) = (x-\alpha^0)(x-\alpha^1)(x-\alpha^2)\cdots(x-\alpha^{15})$$
$$= x^{16} + \alpha^{120}x^{15} + \alpha^{104}x^{14} + \alpha^{107}x^{13} + \alpha^{109}x^{12} + \alpha^{102}x^{11} + \alpha^{161}x^{10} + \alpha^{76}x^9$$
$$+ \alpha^3 x^8 + \alpha^{91}x^7 + \alpha^{191}x^6 + \alpha^{147}x^5 + \alpha^{169}x^4 + \alpha^{182}x^3 + \alpha^{194}x^2 + \alpha^{225}x + \alpha^{120}$$
$$= x^{16} + 59x^{15} + 13x^{14} + 104x^{13} + 189x^{12} + 68x^{11} + 209x^{10} + 30x^9 + 8x^8$$
$$+ 163x^7 + 65x^6 + 41x^5 + 29x^4 + 98x^3 + 50x^2 + 36x + 59$$

一种设计有限域乘法器的方法是利用查找表。对于 RS$(255, 239)$ 码，需要 16 个查找表，一个查找表有 16 个输入，在有限域 $GF(2^8)$ 中每个元素占用 8bits，每一个查找表就需要 64KB 的存储空间，资源占用太多。利用 $g(x)$ 中系数固定的特点，本节将有限域乘法器设计成一个乘数固定的乘法器，大大减少所需占用的资源，原理易于理解，实现起来简单方便。

在使用 Verilog HDL 进行设计时，可以将每一个乘法器封装成一个函数，然后在编码器模块中进行调用。这样设计出的编码器程序结构简单，易于理解，不容易出错。基于 Verilog HDL 的系数 g_{15} 的乘法器函数模型如下所示：

```
function  [7:0]multiplication_g15;
input     [7:0]data_in;
reg       [7:0]data_out;


begin
```

```
data_out[7]=data_in[7]^data_in[4]^data_in[3]^data_in[2];
data_out[6]=data_in[5]^data_in[3]^data_in[2]^data_in[1];
data_out[5]=data_in[7]^data_in[2]^data_in[1]^data_in[0];
data_out[4)=data_in[7]^data_in[6]^data_in[4]^data_in[1]^data_in[0];
data_put[3]=data_in[7]^data_in[2]^data_in[0];
data_out[2]=data_in[5]^data_in[4]^data_in[3]^data_in[2]^data_in[1];
data_out[1]=data_in[6] ]^data_in[5]^data_in[4]^data_in[1]^data_in[0];
data_out[0]=data_in[5]^data_in[4]^data_in[3]^data_in[0];
muhiPlication_g15=data_out;
end

endfunction
```

2) RS 译码器设计

RS 码的译码过程包括求伴随式、求错误位置多项式、求错误位置数、求错误值和译码输出(利用接收多项式减去错误图样后得到译码输出结果)这五个部分。RS 码译码器整体结构如图 4.53 所示。

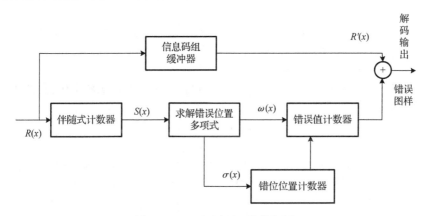

图 4.53　RS 码译码器结构框图

以下为 RS 码译码器的顶层文件代码。

```
module rs_decoder(clk,rst,sync,Din,Dout);
    parameter   t=8,          //t--可以修正的错误的总数
                N=204,        //N-码长度
                m=8;          //m--Extension of GF(2)


    input       clk,rst,sync;
    input       [m-1:0] Din;
```

```
output        [m-1:0] Dout;


wire          Err_Indicator;
wire          [m-1:0] ErrorVal;
reg           [m-1:0] Dout;
always @(posedge clk)begin
    if(Err_Indicator) Dout <=shift_out ^ ErrorVal;
    else              Dout <=shift_out;
end

wire [m-1:0]  sc_s_out;
wire          sc_done;
SCalculate inst_sc(.clk(clk),
                .init(sync),
                .sc_done(sc_done),
                .r(Din),
                .s_out(sc_s_out));

wire [m-1:0] kes_s_out,Lmd0,Lmd1,Lmd2,Lmd3,Lmd4,Lmd5,
    Lmd6,Lmd7,Lmd8,L;
wire          kes_done;
BM_KES inst_kes(.S(sc_s_out),    //例化BM求解关键方程模块
                .clk(clk),
                .kes_init(sc_done),
                .kes_done(kes_done),
                .Lmd0(Lmd0),.Lmd1(Lmd1),.Lmd2(Lmd2),
                .Lmd3(Lmd3),.Lmd4(Lmd4),.Lmd5(Lmd5),
                .Lmd6(Lmd6),.Lmd7(Lmd7),.Lmd8(Lmd8),
                .L(L),
                .s_out(kes_s_out));

error_valuator inst_eval (.clk(clk),
                .init(kes_done),
                .s(kes_s_out),
                .Lmd0(Lmd0),.Lmd1(Lmd1),.Lmd2(Lmd2),
                .Lmd3(Lmd3),.Lmd4(Lmd4),.Lmd5(Lmd5),
                .Lmd6(Lmd6),.Lmd7(Lmd7),.Lmd8(Lmd8),
                .ErrorValue(ErrorVal));
```

```
CheinSearch       inst_ChS(.clk(clk),  //例化搜索错误位置模块
                         .init(kes_done),
                         .Lmd0(Lmd0),.Lmd1(Lmd1),.Lmd2(Lmd2),
                         .Lmd3(Lmd3),.Lmd4(Lmd4),.Lmd5(Lmd5),
                         .Lmd6(Lmd6),.Lmd7(Lmd7),.Lmd8(Lmd8),
                         .Err_Indicator(Err_Indicator));

     wire  [m-1:0] shift_out;
     altshift_taps   inst_SR(
                    .clock (clk),
                    .shiftin (Din),
                    .taps (),
                    .shiftout (shift_out)   //传输关闭
                    .clken ()               //传输开启

                    );
     defparam
        inst_SR.width=8,
        inst_SR.number_of_taps=1,
        inst_SR.tap_distance=243,
        inst_SR.lpm_type="altshift_taps";

  endmodule
```

在设计中,信道编码的模块,也可直接使用 Altera 公司提供的 IP 核 Reed-Solomon Compiler。此 IP 核针对 Altera 公司的 FPGA 器件已经进行了优化,可以生成基于 VHDL 语言描述的 RS 编码及解码模块,是一种高性能、参数化的 RS 编解码生成单元。

3. 发送端平方根升余弦滚降滤波器(SRRC)的实现

1)SRRC 滤波器的整体结构

由于输出频率是输入频率的 4 倍,所设计的滤波器在完成脉冲成形功能的同时还要完成对输入数据的 4 倍插值功能,即在每两个输入符号之间插入 3 个零。这是由于在数字滤波器设计过程中对理论上时域无限长的升余弦波形进行截短造成的。实际中升余弦波形是用有限样点的方式进行存储表示的,即取截短长度为 M 个码元周期,每个码元间隔取 L 个样点,因此造成输入码流与截短基带波形两序列的码元间隔不一致。本设计中,在每个码元间隔取 4 个样点,故需对输入数据进行 4 倍插值。

一种实现方法是先对输入数据流做 4 倍插值，在每两个输入符号之间插入 3 个零，将插值后的数据流通过平方根升余弦滤波器(SRRC)滤波输出。其中 SRRC 的实现结构可采用 4.3.1 节中 FIR 滤波器的任意一种实现结构特别是采用线性相位结构可以节省大量硬件资源。实现结构如图 4.54 所示。

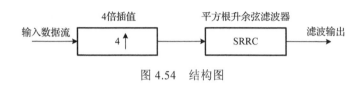

图 4.54　结构图

2) SRRC 滤波器具体实现

滤波器输出结构涉及时钟频率转换，本节采用的方案是用 100MHz 主时钟对整个电路进行同步，通过一个 4 分频电路产生 25MHz 副时钟对输入和子滤波器进行控制。如图 4.55 所示。

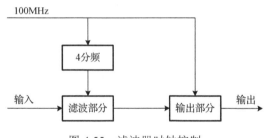

图 4.55　滤波器时钟控制

SRRC 滤波器整体结构示意图如图 4.56 所示。

4. 交织和解交织模块

1) 交织器的 FPGA 实现

为了防止突发的连续错误，需要对数据进行交织处理，提高系统的可靠性，降低系统误码率。交织的目的是为了防止数据大范围内突发性误码，它使得原本相邻的数据信息在不相邻的位置被发送，从而使相邻数据连续错误的概率降低，提高 viterbi 译码的性能。所有编码后的数据以单个 OFDM 符号为单位进行块交织。

对于本实验来说，系统输入的码流经过卷积编码后以一个 OFDM 符号为单位进行块交织，这里的 OFDM 符号只包括数据信息，即 1512 个数据。交织器的具体实现方案是，把 1512(63×24=1512) 个数据存储在一个 63 行 24 列的矩阵中，1512 个数据依次按行存入按列输出。数据处理流程为先把 1512 个数据依次存储在 RAM 中，当存储的数据个数达到 1488 后，RAM 的读使能信号生效输出数据，数据一列一列

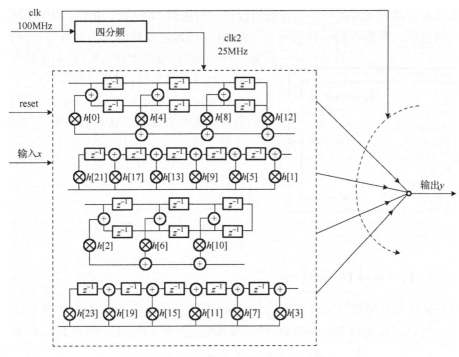

图 4.56　SRRC 滤波器整体结构示意图

的输出。RAM 的读地址变化方式为从 0 开始(第一列第一个数据),每次增加 24,直到最后一行,然后读地址变为 1(第二列第一个数据),之后每次增加 24,直到最后一行,读地址变为 2,依次类推,直到读地址变成 1511,下一个时钟读地址将变成 0。

交织模块中除了必要的输入输出外,还需要添加一些控制信号,完成与其他模块之间的通信,如图 4.57 所示。

该模块对应的端口参数描述如下:

其中 clk 为系统时钟,enable 为系统使能信号,inputData[1..0]为交织器的输入数据(卷积编码结果),outputData[1..0]为交织器的输出结果,其余信号为控制信号,完成与系统其他模块之间的通信。

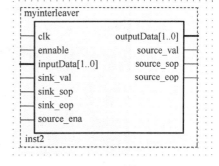

图 4.57　交织器

2)解交织器的 FPGA 实现

解交织器与交织器的运算互逆,即把输入的 1512(24×63=1512)个数据存储在一个

24 行 63 列的矩阵中,1512 个数据依次按行存入按列输出。数据处理流程为先把 1512

个数据依次存储在 RAM 中，当存储的数据个数达到 1449 后，RAM 的读使能信号生效输出数据，数据一列一列的输出。RAM 的读地址变化方式为从 0 开始(第一列第一个数据)，每次增加 63，直到最后一行，然后读地址变 1(第二列第一个数据)，之后每次增加 63，直到最后一行，读地址变为 2，依次类推，直到读地址变成 1511，下一个时钟读地址将变成 0。

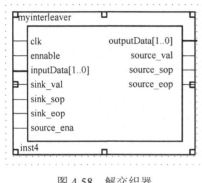

图 4.58　解交织器

解交织模块中除了必要的输入输出外，还需要添加一些控制信号，完成与他模块之间的通信，如图 4.58 所示。

该模块的接口与交织器接口一致，这里就不再赘述。

5. viterbi 译码的 FPGA 实现

viterbi 译码器采用 Altera 公司的 viterbi 译码器 IP core 来完成。和 FFT IP core 的实现一样，可以通过 Megawizard Plug-in Manager 把 viterbi 译码器 IP core 插入到工程中。viterbi 译码器 IP core 的参数配置主要是关于译码器结构、编码配置、译码器的加比选单元数、回溯长度、软判决比特数等。其中译码器结构主要有混合结构(Hybrid)和并行结构(Parallel)；编码配置用于选择编码时的生成多项式、输出位数、约束长度以及译码模式，如图 4.59 所示；译码器的加比选单元数选项只有译码器在 Hybrid 结构的情况下才可以进行选择，回溯长度一般选择 6 倍约束长度；软判决比

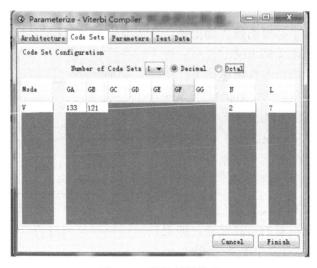

图 4.59　编码配置界面

特 softbits 用来指示每个符号进行软判决的比特数，用 $2^{softbits-1}$ 个符号来表示 0，用 $2^{softbits-1}$ 个符号来表示 1。当软判决比特 softbits 为 1 时译码采用硬判决。

对 viterbi 译码器 IP core 进行配置后，会在 Quartus II 中生成如下 viterbi 译码器的符号，如图 4.60 所示。viterbi 译码器的输入输出信号相对比较复杂，除了一些必要的输入输出信号外，它同 FFT IP core 一样也有标准的 Atlantic 接口，能与系统的其他模块进行通信。

图 4.61 是 viterbi 译码器 IP core 与其他模块连接的示意图。

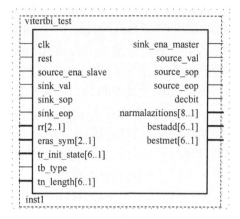

图 4.60　viterbi 译码器 IP core

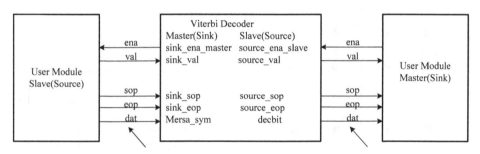

图 4.61　viterbi 译码器 IP core 连接示意图

6. 星座映射及解映射

星座映射是 OFDM 通信系统中比较重要的一部分，它将传输过来的数据映射成具有一定规则的星座图案。OFDM 系统的子载波可以采用 BPSK、QPSK、SPSK、16-QAM 或者 64-QAM 调制，采用哪种取决于传输速率的需要，经过编码和交织的二进制比特数据流通过星座映射将被分成以 1，2，4，6 等比特为一组的若干组复数数据，映射成 BPSK、QPSK、16-QAM、64-QAM 星座图，星座上的点位采用格雷编码，如图 4.62 所示。星座映射的主要作用有两个，一是将数据规则化，变成经过设计的星座，另一个是给数据引入虚部，使数据变成复数的数据流，从而可以进行 IFFT/FFT 的处理。

本设计中采用了 16-QAM 的映射方式。这种方式的好处在于它有 16 个星座位置，效率比 QPSK 和 SPSK 要高，相比 64-QAM，实现起来又要简单一些。而且，本设计采用的每个字中 4 比特的数据结构正好就有 16 种可能，可以与 16 个星座点位相对应。

　　代码设计中，星座映射对应的各星座点采用状态机编写，用"1110011111"，"0001100000"，"1111011111"，"0000100000"四个十位二进制数组成 16-QAM 星座，对应的十进制数分别为–97，–36，–33，32。星座映射的实质其实是数据的变换，将输入的每个字节的数据变换成约定的星座。例如输入"0001"，对应的输出是–33+96i，实际上就是将输入的 4 比特数据变成了两路比特的数据输出。在时钟上升沿，将输入数据打入信号 real 和 imag，在时钟下降沿，将信号打入输出管脚。因此，对控制端口加入了延时信号，同样是在时钟上升沿输入信号打入延时信号，时钟下降沿时延时信号打入输出端口，从而保证逻辑的正确和信号采样的稳定。sink_val 信号置"1"，即输入数据有效时，状态机开始工作。source_val 用于连接后端 RAM 模块的写使能信号，source_ena 表示输出使能，当它为 1 时表示当前模块可以输出数据，用于连接后端 RAM 模块的读使能信号，同时由于其作为反馈信号的作用而采取异步复位设计。生成模块如图 4.63 所示。

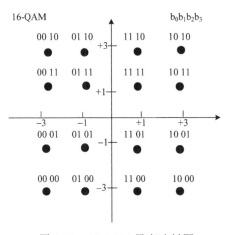

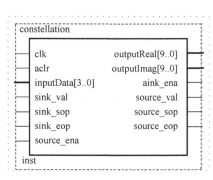

图 4.62　16-QAM 星座映射图　　　　　图 4.63　星座映射模块

　　解映射的部分采用的是硬判决，就是根据星座的位置画一个格子，落在格子里面的数就认为是这个星座点位。以下为星座图左侧数列四个星座点位的判别代码。

```
If signed(inputReal)>=-128and signed (inputReal)<=-64 then
If signed(inputImag)>=-128and signed(inputImag)<=-64then
    outputData_f<="0000";
elsif signed(inPutllnag)>-64andsigned(inPutlmag)<=0then
    outputData_f<="0001";
elsif signed(inPutlmag)>0andsigned(inPutllnag)<=64then
    outPutData_f<="0011";
elsif signed(inPutlmag)>64andsigned(inPutllnag)<=128then
    outputData_f<="0010";
```

```
    else
        outputData_f <="0000";
    Endif
```

同时为了数据采样的正确性，代码中同样设置了延迟信号以保证控制信号与数据在时钟下降沿同步输出。格子的边界选在-128，-64，0，64，128。

4.3.3　OFDM 系统的仿真及验证

1. 编译结果及报告

对 OFDM 系统顶层文件通过 Quartus II 进行编译综合，从 Compilation Report 得到如图 4.64 所示的编译报告。

```
Flow Status              Successful - Wed May 23 08:30:11 2007
Quartus II Version       6.0 Build 178 04/27/2006 SJ Full Version
Revision Name            ofdm
Top-level Entity Name     ofdm
Family                   Cyclone
Device                   EP1C20F324C8
Timing Models            Final
Met timing requirements  Yes
Total logic elements     10,114 / 20,060 ( 50 % )
Total pins               22 / 233 ( 9 % )
Total virtual pins       0
Total memory bits        23,960 / 294,912 ( 8 % )
Total PLLs               0 / 2 ( 0 % )
```

图 4.64　OFDM 系统编译报告

从编译报告中可以看到系统的编译情况，硬件平台设定为 DE2 系列 EP2C35F672C6，整个系统共用了 10114 个 LE，占总逻辑门资源的 50%，耗用 23960bits 的 RAM，占总存储资源的 8%，使用了芯片内部 4KB 容量的标准 RAM(M4K)57 个。

系统实现使用 22 个芯片管脚，其中 18 个是有实际意义的，包括一个 clock pin。为了提高信号稳定性，系统还使用芯片内提供的全部 8 个全局时钟单元。本实验为追求稳定性，系统工作频率并不高，也没有使用芯片内的嵌入式锁相环(PLL)。

2. 仿真及验证

由于篇幅限制，在此只介绍将 OFDM 各功能模块级联后总的系统的波形仿真图。

利用 Altera 的时序仿真分析功能模块 Simulator 创建系统仿真波形图，在波形图中输入时钟信号、控制信号及输入数据，得到的系统的功能仿真波形图如图 4.65 所示。

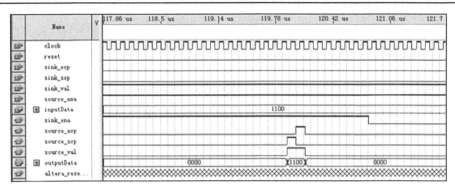

图 4.65　系统局部仿真波形图

波形图所显示的逻辑功能与预期的设计目标完全一致，说明设计是正确的，在下载到 DE2 板上时，也成功运行，本实验并没有用相关的逻辑分析仪及示波器等设备进行验证，读者可以自行尝试。

4.4　实 例 总 结

OFDM 作为下一代移动通信网络的主流技术，有着很多其他传输技术所不具备的优点，随着一些关键技术的突破，OFDM 技术将得到大力推广和普及。

本章在对 OFDM 调制解调方式进行研究的基础上，提出采用 Altera 公司的 FPGA 实现了一个较为完整的基带 OFDM 发射及接收处理系统，较详细阐述了基于 FPGA 实现的 OFDM 系统的各个部分的具体实现方法及过程，同时利用 Quartus II 开发环境对系统模型进行波形仿真，为硬件实现提供了有价值的理论参考。比较分析了软件仿真及硬件调试结果之后，确认了本设计结果的正确性及实现的可行性。

但对于一个完整的 OFDM 系统来说，本章是不完善的，最后的验证也并没有采用示波器等相关设备，还有许多待改进的地方。本章设计的 OFDM 系统用 IFFT/FFT 来调制与解调，意在强调正交频分复用系统是 FFT 的一个很现实、很有前景的应用场景。

第 5 章　一种基于 FPGA 的超声波测距系统的设计与实现

5.1　实 例 介 绍

科技飞速发展时至今日,超声波测距广泛应用于工业、农业、交通、环境、安全防护和能源测量等科学领域。超声测距作为一种非接触测量技术,因其性能好、价格低廉、使用方便、计算简单、易于实时控制,在工业测量、车辆避障、安全预警、自动导航以及现场机器人等相关领域都有应用。然而超声波测距实际应用中也存在不足,特别是在特定的工作环境下。市场上大量超声波测距系统是以传统单片机作为信号发生器产生驱动信号,虽然成本低廉,但是其测量渡越时间的精度和对超声波换能器的驱动效率有限,测量精度难以令人满意。

FPGA 作为一种高密度可编程器件,具有运行速度快,内部资源丰富、可重构性强等特点,为开发高性能的超声波测距系统提供了新的方案。本章对高精度、智能化的检测超声技术进行了探索和研究,设计并完成了一种基于 Altera 公司的 FPGA 芯片 Cyclone EP1C3T144 的检测超声系统的设计及硬件实现。解决了传统超声波测距系统的可靠性差、调试困难、实时性差和测量精度不足等问题,可以满足车辆避障、自动导航等对测距精度、运行速度、抗干扰性的需求。所设计完成的基于 FPGA 的超声波测距系统具有运行速度快、抗干扰性强、精度较高等优势。

本章提出了一种基于超声波测距系统的 FPGA 实现方案,在传统的测距方法上,采用硬件实现和 top-down 的设计方式,将系统划分为时序发生器模块、波形发生器模块、高精度计数器模块、双核 FFT 计算模块和回波信号检测模块,更好地体现了该测距系统的精确性和高效性。

5.2　设计思路与原理

5.2.1　超声波测距原理简介

超声波是指振动频率大于 20000Hz 以上的声波,其每秒的振动次数(频率)甚高,超出了人耳听觉的一般上限(20000Hz),人们将这种听不见的声波叫做超声波。超声波有两个主要参数，频率(f)和功率密度(p)。实际应用中，通常把频率大于等于 15kHz 的声波也称为超声波。p=发射功率(W)/发射面积(cm^2)，一般 p 大于等于 0.3W/cm^2。从声源产生的声音能抵达另一物体时为超声的传播，超声是以波的形式传播的，分为纵波、横波、板体波、表面波等。

由于超声波指向性强，能量消耗缓慢，在介质中传播的距离较远，因而超声波经常用于距离的测量，如测距仪和物位测量仪等都可以通过超声波来实现。利用超声波检测往往比较迅速、方便、计算简单、易于做到实时控制，因此在测量精度方面能达到工业实用的要求。

超声测距作为一种非接触测量技术，因其性能好、价格低廉、使用方便、计算简单、易于实时控制，在工业测量、车辆避障、安全预警、自动导航以及现场机器人等相关领域都有应用。然而超声波测距实际应用中也存在不足，特别是在特定的工作环境下。但近几年，由于数字调制技术 FFT(快速傅立叶变换)的发展，使信号处理技术有了革命性的变化。

超声波测距的方法有多种，如相位检测法、声波幅值检测法和渡越时间检测法等。相位检测法虽然精度高，但检测范围有限，声波幅值检测法易受反射波的影响。

本测距系统采用超声波渡越时间检测法。其原理为，检测从发射传感器发射的超声波经气体介质传播到接收传感器的时间 t，这个时间就是渡越时间，然后求出距离 l。设 l 为测量距离，t 为往返时间差，超声波的传播速度为 c，则有 $l = ct/2$。超声波接收器收到反射波就立即停止计时。再由单片机计算出距离，送数码管显示测量结果。

超声波测距的计算方法如下。超声波在空气中传播速度为每秒钟 340m(15℃时)，t_2 是接收超声波时刻，t_1 是超声波发射时刻，t_2-t_1 得出的是一个时间差的绝对值，假定 t_2-t_1 = 0.03s，则有 340m×0.03S = 10.2m。由于在这 10.2m 的时间里，超声波从发射到遇到反射物返回的距离计算原理如图 5.1 所示。

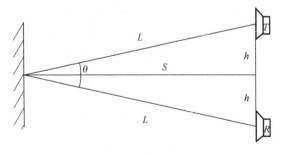

图 5.1　测距原理

因为 $\theta/2$ 角度较小，可以忽略不计，所以 $L \approx S$。
超声波发出到遇到返射物返回的距离如下。

$$L = cx(t_2 - t_1) / 2$$

由于超声波也是一种声波，其声速 c 与空气温度有关，一般来说，温度每升高 1℃，声速增加 0.6m/s。表 5.1 列出了几种温度下的声速。

表 5.1　声速与温度的关系表

温度/℃	-30	-20	-10	0	10	20	30	100
声速/(m/s)	313	319	325	323	338	344	349	386

在使用时，如果温度变化不大，则可认为声速 c 是基本不变的，计算时取 c 为 340m/s。如果测距精度要求很高，则可通过改变硬件电路增加温度补偿电路的方法或者在硬件电路不变的情况下通过改进算法来加以校正。

自 19 世纪末到 20 世纪初，在物理学上发现了压电效应与反压电效应之后，人们解决了利用电子学技术产生超声波的办法，从此揭开了发展与推广超声技术的篇章。到 40 年代末期超声治疗在欧美兴起，直到 1949 年召开的第一次国际医学超声波学术会议上，才有了超声治疗方面的论文交流，为超声治疗学的发展奠定了基础。1956 年第二届国际超声医学学术会议上已有许多论文发表，超声技术进入了实用成熟阶段。

1965 年，Cooley 和 Turkey 发表了著名的"机器计算傅里叶级数的一种算法"的文章，提出了一种 DFT 的快速算法(FFT)，揭开了 FFT 发展史上的第一页。在此时期，基-2 算法占据主导地位，随后在此基础上出现了很多改进算法，如基-4 算法，基-8 算法，基-16 算法和混合算法等。

七十年代中期至八十年代中期，基于素因子分解的 FFT 算法得到重视。1977 年，Kolba 和 Park 利用一维到多维的映射，提出一种素因子算法，称为 WFTA 算法。

八十年代中期至今，FFT 的研究重点回到了带有与旋转因子相乘运算的共因子算法上。

5.2.2　HC-SR04 模块简介

HC-SR04 超声波测距模块可提供 2～400cm 的非接触式距离感测功能，其结构简单，使用单片机控制电路简单容易，而且价格便宜。该模块包括超声波发射、接收与控制电路。实物如图 5.2。

基本工作原理如下。

(1)采用 IO 口 TRIG 触发测距，给至少 10μs 的高电平信号。

(2)模块自动发送 8 个 40kHz 的方波，自动检测是否有信号返回。

图 5.2　HC-SR04 模块实物图

(3)如果有信号返回，通过 IO 口 ECHO 输出一个高电平，高电平持续时间就是超声波从发射到返回的时间。

HC-SR04 模块参数如表 5.2 所示。

表 5.2　模块参数

电气参数	HC-SR04 超声波模块
工作电压	DC 5V
工作电流	15mA
工作频率	40kHz
最远射程	4m
最近射程	2cm
测量角度	15°
输入触发信号	10μs 的 TTL 脉冲
输入回响信号	输出 TTL 电平信号，与射程成比例
规格尺寸	45×20×15cm

超声波时序图如图 5.3 所示。

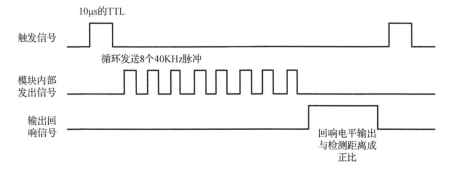

图 5.3　超声波时序图

以上时序图表明只需要提供一个 10μs 以上的脉冲信号，该模块内部将发出 8 个 40kHz 周期电平并检测回波。一旦检测到有回波信号则输出回响信号。回响信号的脉冲宽度与测量的距离成正比。由此通过发射信号到收到的回响信号时间间隔可以计算得到距离。

距离=高电平时间×声速(340m/s)/2。

为防止发射信号对回响信号的影响，测量周期一般要 60ms 以上。

为了研究和利用超声波，人们已经设计和制成了许多超声波发生器。总体上讲，超声波发生器可以分为两大类。

(1)电气方式产生超声波，主要包括压电型、磁致伸缩型和电动型等。

(2)机械方式产生超声波，主要包括加尔统笛、液哨和气流旋笛等。

　　它们所产生的超声波的频率、功率和声波特性各不相同，因而用途也各不相同。目前较为常用的是压电式超声波发生器。

　　压电式超声波发生器实际上是利用压电晶体的谐振来工作的。其内部有两个压电晶片和一个共振板。当它的两极外加脉冲信号，其频率等于压电晶片的固有振荡频率时，压电晶片发生共振，带动共振板振动，便产生超声波。反之，如果两电极间未外加电压，当共振板接收到超声波时，将压迫压电晶片振动，将机械能转换为电信号，这时它就成为超声波接收器了。模块使用 T40-16T/R 超声波换能器即为压电型。

　　1）器件说明

　　（1）名称：压电陶瓷超声波传感器。

　　（2）型号：T40-16T/R。

　　（3）类别：通用型。

　　（4）中心频率：40kHz。

　　（5）外径：16mm。

　　（6）使用方式：T 为发射头，R 为接收头，TR 为收发兼用。

　　（7）适用范围：家用电器及其他电子设备的超声波遥控装置；超声波测距及汽车倒车防撞装置；液面探测；超声波接近开关及其他应用的超声波发射与接收。

　　2）器件性能

　　（1）标称频率：40kHz。

　　（2）发射电压@10V（0dB=0.02mPa）：≥110dB。

　　（3）接收灵敏度@40kHz（0dB=V/ubar）：≥−70dB。

　　（4）静电容量@1kHz,<1V（PF）：2000±30%。

　　（5）探测距离：0.02～10m。

传感器实物如图 5.4 所示。

图 5.4　传感器实物图

HC-SR04 模块集成了发射和接收电路，硬件上不必再自行设计繁复的发射及接收电路，软件上也无需再通过定时器产生 40kHz 的方波引起压电陶瓷共振从而产生超声波。使用时，只要在控制端 Trig 发一个大于 10μs 宽度的高电平，就可以在接收端 Echo 等待高电平输出。单片机一旦检测到有输出就打开定时器开始计时。当此口变为低电平时就停止计时并读出定时器的值，此值就为此次测距的时间，再根据传播速度即可算出障碍物的距离。

5.2.3 超声波传感器工作原理

超声波测距换能器是利用超声波的特性研制而成的换能器。超声波是一种振动频率高于声波的机械波，由换能晶片在电压的激励下发生振动产生的，它具有频率高、波长短、绕射现象小，特别是方向性好、能够成为射线而定向传播等特点。超声波对液体、固体的穿透能力很强，尤其是在阳光不透明的固体中，它可穿透几十米的深度。超声波碰到杂质或分界面会产生显著反射形成回波，碰到活动物体能产生多普勒效应。因此超声波检测广泛应用在工业、国防、生物医学等方面。

以超声波作为检测手段，必须产生超声波和接收超声波。完成这种功能的装置就是超声波换能器，或称探头。

超声波换能器主要由压电晶片组成，既可以发射超声波，也可以接收超声波。小功率超声探头多作探测作用。它有许多不同的结构，可分为直探头(纵波)、斜探头(横波)、表面波探头(表面波)、兰姆波探头(兰姆波)、双探头(一个探头反射、一个探头接收)等。图 5.5 和图 5.6 分别为超声波换能器的内、外部结构图。

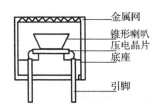

图 5.5　元件内部结构

图 5.6　元件外部结构

超声波是一种在弹性介质中的机械振荡，有两种形式，横向振荡(横波)及纵向振荡(纵波)。在工业中应用主要采用纵向振荡。超声波可以在气体、液体及固体中传播，其传播速度不同。另外，它也有折射和反射现象，并且在传播过程中有衰减。在空气中传播超声波，其频率较低，一般为几十 kHz，而在固体和液体中则可以较高。在空气中衰减较快，而在液体和固体中传播，衰减较小，传播较远。利用超声波的特性，可做成各种超声传感器，配上不同的电路，制成各种超声测量仪器及装置，并在通信，医疗家电等各方面得到广泛应用。

　　超声波传感器主要材料有压电晶体(电致伸缩)及镍铁铝合金(磁致伸缩)两类。电致伸缩的材料有锆钛酸铅(PZT)等。压电晶体组成的超声波传感器是一种可逆传感器，它可以将电能转变成机械振荡而产生超声波，同时它接收到超声波时，也能转变成电能，所以它可以做成发送器或接收器。有的超声波传感器既发送，也能接收。这里仅介绍小型超声波传感器，发送与接收略有差别，它适用于在空气中传播，工作频率一般为 23～25kHz 及 40～45kHz。这类传感器适用于测距、遥控、防盗等用途，有 T/R-40-60，T/R-40-12 等型号(其中 T 表示发送，R 表示接收，40 表示频率为 40kHz，16 及 12 表示其外径尺寸，以毫米计)。另有一种密封式超声波传感器(MA40EI 型)。它的特点是具有防水功能(但不能放入水中)，可以作料位及接近开关用，它的性能较好。超声波应用有三种基本类型，透射型用于遥控器、防盗报警器、自动门、接近开关等；分离式反射型用于测距、液位或料位；反射型用于材料探伤、测厚等。

　　超声波测距系统由发送传感器(或称波发送器)、接收传感器(或称波接收器)、控制部分与电源部分组成。发送传感器由发送器与尺寸为 15mm 左右的陶瓷振子换能器组成，换能器的作用是将陶瓷振子的电振动能量转换成超能量并向空中辐射；接收传感器由陶瓷振子换能器与放大电路组成，换能器接收声波产生机械振动，将其变换成电能量，作为接收传感器的输出，从而对发送的超声进行检测。而实际使用中，发送传感器的陶瓷振子也可以用做接收传感器的陶瓷振子。控制部分主要对发送器发出的脉冲频率、占空比及稀疏调制和计数及探测距离等进行控制。

5.2.4　FFT 算法原理

　　在本设计中我们采用的是时域抽取法基-2 FFT 算法，由于频域抽取法与时域抽取法类似，因此这里只对时域抽取算法进行详细讲解。在计算中我们先设序列点数为 $N=2^M$，其中 M 为整数。在实际计算过程中运算对象如果不满足这个条件时，一般采用在待处理数据末尾添加上若干零值点，这样就可以满足前面所述的要求。我们将算法中所使用的 N 为 2 的整数幂的 FFT 称基-2 FFT，本设计所使用的都是 N 为 2 的整数幂的算法，对于其他基的算法请参看相关资料。

　　假设在 FFT 算法中输入序列长度为 $N=2^M$(M 为正整数)，将该序列按时间顺序进行奇偶分解为越来越短的子序列，称为按时间抽取(DIT)的 FFT 算法，也称 Cooley-Tukey 算法。此算法就是本设计所使用的算法基础。

　　在 $N=2^M$ 的序列 $x(n)$ 先按 n 的奇偶分成以下两组：

$$\left.\begin{array}{l} x(2r) = x_1(r) \\ x(2r+1) = x_2(r) \end{array}\right\} r = 0,1,\cdots,\frac{N}{2}-1$$

则 $x(n)$ 的 DFT 为

$$X(k) = \text{DFT}[x(n)] = \sum_{n=0}^{N-1} x(n)W_N^{nk}, \quad k = 0,1,\cdots,N-1$$

$$= \sum_{\substack{n=0 \\ n\text{为偶数}}}^{N-1} x(n)W_N^{nk} + \sum_{\substack{n=0 \\ n\text{为奇数}}}^{N-1} x(n)W_N^{nk}$$

$$= \sum_{r=0}^{N/2-1} x(2r)W_N^{2rk} + \sum_{r=0}^{N/2-1} x(2r+1)W_N^{(2r+1)k} \qquad ,k = 0,1,\cdots,N-1$$

$$= \sum_{r=0}^{N/2-1} x_1(2r)(W_N^2)^{rk} + W_N^k \sum_{r=0}^{N/2-1} x_2(r)(W_N^2)^{rk}$$

$$= \sum_{r=0}^{N/2-1} x_1(r)W_{N/2}^{rk} + W_N^k \sum_{r=0}^{N/2-1} x_2(r)W_{N/2}^{rk}$$

$$= X_1(k) + W_N^k X_2(k) \tag{5.1}$$

式中，$X_1(k)$ 是 $x_1(r)$ 的 $N/2$ 点 DFT，$X_2(k)$ 是 $x_2(r)$ 的 $N/2$ 点 DFT：

$$X_1(k) = \sum_{r=0}^{N/2-1} x_1(r)W_{N/2}^{rk} = \sum_{r=0}^{N/2-1} x(2r)W_{N/2}^{rk}, \quad k = 0,1,\cdots,N/2-1$$

$$X_2(k) = \sum_{r=0}^{N/2-1} x_2(r)W_{N/2}^{rk} = \sum_{r=0}^{N/2-1} x(2r+1)W_{N/2}^{rk}, \quad k = 0,1,\cdots,N/2-1$$

从式(5.1)可以看出，一个 N 点 DFT 已分解成为两个 $N/2$ 点的 DFT。
下面讨论 $X_1(k)$ 的周期性：

$$X_1(k+N/2) = \sum_{r=0}^{N/2-1} x_1(r)W_{N/2}^{r(k+N/2)} = \sum_{r=0}^{N/2-1} x_1(r)W_{N/2}^{rk} = X_1(k)$$

上式中用了 $W_{N/2}^{rk} = W_{N/2}^{r(k+N/2)}$。

根据周期性，同样可以推出 $X_2(k)$ 的周期性如下：

$$X_2(k+N/2) = X_2(k)$$

再根据 W_N^k 的如下特性：

$$W_N^{(N/2+k)} = W_N^{N/2}W_N^k = -W_N^k$$

可以推出周期性算式中前半部分：

$$X(k) = X_1(k) + W_N^k X_2(k), \quad k = 0,1,\cdots,N/2-1$$

周期性算式中后半部分为

$$X(k+N/2) = X_1(k+N/2) + W_N^{(N/2+k)} X_2(k+N/2)$$

$$= X_1(k) - W_N^k X_2(k), \quad (k = 0,1,\cdots,N/2-1)$$

通过上述演算过程，可以看出我们只要求出 $0 \sim (N/2-1)$ 区间的所有 $X_1(k)$ 和 $X_2(k)$ 值，就可利用性质求出 $0 \sim (N-1)$ 区间内的所有 $X(k)$ 值，一次运算就可以节省一半的运算，经过多次迭代就可以大大减少运算量了。

$$X(k) = X_1(k) + W_N^k X_2(k)，\quad k = 0,1,\cdots,N/2-1 \tag{5.2}$$

$$X(k + N/2) = X_1(k) - W_N^k X_2(k)，\quad k = 0,1,\cdots,N/2-1 \tag{5.3}$$

将式 (5.2) 和式 (5.3) 中 $X_1(k)$ 用 A 表示，$X_2(k)$ 用 B 表示，W_N^k 用 C 表示，这样其运算过程可以用图 5.7 来表示，此即蝶形运算的表示符号，而蝶形运算是 FFT 算法的核心部分。

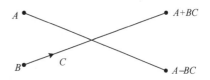

图 5.7　蝶形运算符号

在了解了蝶形运算的基本概念后，我们可以采用蝶形运算符号用图示法形象的表示上面公式的分解过程，如图 5.8 所示。此图为 $N=2^3=8$ 的情况，图 5.8 所给出的输出值 $X(0) \sim X(3)$ 是由式 (5.2) 给出的，同样后半部分的输出值 $X(4) \sim X(7)$ 是由式 (5.3) 给出的。

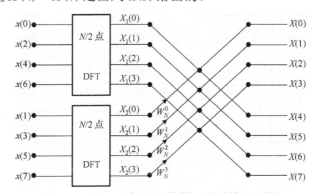

图 5.8　$N(N=8)$ 点 DFT 的第一次时域分解图

从上述演示可以看出，由于点数 $N=2^M$，对半分解后 $N/2$ 仍是偶数，这样可以进一步将分解过一次的每个 $N/2$ 点子序列再按其奇偶部分分解为两个 $N/4$ 点的子序列如图 5.9 所示。

$$\left.\begin{array}{l} x_1(2r) = x_3(r) \\ x_2(2r+1) = x_4(r) \end{array}\right\} r = 0,1,\cdots,\frac{N}{4}-1$$

$$
\begin{aligned}
X_1(k) &= \sum_{r=0}^{N/4-1} x_1(2r) W_{N/2}^{2rk} + \sum_{r=0}^{N/4-1} x_1(2r+1) W_{N/2}^{(2r+1)k} \\
&= \sum_{r=0}^{N/4-1} x_3(r) W_{N/4}^{rk} + W_{N/2}^{k} \sum_{r=0}^{N/4-1} x_4(r) W_{N/4}^{rk} \\
&= X_3(k) + W_{N/2}^{k} X_4(k), \quad (k = 0,1,\cdots,N/4-1)
\end{aligned}
$$

并且 $X_1(k+N/4) = X_3(k) - W_{N/2}^k X_4(k), \ k = 0,1,\cdots,N/4-1$。

同理，$X_2(k)$ 也可进行类似的分解，分解结果如下：

$$X_2(k) = X_5(k) + W_{N/2}^k X_6(k), \quad k = 0,1,\cdots,N/4-1$$

并且

$$X_2(k+N/4) = X_5(k) - W_{N/2}^k X_6(k), \quad k = 0,1,\cdots,N/4-1$$

在上式中，

$$X_5(k) = \sum_{r=0}^{N/4-1} x_2(2r)W_{N/2}^{2rk} = \sum_{r=0}^{N/4-1} x_5(r)W_{N/4}^{rk}$$

$$X_6(k) = \sum_{r=0}^{N/4-1} x_2(2r+1)W_{N/2}^{2rk} = \sum_{r=0}^{N/4-1} x_6(r)W_{N/4}^{rk}$$

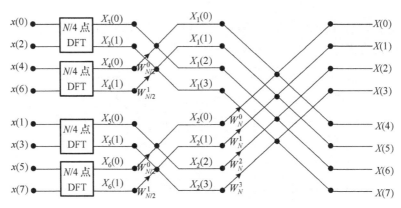

图 5.9　$N(N=8)$ 点 DFT 的第二次时域分解图

对上述结果进行进一步分解（设 $N=8=2^3$）：

$$X_3(k) = \sum_{r=0}^{1} x_3(r)W_2^{rk} = x(0) + x(4)W_2^k, \quad k=0，1$$

$$X_3(k) = x(0) + x(4)W_2^0$$

$$X_3(1) = x(0) + x(4)W_2^1 = x(0) - x(4)W_2^0$$

在上式中需注意：$W_2^1 = \mathrm{e}^{-\mathrm{j}\frac{2\pi}{2}\times1} = \mathrm{e}^{-\mathrm{j}\pi} = -1 = -W_2^0 = -W_N^0$

同理可得

$$X_5(0) = x(1) + x(5)W_2^0$$

$$X_5(1) = x(1) + x(5)W_2^0$$

5.2.5　2D-FFT 简介

二维离散傅里叶变换及其反变换的公式如下：

$$F(u,v) = \frac{1}{MN} \sum_{x=0}^{M-1} \sum_{y=0}^{N-1} f(x,y)\, \mathrm{e}^{-\mathrm{j}2\pi(ux/M+vy/N)}$$

$$f(x,y) = \sum_{u=0}^{M-1} \sum_{v=0}^{N-1} F(u,v)\, \mathrm{e}^{\mathrm{j}2\pi(ux/M+vy/N)}$$

由二维离散傅里叶变换的可分离性这一性质，可以将上述结果进行分离，分离后的结果可得

$$F(u,v) = \frac{1}{M} \sum_{x=0}^{M-1} \mathrm{e}^{-\mathrm{j}2\pi ux/M} \frac{1}{N} \sum_{y=0}^{N-1} f(x,y)\, \mathrm{e}^{-\mathrm{j}2\pi vy/N}$$

从上式中可以发现，二维离散傅里叶变换在分离过程中，可将复杂的计算分离为两次简单的一维傅里叶变换来实现，其运算过程可用图 5.10 来表示。

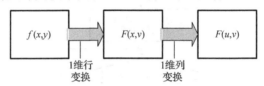

图 5.10　用一维傅里叶变换计算二维傅里叶变换的步骤

一个相似的过程适用于计算二维傅里叶反变换。先沿 $F(u,v)$ 的每一行计算一维反变换，再沿中间结果的每一列计算一维反变换。这样对于复杂的二维 FFT 的运算就可以采用分模块的方法，利用前面所阐述的一维 FFT 为基础来进行运算了。

5.2.6　系统总体结构

超声波测距模块用 HC-SR04，控制器使用 Altera 公司的 Cyclone 系列 FPGA 开发板，显示部分采用共阳数码管。HC-SR04 集成的发射电路模块发出超声波，遇到障碍物产生回波，被接收电路模块接收，FPGA 统计出声波传输所用时间，计算出正确的待测距离，同时根据相关数据处理，由数码管显示当前测试距离。系统结构如图 5.11 所示。

设计过程中因为 FPGA 能通过 JTAG 下载线将程序烧写进片外 Flash 中实现在线编程调试，为设计带来很大便利。

FPGA 通过精确控制时钟产生超声波驱动信号并开始计数，驱动信号经超声波发射模块放大后驱动超声波换能器发射出检测声波，经被测物反射后的回波信号，由超声波接收模块滤波放大后由 FPGA 检测回波信号，经计算后显示输出。

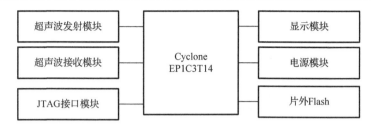

图 5.11 超声波测距系统结构图

系统的整个实现流程为，超声波收发部分负责产生超声波驱动信号，要求频率为 40kHz，占空比为 50 的方波信号以驱动超声波换能器，同时高速计数器开始计数，检测到回波后，计数器停止计数，计算后控制显示输出。系统实现流程图如图 5.12 所示。

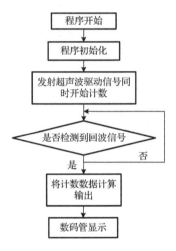

图 5.12 系统软件设计框图

5.3 硬 件 设 计

根据 FPGA 需要完成的主要功能，在其内部设计实现的主要功能模块有时序发生器模块、波形发生器模块、高速计数器模块、回波识别模块、双核 FFT 计算模块以及一些辅助性模块。

5.3.1 时序发生器模块

在时序发生器的模块设计中，可靠的时钟非常关键。设计过程中，决定采用全局时钟。全局时钟或同步时钟是最简单、可靠的时钟。在 FPGA 设计中时钟的最好解决方案，是使用专用的全局时钟输入引脚驱动的单个主时钟去钟控设计中的每一个时序器件，应尽量在设计项目中采用全局时钟。FPGA 都具有专门的全局时钟引脚，它直接连到器件中的每一个寄存器。在器件中，这种全局时钟能提供最短的时钟延时(数据输入到数据输出的时间)。

考虑到设计采用的外部时钟晶振为 48MHz，采用分频产生一个频率为 40kHz 的初始信号作为基础。

分频器是通过直接调用 Altera 公司 FPGA 的 IP 核实现的，相关调用方式如下所示。

```
lpm_divide LPM_DIVIDE_component (
 .denom (denom),
 .numer (numer),
 .quotient (sub_wire0),
 .remain (sub_wire1),
 .aclr (1'b0),
 .clken (1'b1),
 .clock (1'b0));
defparam
LPM_DIVIDE_component.lpm_drepresentation = "UNSIGNED",
LPM_DIVIDE_component.lpm_hint="LPM_REMAINDERPOSITIVE=TRUE",
LPM_DIVIDE_component.lpm_nrepresentation = "UNSIGNED",
LPM_DIVIDE_component.lpm_type = "LPM_DIVIDE",
LPM_DIVIDE_component.lpm_widthd = 12,
LPM_DIVIDE_component.lpm_widthn = 24;
```

5.3.2　回波识别模块

回波信号识别模块设计主要采用了双核 FFT 计算模块对回波信号进行处理，并采用了逻辑抗干扰的设计。

在组合逻辑电路中，信号要经过一系列的门电路和信号变换。由于延迟的存在，使得当输入信号发生变化时，其输出信号不能同时跟随信号变化，而是经过一段过渡时间后才能达到原先所期望的状态。这时会产生小的寄生毛刺信号，使电路产生瞬间的错误输出，造成逻辑功能的瞬时紊乱。因此消除毛刺是本设计中的一个重要问题。

综合考虑多方面因素决定采用锁存法消除毛刺。当计数器的输出进行相与、相或时会产生毛刺。随着计数器位数的增加，毛刺的数量和毛刺的种类也会越复杂。可通过在输出端加 D 触发器加以消除。

采用频率计门阀的设计，主要思路是采用取样法，根据回波频率来判别检测到的是否是真实回波。如果在门阀范围内，则认为是真实回波并进行后续处理，如果不是，则忽略本次接收。这样就保证了每次检测到的都是有效信号，减小了干扰波的影响。

回波检测部分采用双核 FFT 计算模块对回波信号进行处理，并采用频率计数模块，通过设定一个频率门阀值来滤除杂声信号。试验中我们发现，真正来自系统本身的噪音影响很小，但是当测距距离变远时，外部接收端容易受到高电压噪声的影响，如何识别回波信号，频率的辨别是一个很好的处理方法。

此进程产生一个频率闸门信号，类似于分频器原理，也是通过对全局时钟信号计数来检测回波信号的频率是否在闸门范围内。主要是通过三段式状态机检测回波信号。

以下为检测闸门信号的源程序。

```verilog
always @(posedge clk)
begin
    if(!rst_n)
        begin
            echo_reg1<=0;
            echo_reg2<=0;
        end
    else
        begin
            echo_reg1<=echo;
            echo_reg2<=echo_reg1;
        end
end
assign start=echo_reg1 & (~echo_reg2);
assign finish=(~echo_reg1) & echo_reg2;
```

图 5.13 为回波识别模块的符号原理图，clk 为系统时钟，rst_n 为复位信号，echo 为接收端信号，trig 为发射端信号，distance[23:0]为计算的距离显示变量。

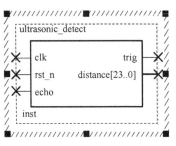

图 5.13   回波识别模块的符号图

图 5.14 为检测闸门信号状态机的仿真图。

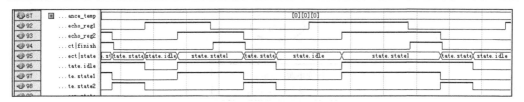

图 5.14　状态机仿真波形图

5.3.3　双核 FFT 计算模块

本模块主要完成 DE2 开发板双核 FFT 计算，其整体结构图如图 5.15 所示。

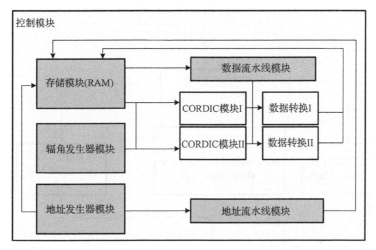

图 5.15　整体结构

根据双核 FFT 处理器的总体需求，可以将整个系统的控制模块按功能划分成存储模块（RAM）、辐角发生器模块（Angle Generator）、地址发生器模块（Address Generator）、数据流水线模块（Data Pipeline）、控制模块（Control Block）、地址流水线模块（Address Pipeline）、CORDIC 模块（CORDIC Block）和数据转换模块（Floating-Point Calculator）这八个模块。其中存储模块、辐角发生器模块、地址发生器模块、数据流水线模块和地址流水线模块这五个模块，涉及与双核 FFT 系统相关的数据读写操作的调度、辐角的产生、地址的产生、数据流水以及地址流水等功能，这些功能与单核 FFT 系统虽然有一些相同之处，但是存在极大的差别，需要在实现双核 FFT 系统的过程中认真思考、仔细设计，使得对这些功能模块的修改与改进能够正确而严密，从而保证双核 FFT 系统能够正常而稳定地运行。

整个双核 FFT 系统的流程图如图 5.16 所示。

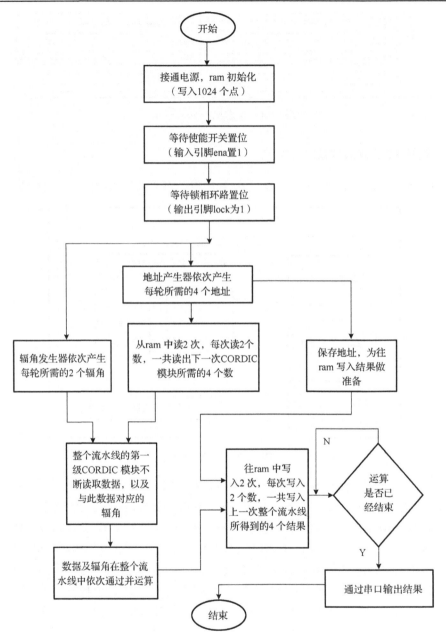

图 5.16　双核 FFT 系统流程图

　　在编译完成后对双核 FFT 处理器系统在 Quartus II 软件中进行仿真。如图 5.17 所示是该系统的 Quartus II 时序仿真图，从图中时钟系统、数据读写等信息，可以明显看出双核 FFT 系统在数据操作上的速度优势，以及更加复杂的时序控制。

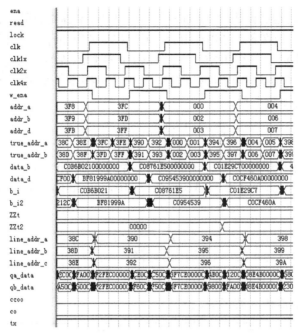

图 5.17　双核 FFT 时序仿真图

5.3.4　波形发生器模块

波形发生器是在时序发生器的基础上，通过将全局时钟信号进行分频处理，得到符合驱动信号频率的方波脉冲。利用 D 触发器的特性，将产生的方波分频占空比调整为 50%，产生符合超声波换能器工作中心频率的驱动脉冲。这样处理既能保证驱动信号为 40kHz 的方波信号，同时由于共用全局时钟信号，可以直接以分频后的时钟信号作为激励，计数发射脉冲数，为超声波渡越时间的计算提供输出。

5.3.5　高速计数器模块

高速计数器的主要功能相当于单片机中的定时器/计数器，当 FPGA 发出超声波驱动信号，高速计数器开始计数，当超声波经由被测面反射后的回波信号到达高速计数器时，停止计数，由于计数器的计数频率已知，则可计算出超声波在介质中传播的距离，根据超声波测距原理，可计算得出超声波测距的距离。

由于 FPGA 运行速度很高，因此在回波到达时刻的捕捉及计时可以达到很高的精度。在 FPGA 内部实现倍频，还可以进一步提高 FPGA 的工作频率。采用 FPGA 实现计数器的另外一个优点是灵活，在可用资源允许的情况下，可以方便地实现任意位的计数器。这种方法对于其他需要精确测量时间或高速计数的应用场合也有很大的价值。

计数器的方式是通过计数超声波驱动信号的脉冲个数来进行的。由于没有指令系统，计数模块的设计是分散在各个子进程中的，通过相互调用和时序控制实现计数功能。

根据超声波在稳定环境下空气中速度恒定不变的特性，假定超声波的速度为340m/s，而换能器的最大测距距离约为 3～10m，根据超声波测距原理粗略计算一次测距所用的脉冲器计数个数为

$$N = 2 \times \frac{10\text{m}}{340\text{m/s}} \times \frac{1}{40\text{kHz}} = 2353$$

换算为 2 进制约为 12 位宽，因此全局变量设置为 20 位带宽的变量。设置一个全局信号变量，以下为对接受数据处理部分程序，作用是将 2 进制数据转化为实际输出数值。

```
assign hundred=distance[8:0]/100;
assign decade=distance[8:0]%100/10;
assign unit=distance[8:0]%10;
```

图 5.18 为计数器仿真波形图。

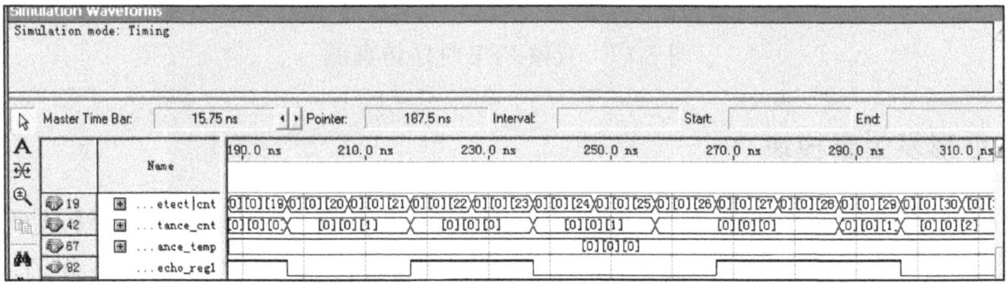

图 5.18　计数器仿真波形图

5.4　系统综合与测试

本系统在室内(温度为 20℃)进行了实际测量实验，其中测量距离是由卷尺多次测量求平均值所得。在时序仿真阶段，观察系统内部的数据流和控制流是否正确，是否满足实验平台的时序和延迟要求。对系统测试阶段主要通过观察系统工作效果，来测试系统能否在实际硬件平台上完成预期的功能，以检验系统的正确性和稳定性。本节主要阐述硬件系统设计的综合与测试。

1. 超声波测距系统的功能仿真

本节的整个仿真过程都在 Quartus II 12.0 平台上实现。在仿真时钟频率为 48kHz的情况下，其仿真波形如图 5.19 所示。

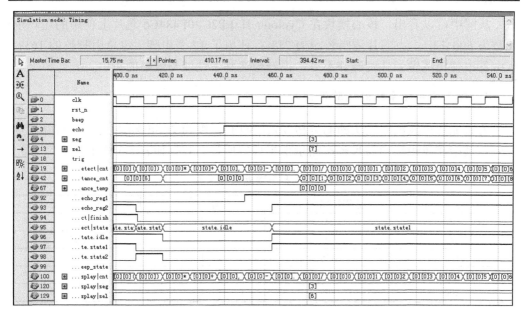

图 5.19　综合仿真图

当触发信号 echo 由低电平转高电平后，cnt 计数器开始计数，经过 8 个 40kHz 脉冲后，trig 引脚收到回波信号。将理论与仿真结果对比，其结果与理论一致。

2. 超声波测距系统的综合

通过仿真测试，能够确定整个设计是正确，为了测试其性能，还需要对整个设计在芯片上的综合结果进行分析。采用 Quartus II 自带的综合工具进行综合操作，可以得到如图 5.20 所示的综合结果。

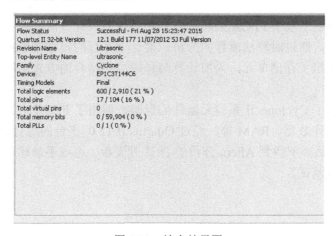

图 5.20　综合结果图

从图中可以看出，核心模块在 Cyclone II EP2C20F484C6 芯片上使用的逻辑单元数为 600(LE)，占芯片逻辑资源的 21%；使用了 17 个引脚，占总引脚数的 16%。从中看出使用逻辑元件资源并不多，很好地达到了性能与效率的折中。

3. 超声波测距系统的实验测试

为验证超声波测距模块的测量精度，在室内(温度为 20 摄氏度)进行了实际测量实验，其中测量距离由卷尺多次测量求平均值所得。数据如表 5.3 所示。

表 5.3　测量数据及误差表

尺测距离/cm	超声波测距离/cm	绝对误差/cm	相对误差/%
40	39	2	2.5
80	79	2	1.25
120	119	1	0.83
160	159	1	0.63
200	199	1	0.5

从表 5.3 可以看出，距障碍物过近或较远时，测量精度下降。因为太近时接收和发射等电路的时延影响相对较大，而且发射信号必须有一个上升时间，当障碍物距离太近时系统不能及时处理回波信号，所以测量误差明显增加。障碍物距离太远时，回波信号微弱，混有大量噪声，对门槛判定造成很大挑战。分析表 5.3 中数据可知，在障碍物距离测距装置大于 160cm 时，可以达到较高精度，相对误差范围保持在 0.63%以内，稳定性也较高，可以满足绝大多数实验的需求。

5.5　实　例　总　结

本章详细阐述了基于 FPGA 的超声波测距系统的设计方法，在对系统进行了模块划分的基础上，通过对算法流程的分析，设计了并行的模乘器数据路径；根据数据存储需求，组织了存储单元，采用计算与译码器相结合的方式实现了模幂、模乘两级控制器。

合理地利用了 Cyclone II 系列元器件的资源，调用了 FPGA 内的丰富逻辑资源和存储资源，如计数器、RAM 等。经过 Quartus II 12.0 平台的综合、布局、布线、时序分析、仿真后，下载到 Altera 公司的 DE2 开发板，通过手动输入的方式进行了超声波测距系统测试。

第6章 基于 FPGA 的云存储架构的设计与实现

6.1 实 例 介 绍

云存储是从云计算的概念上延伸、发展出来的一个新解决方案，也是近几年的一个新概念。云存储通常指通过集群技术、分布式技术或者网格技术等，将所在网络中的大量分布在不同位置、不同类型的存储设备集合起来，并且通过软件的管理让它们能够协同工作，从外界看来，它们可以共同对外界提供业务访问或者数据存储等功能。当云计算拥有大量的存储设备，并且它的任务重点放在大量数据的存储、访问以及管理上时，云计算就转变成为一个云存储。云存储是将用户的数据存储到云上，并且用户可以在云上随意存取的一种新解决方案，只要用户通过可连网的设备连接到云上，便可以在任何时间、任何地点，很方便地进行云上数据的存取操作。

目前常见的云存储服务有亚马逊的 Simple Storage Service(S3)、Nutanix 的存储服务、搜狐企业网盘、百度云盘等，而这些并不提供小型开发板所需的云服务。本章则是以 TCP/IP 作为基本通信手段，并且加入自定义的数据通信协议，通过整合分布式存储的调度思想，来实现基于 FPGA 的云存储架构。这样不仅使 FPGA 开发板能够实现云存储的功能，同时也为基于 FPGA 的云计算打下了坚实的基础。

本章利用集群以及分布式的思想，将多块 FPGA 开发板模拟成大量的存储设备，通过对目标数据的统一映射规约处理，实现对数据安全、稳定、可靠的云存储，从而最终实现系统的功能。因为 FPGA 具有并行性以及动态可重构等特性，使得系统能够很好地在 FPGA 硬件集群上完成预定的功能。

本系统在设计实现的过程中，使用了 Quartus II、Eclipse 等集成开发环境，使用 Ethereal 软件进行网络抓包验证，并且使用了交换机完成开发过程中的各种实验，用到的编码语言包括 Verilog、Java、html5、js 等。最终的测试、运行平台选择了 Altera 公司的 DE2 开发板、PC 机、路由器等，此外还需要一个交互软件(即一个网站，提供用户使用界面)。经过测试、验证，本系统可以稳定地运行在 50MHz 时钟频率的 DE2 开发板上。

本章从数据传输速率、数据存储正确性、数据存储稳定性等方面对系统进行了详细的分析与评估。结果表明，本系统能够正确完成云存储的功能，拥有 FPGA 所特有的功耗低、集成度高、稳定性好的特点，具有明显的性能优势，是开发 FPGA 云计算的重要铺垫。因此，基于 FPGA 的云存储架构具有较好的理论价值和实际意义。

6.2 设计思路与原理

目前，云存储服务所提供的各种功能主要用于解决伴随着海量非活动数据的增长而带来的存储难题，其中主要包括：因为存储容量的增长而对存取性能和速度要求的快速提高；需要根据分布式存储的原理将数据存储按需求迁移到分布式的物理存储设备上；必须保证数据存储的高效性、持久性以及容错能力；必须确保多用户环境下不同用户数据的私密性和安全性；允许用户按需求扩展存储的性能和容量等。常见的云存储服务商以低成本提供大量的文件存储，服务商可以保证每个客户的存储、应用都是独立的、私有的。

这些云存储服务之所以能够达到预计的功能和效果，正是因为以下几个现有技术和条件的支持。

(1)拥有足够的网络带宽。真正的云存储系统应该是一个遍布全国，甚至遍布全球的巨大公用系统，用户需要通过宽带、光纤等网络接入设备来和云存储系统进行连接。所以用户要想能够体验大量数据的传输、存取访问，真正享受云存储系统提供的服务，只有拥有足够大的数据传输带宽才可以，现在网络带宽的发展正好为云存储系统的正常使用提供了必要的条件。

(2)成熟的 WEB2.0 技术。WEB2.0 技术的核心是提供网络分享功能，只有通过它，云存储系统的用户才有可能通过 PC、手机、移动多媒体等各种移动设备或者手持设备，对图片、语音视频等数据进行统一存储，并在合法的范围内实现资料共享。

(3)存储服务的发展。云存储不仅仅是存储，更多的是服务。存储服务的发展可以降低系统建设成本，减少数据传输环节，提高系统的性能和效率，保证整个系统能够高效稳定的运行。

(4)集群技术、分布式系统技术。云存储系统中需要大量通过网络互连的存储设备，而且这些存储设备需要集中管理并且完成协同工作，这些都要依靠集群技术、分布式系统等技术来实现，只有这样才可以对外提供统一的、更强大的数据存取访问服务。

云存储服务已经成为目前用户选择存储的一种趋势。随着云存储服务的快速发展，以及其他各类服务与云存储服务相结合的需求，不仅仅需要更多先进的技术来保证安全性、提高便携性、完善数据访问流畅性，同时，对多元化、多平台云存储服务的需求也在不断增长。例如基于 FPGA 的云存储架构，这不仅是一种新平台下的云存储服务，它还能给需要多个 FPGA 单体协同工作或者大量 FPGA 计算之类的研究提供一个解决方案。所以，对基于 FPGA 云存储架构的研究和开发不仅具有必要性，而且有较好的理论价值和实际意义。

6.2.1　云存储通信原理

通信模块是本系统的基础部分，也是重中之重，只有拥有稳定、强大、快速的通信，才能进一步开发、实现其他功能，云存储才能正常完成存取操作。本章将对本系统中通信模块的原理及实现进行介绍，并对接入以太网的方法，以及相关协议的实现进行详细的分析和说明，对应的小节也将给出相应模块的测试结果。

本系统的通信模块是以传输控制协议/因特网互联协议（Transmission Control Protocol/Internet Protocol，TCP/IP）协议族为基础的。TCP/IP 是由网络层 IP 协议和传输层 TCP 协议组成，但不是 TCP 和 IP 这两个协议的合称，而是指因特网的整个 TCP/IP 协议族，是 Internet 国际互联网络的基础。TCP/IP 定义了电子设备如何连入因特网，以及数据传输的标准。TCP/IP 协议并不完全符合 OSI 的七层参考模型，而是采用了 4 层的层级结构，分别为：网络接口层、网络层、传输层、应用层，每一层都依靠它的下一层所提供的协议来完成自己的需求，其中网络接口层包括了 OSI 中的物理层、数据链路层。TCP/IP 协议模块关系如图 6.1 所示。

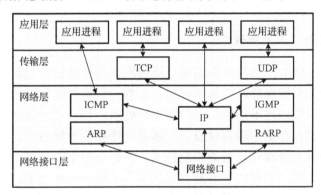

图 6.1　TCP/IP 协议模块关系

TCP/IP 协议主要有以下优势和特点。

（1）TCP/IP 协议不依赖任何特定的计算机硬件或操作系统，提供开放的协议标准。

（2）TCP/IP 协议不依赖于特定的网络传输硬件，所以 TCP/IP 协议能够集成各种各样的网络。例如：以太网、令牌环网以及所有的网络传输硬件。

（3）TCP/IP 协议制定了统一的网络地址分配方案，使得所有 TCP/IP 设备在整个网络中都具有唯一的地址。

（4）TCP/IP 制定了标准化的高层协议（如 HTTP、FTP 等），可以提供多种可靠的用户服务。

TCP/IP 协议族中包括的协议主要有：ARP、RARP、IP、ICMP、TCP、UDP、FTP、HTTP 等。本系统基于 FPGA 实现的协议包括：ARP、IP、TCP、HTTP 等。

本系统通信过程的发送流程是将目标数据按照需求打包成 TCP 数据包或 HTTP 数据包，然后交给发送进程即可。图 6.2 为接收流程图。

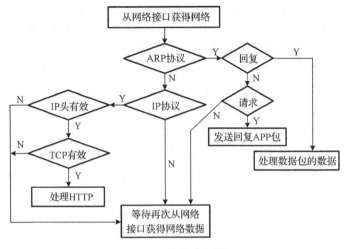

图 6.2　接收流程图

6.2.2　FPGA 集群技术的原理

在云存储的实现中，必然会遇到的一个难题就是存储设备与存储容量的问题。首先，不能像传统存储那样，把每个存储设备都当做单个实体提供给用户使用；其次，对存储设备的管理也不能以简单的相加来处理。基于这些原因，必须使用新的概念与技术来管理云存储中的存储设备。本系统选择了集群技术，不仅因为集群技术是目前常用的对大量存储设备的管理技术，另外一个原因是，在基于 FPGA 实现的前提下，集群管理是相对比较容易实现其基本功能的一种技术，这样有利于对本系统基本功能的开发，并且当以后对本系统有扩展、升级的需求时，在已实现的集群技术的基础上做二次开发也比较容易。

通过集群技术，可以在付出较低成本的情况下获得在性能、可靠性、灵活性方面相对较高的收益，集群技术的核心是任务调度，集群技术主要是为更高级的应用做基础，而它自己并不单独提供服务。集群可以是若干相互独立、通过高速网络互联的计算机，它们构成了一个群体，本系统的集群主要是将多块 DE2 开发板通过网络互连构成一个群体。在群体的基础上，以单一系统的模式加以管理。当用户需要访问集群时，集群在用户眼里就像是一个独立的服务器，而集群中的众多设备对用户都是透明的。

集群技术有以下几点优势。

（1）提高系统的性能。

一些大计算量的应用，如基因计算、裂变模拟等，需要很强的运算处理能力，在这种情况下，一般都使用集群技术，集中几百甚至上万台计算机的运算能力来满足需求。

(2)降低成本。

采用计算机集群技术比采用同等运算能力的大型计算机具有更高的性价比。

(3)提高可扩展性。

当需要提高系统的性能时，采用集群技术，只需要将新的服务器加入集群即可，系统会自动将新加入的服务器融入到整个集群系统中去。对于用户来说，在系统的性能得到提高的同时，用户所享受的服务几乎没有任何变化。

(4)增强可靠性。

集群技术使系统在局部发生故障时，整个系统仍然可以继续工作，并且可以自动将发生故障的服务器的数据迁移到其他正常的服务器上去。集群技术在提高整个系统的可靠性的同时，也大大减小了因局部故障造成的损失。

目前集群技术有两种实现方法：松散结合型和紧密结合型。这两种方法在云存储中扮演着不同的角色。

松散结合型集群可以满足多数以云存储为主导的需求。在这些集群中，每个节点都是一个独立的实体，存储过程中很多卷被分配到该节点中，但是集群中的其他节点无法访问该节点中的卷。松散结合型集群的最小存储单位是文件，归属于节点。当一份文件需要存储在集群中的时候，它的数据就会被完整地保存在集群的某个节点中。

紧密结合型集群的最小单位是数据块(例如，Hadoop 中的默认数据块大小是64MB)。随着文件被保存到集群中，它们被分成了很多个大小相等的数据块，而且这些数据块对于集群中的其他任何节点来说都是可以访问的。当用户有文件访问请求时，系统会访问这个文件的不同数据块，以及同一个数据块存储的不同节点，以处理用户的请求。响应请求的可用节点越多，本次请求的性能就越高。

在这两种集群技术中，从表面上看用户面对的都是一个实体，他们不需要关心或者知道这个实体中有多少个节点，然而在管理集群时，需要针对不同的实现方法采用相应的管理方式。

6.2.3　基于 FPGA 分布式存储的原理

分布式存储，从命名上可以看出它是解决数据存储问题的。传统的存储是将用户数据存储在一个存储设备上(数据大小不超过设备容量)，当用户要使用时，就从该存储设备上依次读出。但是这样会存在一个问题，读取一个存储设备中的所有数据所需时间较长，写数据甚至更慢。想要减少读取、写入时间的一个简单方法是同时从多个设备上读取用户数据的不同部分。例如，一个用户数据为 100GB，存储设备有 100 个，那么每个设备只需要存储 1%的数据，仅从数据传输来讲，并行读取所需时间只占传统方式的 1%左右，当用户数量增多时，这样除了可以缩短数据存取时间，还可以避免存储设备的资源浪费。这就是分布式存储的基本思想。

　　分布式存储是将数据分散存储在多台独立的存储设备上。传统的存储系统采用集中的存储设备存放所有数据，其可靠性和安全性都存在问题，不能满足大规模存储应用的需要。分布式存储以拥有良好可靠性与可扩展性的集群技术为基础，利用多台存储设备分担存储负荷，不但能够提高系统的可靠性、安全性和存取效率，还易于扩展。

　　用户在使用存储服务时，经常会出现这样的情况，用户需要存储的数据大小超过了单一存储设备的存储能力。所以必须对用户的数据进行分块，并存储到多个存储设备上。

　　本系统的分布式存储是架构于网络之上的，所以和传统的存储系统相比，这势必会带来网络编程的复杂性。例如如何对数据进行分块，读取操作时如何保证数据的完整性，在某些节点出现故障时如何保证用户数据不会丢失等。这些操作对用户来说都是透明的，这些也是分布式存储的原理和基本功能。

1. 数据块的划分

　　在分布式存储中，对于所有的用户数据，无论是否超过某块存储设备的存储能力，不论数据的大小，都有一个统一的划分标准。该标准可以说是针对用户数据，更贴切的表示是针对每个存储设备。对所有在集群中的存储设备进行数据块的划分，该数据块大小固定(可以配置)，这是整个存储的最小单位。对于用户数据，分布式存储系统需要根据数据块的大小将用户数据划分为若干块，然后再分块交给多个存储设备，当剩余数据小于一个数据块时，按照占据一个数据块处理。对于单一的存储设备，根据数据块的大小将存储空间划分成若干块，当有数据需要存储时，每个数据块只能存储不超过固定大小的数据。

　　这样，用户数据的大小可以大于系统中任意一个存储设备的容量，并且使用块抽象而非整个数据作为存储单元可以大大简化存储系统的设计。

2. 数据的完整性

　　当有用户数据需要存储时，根据对数据分块的结果，如果只有一块，则直接交给存储设备存储即可；如果超过一块，则首先对每个数据块编号，然后再将这些数据块交给存储设备。

　　当用户需要读取数据时，根据用户数据的标识判断该数据有多少数据块，如果只有一块，则直接从对应的存储设备中读取即可；如果超过一块，则首先根据每个数据块的编号从对应的存储设备中读取,然后再将所有读出来的数据块按顺序组合，并以一个完整的数据形式交给用户。这样可以保证用户在存储大数据时，不会遗失数据块。

3. 保障数据的容错性

当用户数据分块存储时，会对每块数据进行多处存储，即根据配置的值，将每个数据块复制到多个独立存储设备上。这种方法可以确保在发生块故障或存储设备故障后数据不会丢失。如果发现某用户数据的一个块不可用，系统会从其他地方读取该块的一个复本，并将该块复制到另外一个正常的存储设备上，以保证复本数量回到正常水平。同样，这些过程对于用户都是透明的。

6.3　详　细　设　计

6.3.1　云存储架构设计

本系统所使用到的协议包括：ARP、IP、TCP、HTTP 等。下面依次介绍它们的具体实现。

1. ARP 与 IP 协议的实现

1) ARP 协议的实现

地址解析协议（Address Resolution Protocol，ARP），是根据 IP 地址获取物理地址的一个 TCP/IP 协议。它的主要功能是：主机将 ARP 请求包广播到网络上的所有主机，并接收返回的 ARP 应答包，以此来确定目标 IP 的物理地址，同时将本条 IP 地址和硬件地址的映射关系存入本机的 ARP 缓存表，下次请求时直接通过 IP 地址查询 ARP 缓存表，得到目标的物理地址。图 6.3 为 ARP 数据包的格式。

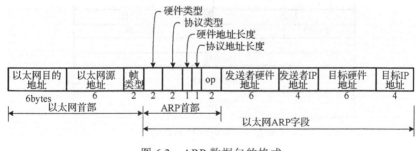

图 6.3　ARP 数据包的格式

本系统在实现对 ARP 包的解析时，利用状态机将目标数据包的数据依次读出并和 ARP 数据包的格式作对比，如果确定是 ARP 数据包，则根据 op 字段（0x0001 为请求，0x0002 为应答）来选择是更新 ARP 缓存表，还是立即回复 ARP 请求。

图 6.4 是在系统测试过程中，通过 Ethereal 软件抓到的系统 ARP 通信数据包。

```
No. .   Time        Source              Destination         Protocol  Info
  16 4.490491   cc:1e:ae:df:02:01   Broadcast           ARP      who has 192.168.1.103? Tell 192.168.1.151
  17 4.490528   38:59:f9:30:0b:1b   cc:1e:ae:df:02:01   ARP      192.168.1.103 is at 38:59:f9:30:0b:1b
⊞ Frame 16 (60 bytes on wire, 60 bytes captured)
⊟ Ethernet II, Src: cc:1e:ae:df:02:01 (cc:1e:ae:df:02:01), Dst: Broadcast (ff:ff:ff:ff:ff:ff)
  ⊞ Destination: Broadcast (ff:ff:ff:ff:ff:ff)
  ⊞ Source: cc:1e:ae:df:02:01 (cc:1e:ae:df:02:01)
    Type: ARP (0x0806)
    Trailer: 000000000000000000000000000000000000
⊟ Address Resolution Protocol (request)
    Hardware type: Ethernet (0x0001)
    Protocol type: IP (0x0800)
    Hardware size: 6
    Protocol size: 4
    Opcode: request (0x0001)
    Sender MAC address: cc:1e:ae:df:02:01 (cc:1e:ae:df:02:01)
    Sender IP address: 192.168.1.151 (192.168.1.151)
    Target MAC address: 00:00:00_00:00:00 (00:00:00:00:00:00)
    Target IP address: 192.168.1.103 (192.168.1.103)

0000  ff ff ff ff ff ff cc 1e  ae df 02 01 08 06 00 01   ........ ........
0010  08 00 06 04 00 01 cc 1e  ae df 02 01 c0 a8 01 97   ........ ........
0020  00 00 00 00 00 00 c0 a8  01 67 00 00 00 00 00 00   ........ .g......
0030  00 00 00 00 00 00 00 00  00 00 00 00                ........ ....
```

图 6.4　系统 ARP 通信数据包

图中可以清楚地看到本系统所发出的 ARP 数据包的各个字段的数据，证明本系统能够正确解析 ARP 协议。

2）IP 协议的实现

在因特网中，互联网协议（Internet Protocol，IP）是能使连接到网络上的所有计算机实现相互通信的一套规则。无论计算机系统、嵌入式系统以及其他系统，只要遵守 IP 协议就可以与因特网互联互通。图 6.5 为 IP 数据包头格式。

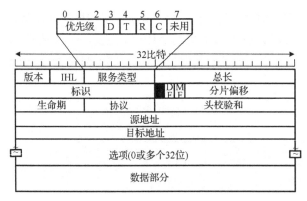

图 6.5　IP 数据包头格式

其中重要字段包括：协议、头校验和、源地址、目标地址。协议指该封包所使用的网络协议类型，例如 TCP 为 0x06，也可以理解为数据部分的协议，本系统都是使用的 TCP。源地址和目标地址分别为发送和接收 IP 数据包的 IP 地址。

头校验和为 IPv4 数据包包头的校验和。这个数值用来检错，以确保封包被正确接收。头校验和字段是根据 IP 首部计算的检验和，不对首部后面的数据部分进行计算。计算一份数据包的 IP 校验和，首先把校验和字段置 0，然后依次对 IP 头部中的每个 16 位数据进行二进制反码求和，结果存在头校验和字段中。当接收方收到一份 IP 数据包以后，同样对 IP 头部中的每个 16 位数据进行二进制反码的求和(包括头校验和字段)。如果 IP 头部在传输过程中没有发生差错，那么接收方计算的头校验和结果应该全为 1。否则，就丢弃收到的数据包。这个过程不生成差错消息，由上层去发现丢失的数据包并请求重传。

在本系统中，由于用到校验和算法的地方很多，所以使用 Verilog 的宏定义(define)将该算法定义为一个宏(例如 IP_HEADER_CHECKSUM_FUN)。当需要使用 IP 头校验和算法时，只需要将 IP 头数据存入 IP 头寄存器 IP_header，将 checksum_count 置 1，然后使用宏 IP_HEADER_CHECKSUM_FUN 即可。

IP 协议主要是对网络层的数据进行打包，通过抓包分析可以得出，本系统能够正确发送、接收 IP 包，即能够正确解析 IP 协议(具体的测试数据将在最后的测试章节给出)。

ARP 协议与 IP 协议同属于网络层，它们的实现在本系统工程的 Network-LayerModule.v 文件中。这两个协议在利用 TCP/IP 进行数据通信的过程中，主要起到协助的作用。

2. TCP 与 HTTP 协议的实现

1)TCP 协议的实现

传输控制协议(Transmission Control Protocol，TCP)是一种面向连接的、可靠的、基于字节流的通信协议。TCP 在 IP 报文的协议号是 6(即 IP 头格式中的协议字段)。在简化的计算机网络分层模型中，TCP 协议属于第四层传输层。图 6.6 为 TCP 数据包的格式。

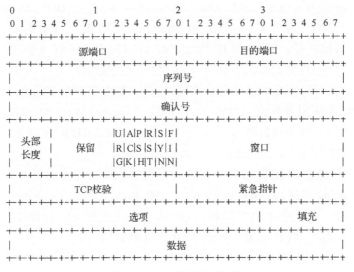

图 6.6　TCP 数据包格式

根据 TCP 数据包的格式，可以正确解析，并判断收到的数据包是否是系统需要的。下面根据本系统的需要，对 TCP 格式中的重要字段做出说明。

(1)源端口：发送端的端口，本系统对云存储服务端(DE2 开发板)给出固定的端口，宏定义为`define　TCP_HOST_PORT　16'd58429。

(2)目的端口：接收端的端口，由于本系统的用户使用终端为网站形式，所以云存储服务端(DE2 开发板)固定此端口为 HTTP 协议的端口，FPGA 宏定义为 `define TCP_SERVER_PORT　16'd80。

(3)序列号：用于保证传送数据包的正确顺序。云存储服务端(DE2 开发板)的初始化系列号宏定义为`define　TCP_INIT_SEQ_NUMBER　32'hb49c97c5。

(4)确认号：用于保证接收数据包的正确顺序。

(5)头部长度：以 4 个字节的倍数来表示 TCP 头部的长度，例如此字段为 8，则表示头部长度为 32 字节。

(6)ACK：确认标志。确认序列号有效。大多数情况下该标志位都是置位的。

(7)RST：复位标志。用于复位相应的 TCP 连接。

(8)SYN：同步标志。同步序列号有效。该标志仅在建立 TCP 连接的三次握手过程中有效。它提示 TCP 连接的服务端检查序列号，该序列号为 TCP 连接发起端(客户端)的初始序列号。通过 TCP 连接交换的数据中每一个字节都经过序列编号。

(9)FIN：结束标志。带有该标志置位的数据包用来结束一个 TCP 回话(断开 TCP 连接)。

(10)TCP 校验：TCP 校验和的计算方法与 IP 头部校验和一样，不同之处在于计算 TCP 校验和时，需要将 TCP 伪首部(由于 TCP 头部不包含源 IP 地址与目的 IP 地址等信息，所以为了保证 TCP 校验和的有效性，在进行 TCP 校验和的计算时，需要增加一个 TCP 伪首部)、TCP 头部和 TCP 数据一起计算。TCP 伪首部(PSD_header)依次包括：32 位源 IP 地址、32 位目的 IP 地址、8 位置空、8 位协议类型(0x06)、16 位 TCP 总长度，共 3 个 32 位的寄存器。

本系统使用的 TCP 技术包括建立 TCP 连接、TCP 连接复位和断开 TCP 连接。

建立 TCP 连接需要完成三次握手。首先，主动建立连接的一端发送一个 SYN 同步数据包；然后，被动端接收这个 SYN 并回复 SYN-ACK 同步确认数据包；最后，主动端收到 SYN-ACK 以后，回复一个 ACK 数据包。

在整个云存储的调度状态机中，TCP 连接过程一共占用了从 dispatchState_TCP_con1 至 dispatchState_TCP_con7 的 7 个状态，在这 7 个状态中完成了填充 IP 头部、填充 TCP 头部(没有 TCP 数据)、计算 IP 头部校验和、计算 TCP 校验和、申请发送数据包、建立 TCP 连接、处理 TCP 连接异常等工作。

TCP 连接复位是一种终止 TCP 连接的方式，通过一个具有 RST(Reset)标志的 TCP 数据包来完成。

　　断开 TCP 连接是期望合理的终止 TCP 连接的方式,通过四次握手来实现。A 端发送一个 FIN-ACK 结束确认数据包,B 端收到后先回复一个 ACK 确认,再向 A 端发送一个 FIN-ACK 结束确认数据包,A 端收到后回复一个 ACK 确认,即完成正常的断开操作。在整个云存储的调度状态机中,断开 TCP 连接一共占用了从 dispatchState_TCP_FIN1 至 dispatchState_TCP_FIN7 的 7 个状态。

　　在 TCP 协议中,需要注意每个数据包中(如果是 TCP 协议)TCP 的序列号与确认号。从上面的介绍可以清楚地看到建立 TCP 连接与断开 TCP 连接的序列号与确认号的关系,下面说明在 TCP 传输数据的过程中,序列号与确认号的关系。

　　(1)服务器向客户端发送一个带有数据的数据包,假设该数据包中的序列号为 seqNumber,确认号为 ackNumber。

　　(2)客户端收到该数据包后,需要向服务器发送一个确认数据包,该确认数据包中,序列号为上一个数据包中的确认号值 ackNumber,而确认号为上一个数据包中的序列号 seqNumber 加上一个数据包中所带数据的大小。

　　在数据分段的数据包中,序列号和确认号可以保证所有传输的数据包能够按照正常的次序进行重组,保证数据传输的完整性。

　　下面介绍的 HTTP 协议则是基于 TCP 的一种应用。

　　2)HTTP 协议的实现

　　超文本传输协议(Hypertext Transfer Protocol,HTTP)是一种详细规定了浏览器和万维网服务器之间互相通信的规则,是一种通过因特网传送万维网文档的数据传送协议。它可以使浏览器更加高效,减少网络传输。它不仅保证计算机能够正确、快速地传输超文本文档,还能确定传输文档中的哪一部分,以及哪部分内容首先显示(如文本先于图形)等。HTTP 是一个应用层的协议,由 HTTP 请求和 HTTP 响应两个过程构成,是一个标准的客户端服务器(CS)模型。

　　HTTP 请求的第一行是请求行,包括请求方法、URL 路径和 HTTP 版本号,三部分之间由空格隔开。本系统中,主要用到的请求方法是 GET 和 POST。GET 方法的请求行中,路径类似于/cc.gp?t=00&a=**&co=**,HTTP 版本号一般为 HTTP/1.1。因此,当使用 GET 请求方法时,HTTP 请求的请求行可以写为以下样式:" GET /cc.gp?t=00&a=**&co=**　　HTTP/1.1",其中 t、a、co 为传送的参数;POST 方法的请求行中,只有路径与 GET 方法的不同,POST 方法的路径不带参数,因此,当使用 POST 请求方法时,HTTP 请求的请求行可以写为以下样式:"POST　/cc_post.gp　HTTP/1.1"。

　　HTTP 请求的第一行后面为头部行,本系统中的头部行主要用到以下请求参数:Host、Content-Length、Content-Type 等。其中,Host 为指定请求资源的主机,在 HTTP/1.1 中是必备的;Content-Length 和 Content-Type 分别为附属体(数据实体)的长度以及后面的文档属于哪种 MIME 类型,在 POST 方法中会用到。

HTTP 请求的最后是由一个单独的空行(\r\n)隔开的附属体(数据实体),这个附属体也是在 POST 方法发送请求时才用到。

图 6.7 为本系统 GET 方法的 HTTP 数据包示例图;图 6.8 为本系统 POST 方法的 HTTP 数据包示例图。

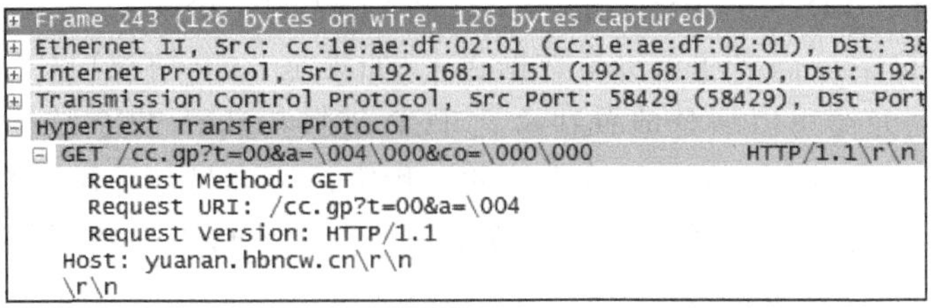

图 6.7　GET 方法数据包示例图

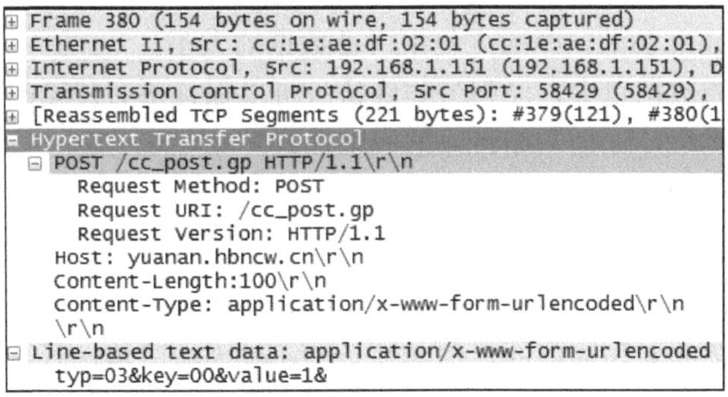

图 6.8　POST 方法数据包示例图

HTTP 响应的格式与请求只有第一行(响应中称作状态行)不一样,响应的状态行包括:HTTP 协议版本号、状态码和状态码的文本描述信息。通常 HTTP 请求成功时,状态码为 200。所以状态行一般为:"HTTP/1.1 200 OK"。

POST 方法的 HTTP 请求以及 HTTP 响应的数据都是放在数据包的最后,并以一个单独的空行(\r\n)隔开。在实现本系统的各节点读取 HTTP 数据实体时,需要考虑数据实体开始的地址,以及数据的长度分别是偶数还是奇数。

本系统使用 HTTP 主要是根据不同的请求传输数据,例如对存储请求则先完成存储,然后返回存储结果;对读取请求则返回读取到的数据或者不存在。在实现 HTTP 协议时,遇到了以下问题:GET 方法与 POST 方法的请求、响应过程是不一样的。图 6.9 为 GET 与 POST 过程的抓包截图(DE2 开发板为请求方)。

其中 373、374、378 包为 GET 过程,可以看出步骤为发送 GET 请求、返回响应、发送 ACK 确认。而 POST 过程为 379、380、381、384、388 包。发送 POST 请求的是 379 和 380 包,可见一个 POST 请求是分开发送的,即先发 POST 头,再

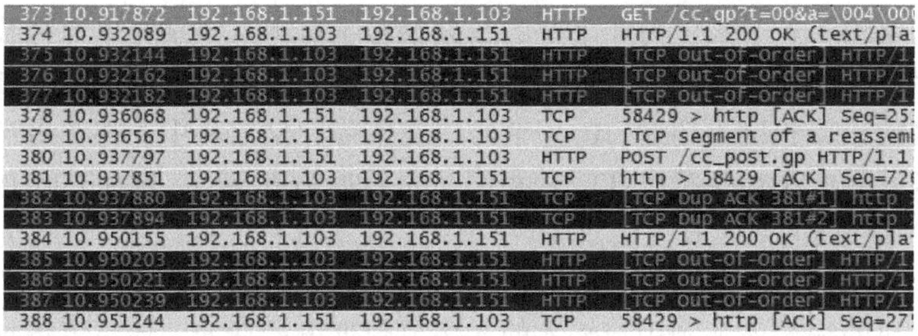

图 6.9　GET 与 POST 过程的抓包截图

发 POST 数据。381 包(ACK)是对 POST 请求正确接收的确认，384 包是响应包，388
包为正确接收响应包的确认。

　　通过上面 HTTP 通信的数据包抓取，可以确认本系统正确实现了 HTTP 协议，
其中 GET 占用了从 dispatchState_http1 到 dispatchState_http15 这 15 个状态，POST
占用了从 dispatchState_http_post1 到 dispatchState_http_post21 这 21 个状态。

　　TCP 协议属于传输层，保证了可靠传输。由于本系统提供的用户使用界面是基
于网站的(相关介绍在第五章)，所以本系统的通信模块使用了应用层的 HTTP 协议。
TCP 协议与 HTTP 协议的实现在本系统工程的 clCloud.v 文件中。

6.3.2　云存储模块设计与集成

　　本系统中的分布式存储主要是对若干 DE2 开发板(存储设备)的存储资源进行
集中管理，并对用户数据的存取进行调度，使得本系统的存储功能达到分布式存储
的能力。

　　对于数据块的划分，不同系统的数据块大小不一样，例如，Hadoop 分布式文件
系统(Hadoop Distributed File System，HDFS)中，默认的数据块大小是 64MB。针对
本系统的特性，将分布式存储的数据块大小设定为 16bytes。数据块相关的配置代码
如下：

```
`define CLOUDSTORAGE_KEY_L 16'd6    //key 长度(字节)
`define CLOUDSTORAGE_VAL_L 16'd10   //value 长度(字节)
`define CLOUDSTORAGE_SIZE  16'd8    //键值对容量
```

　　其中，每个数据块的前 6 个字节为每个键值对的 key 值，后 10 个字节为每个键
值对的 value 值，也就是说，每个数据块中有效的数据为 10 字节，如果某数据块存
储的数据不到 10 字节，也将完全占用该数据块的所有空间，每个数据块实际存储的
数据长度也会被记录。并且，根据目前系统的需要，将每个存储设备(DE2 开发板)
的总容量配置为 8。这三个配置是可以根据需要随时修改的。

　　数据的完整性主要依靠每个数据块中的 key 值来保证。当用户通过本系统存储

数据时，需要输入一个长度为 4 字节的数据编号字符串，该字符串为纯数字，并且在本系统存储的所有数据的编号中必须是唯一且不重复的，例如 0001，1234 等。当用户所存储的数据长度不超过 10 字节时，在实际存储过程中，将在用户输入的 4 字节数据编号后面添加字符串 00，使得编号总长度为 6 字节，例如 000100，123400 等；当用户所存储的数据长度超过 10 字节时，在实际存储的过程中，首先将用户的数据按照配置中规定的 value 长度进行分块，并依次对划分的数据块从 01 开始编号，然后将数据块的编号添加到用户输入的 4 字节数据编号后面，最后再将每个数据块分别存储，例如用户输入数据编号为 0001，所需存储的数据长度为 25 字节，那么该用户的这个数据会被划分为 3 个数据块，实际存储时，3 个数据块的编号分别为 000101、000102、000103，这些数据块的编号都会在集群主节点中记录下来。

在数据存储过程中，还涉及数据完整性问题。当用户请求存储数据时，除了增加记录的方式以外，其他操作都有可能导致数据不完整，无论是更新记录，还是存储溢出。如果是更新记录，则有可能新的数据所占用的数据块少于以前数据所占用的数据块；如果是溢出，则有可能是增加一条记录，当存储了部分数据块后，剩余空间不足，也有可能是更新的数据所占用的数据块多于以前数据所占用的数据块，而存储多出的数据块时，剩余空间不足。在这几种情况下，本系统采用了数据回滚删除的处理方式。本系统中主要利用 store_rollback 来记录可能需要回滚的数据块以及存储了这些数据块的节点 MAC 地址，一旦出现以上需要回滚的情况，就将 store_rollback 中记录的所有数据块删除，如果是更新溢出，还需要将提前记录的旧数据还原。

当用户通过本系统读取数据时，需要输入一个长度为 4 字节的数据编号字符串，该字符串就是用户存储数据时输入的数据编号。若输入的数据编号不存在则通知用户数据不存在；否则，首先根据集群主节点中的记录，找出该数据编号对应的数据块的编号(key 值)，如果数据块编号最后两个字节为 00，则表示该数据没有被划分，所有数据都在一个数据块中，将它读取并返回即可。如果数据块编号最后两个字节不为 00，则依次读取该 4 字节数据编号对应的所有数据块编号(key 值)的数据块，并按序将所有的数据块重新组合成为一个整体数据，返回给用户。

用户数据在存储完成以后，容错性主要依靠复制备份以及复本平衡来提供。因为本系统的分布式存储提供将数据进行数据块划分的处理，所以对用户数据的操作简化为对数据块的操作，而数据块是非常适用于数据备份进而提供数据容错能力以及可用性的。本系统在存储每个数据块时，会将数据块复制并存储到两个不同节点上(除非所有节点都已存满)，然后记录存储该数据块的两个不同节点的 IP 地址，并对应到该数据块编号上，本系统中对每个数据块复制数量的配置是以下宏定义：`define　DISTRIBUTED_COPY_C　8'd2 。当读取一个数据块时，正常情况是根据该数据块编号对应的某个 IP 地址读取即可，如果从这个 IP 地址没有读到(未找到)

该数据块，则会根据另外一个 IP 地址读取，若读取成功，除了使用正确读取的数据块以外，还会将该数据块再复制一份到其他节点上，以保证复本平衡。

本系统分布式存储模块中的操作类型共分为 5 类，以下为操作类型的宏定义代码。

```
`define HTTP_TYPE_01   16'h3031          //01-刷新
`define HTTP_TYPE_02   16'h3032          //02-读取
`define HTTP_TYPE_03   16'h3033          //03-存储
`define HTTP_TYPE_04   16'h3034          //04-删除一条
`define HTTP_TYPE_05   16'h3035          //05-清除所有数据
```

这几个操作类型的处理流程基本是类似的，主要分为对操作类型的判断，以及对操作的处理两个阶段。下面以一个操作类型为例，给出这两个阶段的实现代码。

对操作类型的判断(**RX_HTTPDateCache** 存储的是 HTTP 数据段的内容)：

```
dispatchState_http_proD0:   //操作类型
begin
……
else if (`HTTP_TYPE_03==={RX_HTTPDateCache[0][7:0],
         RX_HTTPDateCache[0][15:8]})
    begin                      //存储操作
    if (cloudStorage_count > `CLOUDSTORAGE_SIZE)
        begin                  //溢出，则跳过存储，直接返回对应状态
        TCP_data_value <= `HTTP_STORE_FLOW;
        dispatchState <= dispatchState_http_post1;
        end
    else
        begin
        RX_readData_count <= 16'd0;
        RX_proData_count <= 16'd0;
        cloudStorageData_count <= 16'd0;
        dispatchState <= dispatchState_http_proD3_1;
                         //跳转到存储状态
        end
    end
end
```

对操作的处理以删除操作为例。本系统的分布式存储中，删除操作首先要在已存储的数据中查找是否存在需要删除的 key，如果不存在就直接返回，如果存在，则先记录目前所存储的最后一条数据的起始地址，删除后再把最后一条数据拷贝到被删除的位置。以下为实现代码：

```verilog
dispatchState_http_proD4_1:        //查找需要删除的数据的 key 是否存在
    begin
    if (RX_readData_count < cloudStorage_count)
        begin
        if (RX_proData_count < `CLOUDSTORAGE_KEY_L)
            begin                    //依次和每条数据的 key 进行比对
            if (cloudStorageData[(cloudStorageData_count+RX_
                proData_count)>>1] ===
            {RX_HTTPDateCache[RX_proData_count[15:1]+2'b10][7:0],
RX_HTTPDateCache[RX_proData_count[15:1]+1'b1][15:8]})
                begin                //这两个字节相等
                RX_proData_count <= RX_proData_count + `INCREASE_BY;
                end
            else
                begin                //本条数据的 key 不是要删除数据的 key
                RX_proData_count <= 16'd0;
                RX_readData_count <= RX_readData_count + 1'b1;
                                     //下一条
                cloudStorageData_count <= cloudStorageData_count +
`CLOUDSTORAGE_KEY_L + `CLOUDSTORAGE_VAL_L;
                end
            end
        else
            begin                    //找到目标 key( RX_readData_count)
            if (TCP_data_value === `HTTP_DELETE_OK)
                begin                //每次删除的初始值为 HTTP_DELETE_NOT
                RX_proData_count <= RX_proData_count +
`CLOUDSTORAGE_KEY_L + `CLOUDSTORAGE_VAL_L; //查找最后一条数据的位置
                end
            else
                begin
                cloudStorageData_len[RX_readData_count] <=
cloudStorageData_len[cloudStorage_count-1]; //替换本条数据的长度
                RX_proData_count <= cloudStorageData_count +
`CLOUDSTORAGE_KEY_L + `CLOUDSTORAGE_VAL_L; //查找最后一条数据的位置
                end
            TCP_data_value <= `HTTP_DELETE_OK;
            RX_readData_count <= RX_readData_count + 1'b1;
            end
```

```
                    end
            else
                begin
                    if (TCP_data_value === `HTTP_DELETE_OK)
                        begin   //找到 key, cloudStorageData_count 为要删除的
                                    数据的位置;
                                //RX_proData_count 为需要拷贝的位置+key_L+val_L
                            RX_readData_count <= 16'd0;
                            RX_proData_count <= RX_proData_count - `CLOUDSTORAGE_KEY_L -
`CLOUDSTORAGE_VAL_L;    //记录需要拷贝的数据的位置(最后一条数据)
                            dispatchState <= dispatchState_http_proD4_2;
                            end
                    else            //没有找到 key, 需要删除的数据不存在
                        begin
                        TCP_data_value <= `HTTP_DELETE_NOT;
                        dispatchState <= dispatchState_http_post1;
                        end
                    end
            end
dispatchState_http_proD4_2:
                            //删除数据, 并拷贝最后一条数据到被删除数据的地方
    begin
    if (RX_proData_count !== cloudStorageData_count)
        begin              //如果删除的不是最后一条数据, 则需要替换
        if (RX_readData_count < `CLOUDSTORAGE_KEY_L + `CLOUDSTORAGE_VAL_L)
            begin         //拷贝数据
            cloudStorageData[(cloudStorageData_count+RX_
                        readData_count)>>1] <=
cloudStorageData[(RX_proData_count+RX_readData_count)>>1];
            RX_readData_count <= RX_readData_count + `INCREASE_BY;
            end
        else
            begin                //拷贝结束, 删除成功
            cloudStorage_count <= cloudStorage_count - 16'd1;
                            //数据总数减 1
            dispatchState <= dispatchState_http_post1;
            end
        end
    else
        begin                    //删除成功
```

```
        cloudStorage_count <= cloudStorage_count - 16'd1;
                        //数据总数减 1
        dispatchState <= dispatchState_http_post1;
        end
    end
```

通过这 5 类操作的组合使用，可以完成本模块对存储的各种需求。

本节内容中，经常提到主节点中记录的一些分布式存储的信息数据，下面具体介绍一下。本系统的主节点中主要存放了关于每个数据的各个数据块的划分情况，以及这些数据块分别存储在哪些节点中等信息。例如主节点中几个重要数据：all_key_mac 记录了所有存储数据的分块情况，以及每个数据块存储在哪几个节点中，all_key_mac 的结构类似一个存储键值对的表，其中 key 为用户输入的数据的 4 位编号，value 也为一个存储键值对的表，其中 key 为用户数据的每个数据块的 6 位编号，value 为 key 表示的数据块所在的节点 mac 地址；all_node 记录了所有有效的节点以及这些节点的信息，all_node 的结构类似一个存储键值对的表，其中 key 为有效节点的 mac 地址，value 为该节点的信息，包括该节点的总容量、剩余容量等。从 all_key_mac 可以看到目前存储了哪些用户数据，每个用户数据划分为哪些数据块，每个数据块存储在哪个节点里，当需要对数据进行存储、读取等操作时，all_key_mac 可以提供准确的信息。all_node 则记录了所有有效的节点，以及节点容量情况等信息，从中可以获取还有剩余容量的节点等信息。

通过对以上几个方面的实现，本系统的分布式存储可以很好地为云存储提供支持，并且保证了数据的安全性，提高了系统的容错性。

6.3.3　云存储架构交互软件

上面三章介绍了本系统的 FPGA 部分，即后台部分。本章将对云存储架构的交互软件进行介绍，交互软件的主要作用是方便用户的操作，提升用户体验。交互软件包括交互软件后台(website)、用户使用界面、与集群通信的数据格式等。

1. website 介绍

本系统中使用到的 website 是一个以 SSH 为框架开发的 Web 应用程序(SSH 指的是以 struts+spring+hibernate 为基础的一个集成框架，是目前比较流行的一种 Web 应用程序开源框架)，主要用作交互软件后台。由于整个 website 的搭建与开发并不是本系统的主要工作，所以在此只对本系统中使用到的几个请求地址处理函数进行介绍，它们的声明如下：

```
@ResponseBody
@RequestMapping(value = "/cc.gp", method = RequestMethod.GET)
```

```
public String ccGraduationProject_get(HttpServletRequest request,
HttpServletResponse response)
@ResponseBody
@RequestMapping(value = "/cc_post.gp", method = RequestMethod.POST)
public String ccGraduationProject_post(HttpServletRequest request,
HttpServletResponse response)
```

上面声明的两个函数主要用来完成 website 后台与本系统的集群之间的通信。例如，当用户需要存储数据时，它们就会在与集群的通信过程中，将用户的操作类型以及相应的数据传递给集群。

```
@RequestMapping(value = "/fpgaCloud.gp", method = RequestMethod.GET)
public String fpgaCloud_GP_get(HttpServletRequest request,
HttpServletResponse response, ModelMap model)
@ResponseBody
@RequestMapping(value = "/fpgaCloud_post.gp", method = RequestMethod.POST)
public String fpgaCloud_GP_post(HttpServletRequest request,
HttpServletResponse response)
```

上面声明的两个函数主要用来完成 website 后台与用户终端之间的通信。例如，用户通过浏览器获取用户使用界面，用户通过使用界面读取数据等。用户终端主要指在各种设备上运行的浏览器。函数 fpgaCloud_GP_get 是给浏览器返回用户使用界面，该函数的实现只有一行代码：

```
return "/WEB-INF/t/cms/ccGraduationProject/fpgaCloud.html";
```

返回的值为用户使用界面对应的路径。

除了函数 fpgaCloud_GP_get 以外，其他三个函数主要都是完成本系统内部通信的，这些通信的数据格式在前面的章节已经详细介绍过，在此就不再重复。

这四个函数声明的最前面都带有@ResponseBody 或@RequestMapping 注解，其中@ResponseBody 注解表示将该方法的返回结果直接写入 HTTP 响应的数据实体，@RequestMapping 则是用来处理请求地址映射的注解。

除此之外，这几个函数也会对用户输入数据的合法性进行检查，例如以下几行代码：

```
if (key.isEmpty()){
    return KEY_EMPTY_ERROR;
}
try {
    Integer.parseInt(key);
} catch(NumberFormatException e){
```

```
        return KEY_NOT_NUMBER_ERROR;
    }
```

其中 if 是判断用户输入的 key 值是否为空，try-catch 是检查用户输入的 key 字符串是否为纯数字。

2. 用户使用界面介绍

本系统的用户使用界面是以网页的形式呈现出来的，原因是网页可以在任何设备的浏览器上打开，并且便于随时修改用户使用界面。图 6.10 为用户界面的示例图，其中显示了已经存储的数据浏览列表，以及读取的数据等。

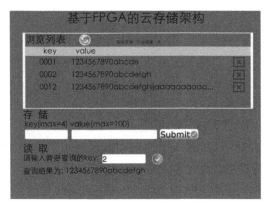

图 6.10　用户界面

从上图可以看出，用户界面包括浏览列表、存储、读取三部分。浏览列表主要用来显示目前云存储中的所有数据，以及存储容量情况，并且每条数据都有删除功能；存储部分是需要用户填写相关的数据，然后通过提交来完成数据存储；读取部分则是用户通过提交 key，来读取对应的数据。

本系统中，用户界面主要使用 html5、css、js 来实现。其中，html5 与 css 主要完成界面的元素生成以及布局，js 主要完成界面的消息响应等。

对于存储、读取、删除等操作，他们的实现流程基本一样，首先通过 POST 方式发送 HTTP 请求，然后对主节点返回的数据进行分析处理，并将处理结果显示在界面上。

通过用户界面,可以增强用户使用本系统时的体验效果。通常对于 FPGA 的程序,用户在使用、操作过程中，大多都是直接在硬件上完成的，例如，观察硬件上的 LED 灯、操作开发板上的开关等，这样不仅对普通用户来说使用极其困难，而且能供用户输入和输出给用户的信息也相当有限。所以本系统给用户提供一个使用界面是非常有必要的，在界面的帮助下，用户可以很自然的根据界面提示输入相应的信息，也可以收到系统返回给用户的各种消息、提示，同时也增强了用户和系统之间的互动性。除此之外，利用界面也可以在系统开发、修改的过程中，提供各种调试信息。

3. 与集群通信的数据格式

本系统自定义了与集群通信的数据格式，此格式是以 HTTP 为基础的，即以 HTTP 作为上一层的协议。自定义的数据格式是为了规范用户—交互软件—存储设备(集群)之间的数据往来。

以下是自定义的数据格式(DE2 表示集群，website 表示交互软件后台，html 表示用户使用界面)。

(1)DE2→website。HTTP 的请求方式为 GET，所带的参数形如：t=00&a=**&co=**。其中 t 表示存储设备空闲，可以进行其他操作(读取、存储等)；a 表示发送该数据包的 DE2 开发板的存储总容量，co 表示发送该数据包的 DE2 开发板的剩余存储容量。

(2)DE2 → website。HTTP 的请求方式为 POST，所带的参数形如：typ=01&key=012300&value=beyond&a=**&c=**。typ 为 01 时表示当前为刷新列表操作，后面的 key 与 value 为当前的键值对，a 表示键值对的总数，c 表示当前键值对的编号(从 0 开始)；typ 为 02 时表示当前为读取操作，value=0 则表示未找到对应的 key，否则 value 即为指定的 key 对应的数据；typ 为 03 时表示当前为存储操作，value=1 表示以增加一条记录的方式完成操作，value=2 表示以更新一条记录的方式完成操作，value=3 表示存储容量已满；typ 为 04 表示当前为删除操作，value=0 则表示未找到对应的 key，value=1 表示删除成功。

(3)website→DE2。HTTP 响应，所带的参数形如：03&0123&beyond。第一个参数为：00 表示无操作；01 表示刷新列表操作；02 表示读取操作且第二个参数为需要读取的 key；03 表示存储操作且第二与第三个参数分别为要存储的 key 与 value；04 表示删除操作且第二个参数为需要删除的 key。

(4)html → website。HTTP 的请求方式为 POST，所带的参数形如：type=03&key=0123&value=beyond。type=01 表示刷新列表操作；type=02 表示读取操作，且 key 为需要读取的关键字值；type=03 表示存储操作，且 key 与 value 为需要存储的键值对；type=04 表示删除操作，且 key 为需要删除的关键字值。

6.4　系统综合与仿真测试

本章将对整个系统进行测试分析。主要分为 FPGA 相关模块的测试，和对整个系统的测试等。测试中给出了各阶段的运行截图，以及相关的数据包截图，通过对这些截图中数据的分析来判断系统的运行情况。

6.4.1 FPGA 模块测试

1. 编译结果及报告

在 Quartus II 下面对本系统的 FPGA 模块进行编译综合，可以得到 Compilation Report，其中包括了本系统编译的各种信息。如图 6.11、图 6.12 所示，分别为编译工具图以及编译结果图。

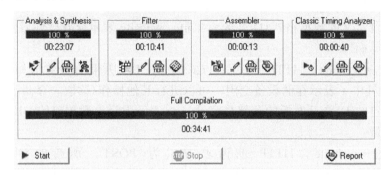

图 6.11　编译工具图

编译工具图中显示了在编译过程中，各个不同的编译任务所消耗的时间，以及整个编译所用的总时间。在本系统的 FPGA 模块编译过程中，分析与综合所用时间最长(主要将系统设计综合成为标准的逻辑网表)，其次是装配任务(主要将逻辑意义上的网表适配到具体的 FPGA 器件资源上去)，整个系统的编译大约需要 35 分钟左右。

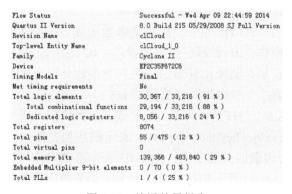

图 6.12　编译结果报告

编译结果报告中记录了系统的简要编译情况。FPGA 开发板平台为 DE2 系列的 EP2C35F672C6，整个系统一共用了 30367 个逻辑门单元，占总资源的 91%；寄存器使用了 8074 个；消耗的 RAM 共 139366bits，占总 RAM 资源的 29%；锁相环(PLL) 使用了 1 个。系统还使用了 55 个引脚。图 6.13 为顶层实体结构的 RTL 实例图。

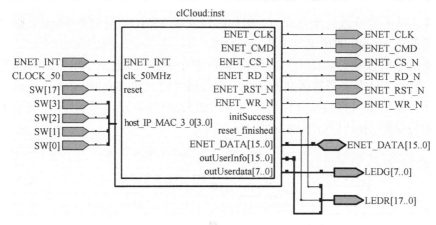

图 6.13　顶层结构 RTL 实例图

其中，以 ENET 开头的引脚是用来与 DM9000AE 连接，右边剩余的引脚用来输出所需的信号，左边的引脚用来输入时钟信号、IP 与 MAC 地址的配置等。

2. 相关模块测试

1) 延时模块

本系统中有很多地方需要用到延时，例如等待回复数据包的超时，每次发包的间隔，节点发送确认信息的计时等。所以延时的应用对于整个系统的正常运行是必须的，也是必要的。传统的延时方法是在 always 中用一个 delayCount 来计数，根据 always 的时钟以及 delayCount 的值来计算时间。这个办法虽然简单易懂，但是当有多个模块需要用到延时，或者一个模块内有多处需要用到延时，再或者延时的时间跨度从毫秒到秒，那么这种传统的方式就非常局限了，而且限制也很多，例如需要管理很多的计数变量，造成代码可读性差(可维护性差)，一旦时钟发生变化将会造成很大的代码修改工作量等。所以基于以上考虑，本系统实现了一个专用的延时模块 outer_delay_system，图 6.14 为此延时模块的顶层实体结构图。

从图中可以看出，该模块的理论延时范围为 1ns～1024s。一旦开始一次延时，在计时过程中不受外界任何影响，直到此次延时结束。顶层实体结构图中右边的以 delay 开头的 4 个输出是测试用的，在实际应用中不需要。该模块默认的工作时钟为 50MHz(周期为 20ns)，同时也给出了关于时钟周期的变量定义：sys_delay_clk = 10'd20，如果工作

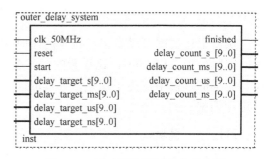

图 6.14　延时模块顶层实体结构图

时钟改变, 只需要修改此变量即可, 例如时钟变成 25MHz(周期为 40ns), 则只需要将此变量改为 10'd40 即可正常工作。

在使用延时模块时, 如果只用到一个单位的时间, 其他三个单位的时间变量可以省略。例如, 只需要毫秒级别的延时, 则代码可以只定义 outer_delay_1_ms 一个, 其他三个在实例化时直接给 0 即可。以下两张截图(图 6.15, 图 6.16)依次为本模块延时开始与延时完成时候的仿真截图。

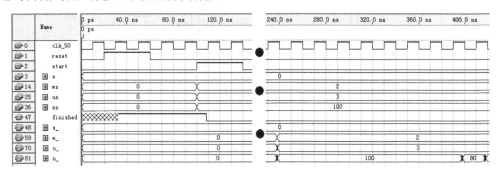

图 6.15　延时开始的仿真截图

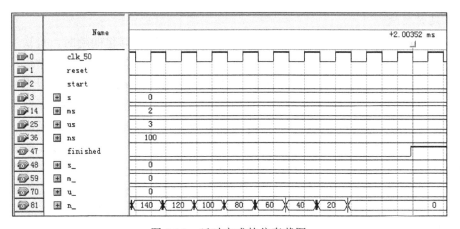

图 6.16　延时完成的仿真截图

从以上仿真图可以看出, 设置的延时时间为 2ms3μs100ns, 图中的开始与完成时间间隔约为 2.0035ms, 比设置的时间多了 400ns, 这 400ns 是因为模块在延时开始与完成的过程中, 为了保证数据读取的稳定而多消耗的时间, 可以根据具体的需求进行调整。

2) 网络层模块

网络层模块也是本系统中一个承上启下的模块, 主要用来连接以太网控制模块以及传输层与应用层模块。图 6.17 为本模块的 RTL 实例图。

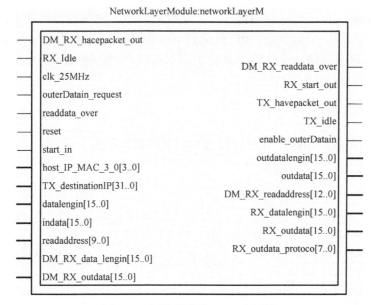

图 6.17　网络层模块 RTL 实例图

网络层模块完成的主要工作是 ARP 协议的解析。当提交给网络层模块的待发送数据包的目的 IP 在 ARP_cache_table（ARP 缓存表）中不存在时，网络层模块会首先发送 ARP 广播，等收到目的 IP 的 ARP 回复后，再发送数据包；在系统运行过程中，收到 ARP 广播时，网络层模块会自动回复相应的 ARP 回复包。有关 ARP 的数据包抓取截图，在 2.3 小节中已经给出，这里就不再重复。

整个系统中，除了延时模块、网络层模块以外，还有校验和计算模块、TCP 连接、断开与复位模块、PLL 模块等，因为这些模块是在整个系统的运行过程中起作用，这里就不单独在 Quartus II 中进行测试。下面给出 PLL 模块与复位控制模块的 RTL 实例图（图 6.18）。

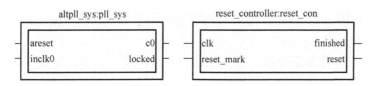

图 6.18　PLL 模块与复位控制模块的 RTL 实例图

PLL 模块主要用来产生 25MHz 时钟；复位控制模块主要用来产生 10μs 的 reset=1 的复位信号（满足 DM9000AE 的软件复位要求）。

6.4.2　系统整体测试

本系统的整体测试所用到的器件如下：DE2 开发板 4 块，PC 机一台，Android

手机一台，iPad 一台，无线路由器一个，交换机一个，网线若干。其中，DE2 开发板一个为主节点，三个为节点，PC 机运行 website，Android 手机与 iPad 分别使用不同的系统访问云存储，无线路由器提供所有设备之间的连接，交换机用来通过路由器的 WAN 口模拟广域网。

1. TCP 连接测试

图 6.19 为系统启动时，TCP 连接过程的数据包抓取图。

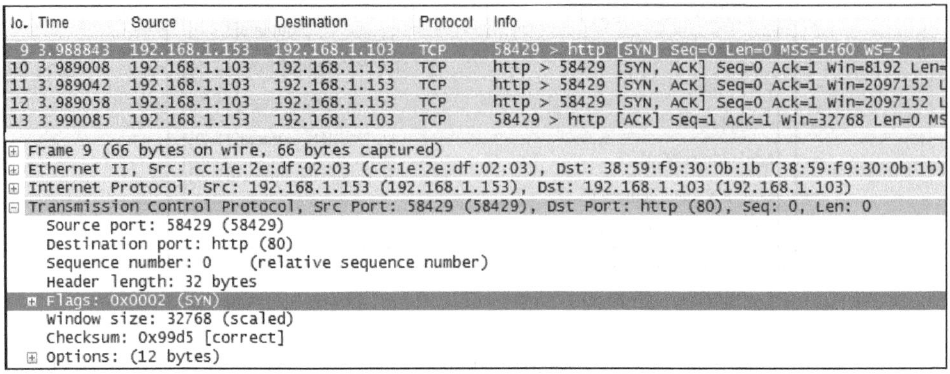

lo.	Time	Source	Destination	Protocol	Info
9	3.988843	192.168.1.153	192.168.1.103	TCP	58429 > http [SYN] Seq=0 Len=0 MSS=1460 WS=2
10	3.989008	192.168.1.103	192.168.1.153	TCP	http > 58429 [SYN, ACK] Seq=0 Ack=1 Win=8192 Len=
11	3.989042	192.168.1.103	192.168.1.153	TCP	http > 58429 [SYN, ACK] Seq=0 Ack=1 Win=2097152 L
12	3.989058	192.168.1.103	192.168.1.153	TCP	http > 58429 [SYN, ACK] Seq=0 Ack=1 Win=2097152 L
13	3.990085	192.168.1.153	192.168.1.103	TCP	58429 > http [ACK] Seq=1 Ack=1 Win=32768 Len=0 MS

```
⊞ Frame 9 (66 bytes on wire, 66 bytes captured)
⊞ Ethernet II, Src: cc:1e:2e:df:02:03 (cc:1e:2e:df:02:03), Dst: 38:59:f9:30:0b:1b (38:59:f9:30:0b:1b)
⊞ Internet Protocol, Src: 192.168.1.153 (192.168.1.153), Dst: 192.168.1.103 (192.168.1.103)
⊟ Transmission Control Protocol, Src Port: 58429 (58429), Dst Port: http (80), Seq: 0, Len: 0
    Source port: 58429 (58429)
    Destination port: http (80)
    Sequence number: 0    (relative sequence number)
    Header length: 32 bytes
  ⊞ Flags: 0x0002 (SYN)
    Window size: 32768 (scaled)
    Checksum: 0x99d5 [correct]
  ⊞ Options: (12 bytes)
```

图 6.19　TCP 连接过程

图中可以清楚看到 TCP 连接的三次握手过程，在第 13 个数据包(ACK)以后，两个 IP 主机便可以开始 TCP 通信了。本系统的通信主要是基于 TCP，所以系统启动时，首先进行的就是 TCP 连接。图中的 5 个数据包也证实了本系统 TCP 相关模块的正确性。

此外，由第 9 个数据包的 Checksum 字段可知本系统对校验和的计算是正确的。

2. 数据存储过程测试

图 6.20 与图 6.21 为用户通过界面存储以下数据的过程截图：key=12，value=aaaaaaaaaabbbbb。

首先主节点会将数据分块，这里数据被分成两块。在第一个数据块的分布式存储截图中，两个数据包的最后一行都是 03&001201&aaaaaaaaaa，表示存储操作，数据块编号为 001201，数据为 aaaaaaaaaa。并且主节点将这个数据块同时存储在 192.168.1.151 与 192.168.1.152 两个节点上。第二个数据块的分布式存储截图中也是类似的情况，主节点将第二个数据块同时存储在 192.168.1.151 与 192.168.1.153 两个节点上。图 6.22 为用户界面存储成功后的截图。

通过这些测试数据，可以得出，本系统的存储功能正确，能够达到预计的效果。

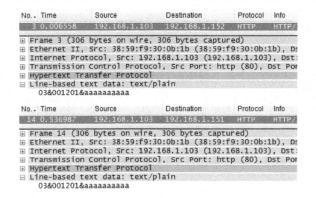

图 6.20　第一个数据块的分布式存储截图

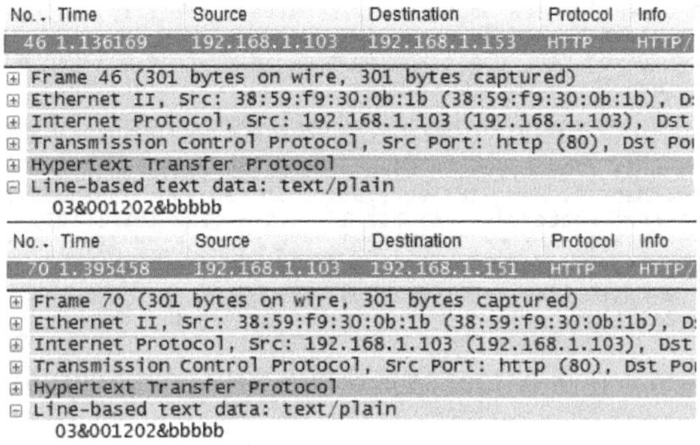

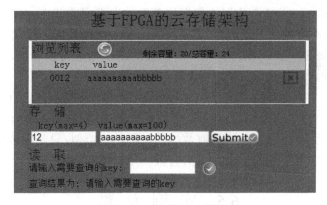

图 6.21　第二个数据块的分布式存储截图

图 6.22　存储成功截图

3. 数据读取过程测试

图 6.23 与图 6.24 为读取上面存储的 key=12 的数据过程。

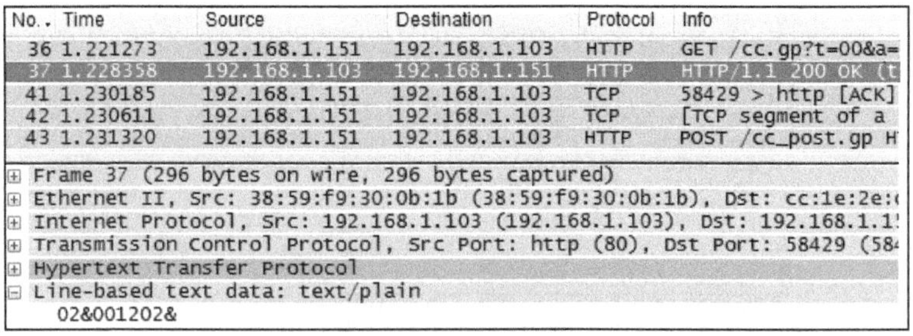

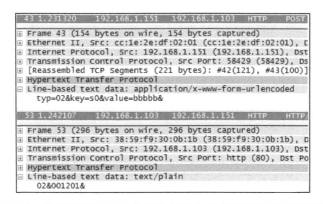

图 6.23　主节点返回读取 001202 数据块的截图

图 6.24　节点返回 001202 数据块以及主节点读取 001201 数据块

从图中可以看出，因为 0012 数据的两个数据块在 192.168.1.151 节点上都存储了，所以主节点可以直接从这个节点上取得完整的数据。其中编号为 43 的数据包返回 001202 数据块。如果某个数据的数据块都存储在不同的节点，则主节点会从不同的节点取得不同的数据块。图 6.25 为用户界面显示的读数据的结果。

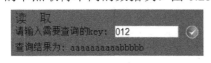

图 6.25　读数据结果

上面的测试结果可以看出，本系统正确完成读取数据操作。

除了存储与读取数据，还有删除数据（每条数据最后的叉号）、刷新列表（浏览列表最上面的刷新图标）等功能。删除数据与读取数据的过程基本类似，只是将读取替换成删除。刷新列表则是根据主节点的记录，将所有数据依次读取一遍。

6.5　实　例　总　结

本章对一种基于 FPGA 的云存储架构所需的几个关键技术进行了研究与实现，主要包括通信模块、集群模块、分布式存储模块以及交互软件等。在这些模块的基础上，将它们集合起来协同工作，实现了一种基于 FPGA 的云存储架构。

云存储在现在以及未来的互联网世界里，具有得天独厚的优势，它不仅可以允许用户把数据存放在互联网上，随时访问，而且让用户数据存放的更加安全，更加稳定。本章在 FPGA 平台上实现了云存储，这使得 FPGA 能够享受云存储带来的便利，同时也为 FPGA 的云计算打下了坚实的基础。通过最后的系统测试也能表明本系统能够完成预计的功能。FPGA 的低功耗、高集成度和稳定性使得本系统具有一定的应用前景，具有较高的实用价值。

本章实现了一种基于 FPGA 的云存储架构，但对于完整的云存储甚至进一步的云计算来说，这仍然是不完善的，对于整个系统的测试也有待加强，例如，压力测试、容灾测试等。所以本系统还有许多地方有待改进，可能的改进点包括以下几个方面。

(1)目前，本系统集群中的主节点只有一个，一旦主节点出现异常，将会导致整个云存储系统停止服务。所以需要将主节点的功能加到所有节点上去，并由集群动态决定哪个节点作为主节点。

(2)整个系统的容灾能力还有待提高，例如，主节点可以在空闲的时候，定时的查找存放各个数据块的节点是否仍然有效，如果无效则以数据平衡为原则把对应的数据块备份到其他正常的节点上，而不是等到需要访问某个数据块时才做这些检查。

(3)本系统暂时只开放对字符串的存取功能，还可以加入更多的存储数据类型，例如，音频、文档等。

(4)增加数据传输过程中的数据加密功能，以及数据存储过程中的数据压缩功能。

第7章　基于 FPGA 的实时加/解密系统的设计与实现

7.1　实　例　介　绍

随着计算机科学技术、通信技术、微电子技术的发展，使得计算机和通信网络的应用进入了人们日常生活和工作中，出现了电子政务、电子商务、电子金融等必须确保信息安全的网络信息系统，密码技术在信息安全中的应用不断得到发展。对计算机而言，信息表现为各种各样的数据，是否采用了适当的方法对数据进行加密，已成为保障数据安全的首要问题。

高级加密标准(Advanced Encryption Standard，AES)算法是美国联邦标准局于1997 年开始向全世界征集的加密标准，属于对称加密算法，代表了当今最先进的编码技术。AES 加解密算法具有密钥长、抗差分能力强、易实现、成本低、速度快等优势，是取代传统的 DES、3DES 等加密标准的最新的高级加密标准。传统的软件加密方法处理速度慢、实时性差，相对于硬件加密来说，也比较容易破解。

当前 AES 的理论研究已趋于成熟，而随着通信领域的飞速发展，很多场合都需要处理速度快、实时性高的加密方法，而大容量的高速可编程逻辑器件的出现，使自主研发高性能硬件加密系统成为可能。由于 FPGA 自身的可重构性、并行性的特点，很多人利用 FPGA 对 AES 的实现方法做了大量的研究工作，针对不同的应用，采用不同的设计结构来实现 AES 算法。

本章实现基于 AES 算法的加解密系统，AES 算法涉及一些加法和乘法，这些加法和乘法运算是在一个特定的有限域中定义的，它的特点是能够高效的运用硬件实现。对用于加解密系统的测试数据，作者采用随机数产生器来产生密钥和被处理的数据，以增加系统测试的准确性，该随机数产生器是作者根据细胞自动机理论采用FPGA 自主设计的。

本系统有如下功能。

(1)可以选择 3 种不同长度的密钥(128，192，256)对数据进行加密、解密。

(2)可以同时包括加密路径与解密路径，也可以屏蔽解密路径只包含加密路径，减少资源的使用，以适用于资源不太充分且只需加密数据的情况。

(3)对于密钥和数据的传输采用 32 位总线，多时钟传输。

(4)通过 Jtag Uart 模块实现了计算机与嵌入式系统的通信，可以在计算机 IDE集成环境中的 Console 窗口实现对程序的调试和监测。

7.2　设计思路与原理

7.2.1　AES 算法简介

　　AES 是美国国家标准技术研究所(NIST)于 1997 年发布征集的一种高级加密标准算法，旨在取代 DES 的新一代的加密标准(fips-197)。NIST 要求 AES 候选算法要满足对称分组密码体制，密钥长度支持 128、192、256bits，明文分组长度 128 位，算法应易于各种硬件和软件实现这几个条件。1998 年 NIST 的第一轮征集、分析、测试，共产生了 15 个候选算法。1999 年 3 月完成了第二轮的分析、测试。1999 年 8 月 NIST 公布了五种算法(MARS，RC6，Rijndael，Serpent，Twofish)成为候选算法。最后由比利时人 Vincent Rijmen 和 Joan Daemen 设计的算法 Rijndael 被选中，并于 2000 年 10 月被 NIST 宣布成为取代 DES 的新一代的数据加密标准，即 AES。Rijndael 算法作为新一代的数据加密标准汇聚了强安全性、高性能、高效率、易用和灵活等优点。AES 设计有三个密钥长度：128，192，256bits，相对而言，AES 的 128bits 密钥比 DES 的 56bits 密钥强 1021 倍。AES 是目前非常安全且运算效能相对快速的对称式算法，相较于银行业目前普遍使用的 DES/3DES 加密算法，AES 是更安全，效能更好的算法。目前在 Internet 上的各种应用的普及度已逐渐超过其他的算法，成为了对称式加密的主流。自美国 NIST 协会 2002 年颁布 AES 标准以来，AES 算法一直是国内外研究的热点。

　　AES 是一个迭代型密码，轮数 N_r 依赖于密钥的长度。如果密钥长度为 128bits，则 $N_r = 10$；如果密钥长度为 192bits，则 $N_r = 12$；如果密钥长度为 256bits，则 $N_r = 14$。AES 的密钥长度与加解密轮数之间的变动，如表 7.1 所示。

表 7.1　AES 的密钥长度与加解密轮数的关系

标准	密钥长度	加解密轮数(N_r)
AES-128	128	10
AES-192	192	12
AES-256	256	14

7.2.2　AES 加/解密流程

　　AES 算法包含加/解密算法和密钥扩展算法，由于 AES 算法不是完全的对称，所以加、解密路径是由各自的硬件构成。加密过程每轮包括字节替代变换、行移位变换、列混合变换和轮密钥异或变换，算法经过 N_r 轮迭代，其中最后一轮不做列混合变换。解密过程与加密过程类似，只是各个环节采用了逆变换。加/解密算法中所用的子密钥相同，每一轮都需要一个扩展密钥的参与，但是使用顺序刚好相反。由于外部输入的加/解密密钥长度有限，所以 AES 算法中需要一个密钥扩展算法以生成各轮所需的加/解密密钥。AES 加/解密流程如图 7.1 所示。

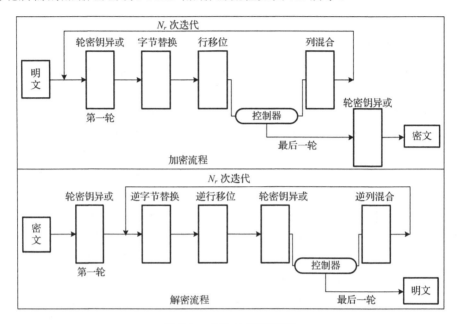

图 7.1 AES 加/解密流程

设 X 是 AES 的 128bits 明文输入，Y 是 128bits 的密文输出，则 AES 密文 Y 可以用下面的复合变换表示：

$$Y = A_{k(r+1)} \cdot R \cdot S \cdot A_{kr} \cdot C \cdot R \cdot S \cdot A_{k(r-1)} \cdot \cdots \cdot C \cdot R \cdot A_{k1}(X)$$

其中，"·"表示迭代运算。这里 A_{ki} 表示对 X 的一个轮密钥异或运算，$A_{ki}(X) = X \oplus Ki$（Ki 为第 i 轮的子密钥，"$\oplus$"为异或运算）。S 表示字节替换。R 表示行移位运算。C 表示列混合运算。

1. 加密算法

AES 中的操作都是以字节为基础的，所有用到的变量都由适当的字节组成。中间变量 State 用如下的 4×4 字节矩阵表示：

$$\begin{bmatrix} s_{0,0}, s_{0,1}, s_{0,2}, s_{0,3} \\ s_{1,0}, s_{1,1}, s_{1,2}, s_{1,3} \\ s_{2,0}, s_{2,1}, s_{2,2}, s_{2,3} \\ s_{3,0}, s_{3,1}, s_{3,2}, s_{3,3} \end{bmatrix}$$

下面给出 AES 加密的总体描述。

(1)给定一个明文 M，将 State 初始化为 M，并将轮密钥与 State 异或(称为 AddRoundKey)。

(2)对前 N_r-1 轮中的每一轮，用 S 盒进行一次替换操作(称为 SubBytes)；对替换的结果 State 做行移位操作(称为 ShiftRows)；再对 State 做列混合变换(称为 MixColumns)；然后进行 AddRoundKey 操作。

(3)在最后一轮中依次进行 SubBytes、ShiftRows 和 AddRoundKey 操作。

(4)将 State 定义为密文 C。

AES 的加密过程可用如下的伪代码进行描述。

```
AES Cipher(byte in[16], byte out[16], word w[4*(Nr+1)])
//in[]、out[]和 w[]分别表示 AES 加密的输入、输出和子密钥
{
      byte state[4, 4]; //中间变量
      state=in; //用输入以列入为顺序来初始化中间变量，即, state[r, c]=
                in[r+4c], 0<=r、c<4
      AddRoundKey(state, w[0, 3]);
      //前 Nr-1 轮加密
      for(int round=1; round<Nr-1; round++)
         {
             SubBytes(state);
             ShiftRows(state);
             MixColumns(state);
             AddRoundKey(state, w[4*round, 4*round+3])
         }
      //最后一轮加密
      SubBytes(state);
      ShiftRows(state);
      AddRoundKey(state, w[4*Nr, 4*Nr+3]);
      out=state;
   }
```

1)算法的基本变换

(1)字节替换变换(SubBytes)

字节替换操作使用一个 S 盒对 State 的每个字节都进行独立的替换。表 7.2 给出了 AES 的 S 盒。与 DES 的 S 盒相比，AES 的 S 盒能进行代数上的定义，而不像 DES 的 S 盒那样是比较明显的随机代换。

表 7.2 AES 的 S 盒

		Y														
		0	1	2	3	4	5	6	7	8	9	a	b	c	d	e	f
	0	63	7c	77	7b	f2	6b	6f	c5	30	1	67	2b	fe	d7	ab	76
	1	ca	82	c9	7d	fa	59	47	f0	ad	d4	a2	af	9c	a4	72	c0
		0	1	2	3	4	5	6	7	8	9	a	b	c	d	e	f
	2	b7	fd	93	26	36	3f	f7	cc	34	a5	e6	f1	71	d8	31	15
	3	4	c7	23	c3	18	96	5	9a	7	12	80	e2	eb	27	b2	75
	4	9	83	2c	1a	1b	6e	5a	a0	52	3b	d6	b3	29	e3	2f	84
	5	53	de	0	ed	20	fc	b1	5b	6a	cb	be	39	4a	4c	58	cf
	6	d0	ef	aa	fb	43	4d	33	85	45	f9	2	7f	50	3c	9f	a8
X	7	51	a3	40	8f	92	9d	38	f5	bc	b6	da	21	10	ff	f3	d2
	8	cd	0c	13	ec	5f	97	44	17	c4	a7	7e	3d	64	5d	19	73
	9	60	81	4f	dc	22	2a	90	88	46	ee	b8	14	de	5e	0b	db
	a	e0	32	3a	0a	49	6	24	5c	c2	d3	ac	62	91	95	e4	79
	b	e7	c8	37	6d	8d	d5	4e	a9	6c	56	f4	ea	65	7a	ae	8
	c	ba	78	25	2e	1c	a6	b4	c6	e8	dd	74	ef	4b	bd	8b	8a
	d	70	3e	b5	66	48	3	f6	0e	61	35	57	b9	86	c1	1d	9e
	e	e1	f8	98	11	69	d9	8e	94	9b	1e	87	e9	ce	55	28	df
	f	8c	a1	89	0d	bf	e6	42	68	41	99	2d	0f	b0	54	bb	16

S 盒按如下的方式构造。

a. 行 x 列 y 的字节值初始化为十六进制的 $\{xy\}$。

b. 把 S 盒中的每个字节映射为在有限域 $GF(2^8)$ 中的逆，$\{00\}$ 不变。

c. 把 S 盒中的每个字节转换为二进制表示 $(b_7, b_6, b_5, b_4, b_3, b_2, b_1, b_0)$，然后进行如下的仿射变化。

$$
\begin{bmatrix} b'_0 \\ b'_1 \\ b'_2 \\ b'_3 \\ b'_4 \\ b'_5 \\ b'_6 \\ b'_7 \end{bmatrix} = \begin{bmatrix} 10001111 \\ 11000111 \\ 11100011 \\ 11110001 \\ 11111000 \\ 01111100 \\ 00111110 \\ 00011111 \end{bmatrix} \begin{bmatrix} b_0 \\ b_1 \\ b_2 \\ b_3 \\ b_4 \\ b_5 \\ b_6 \\ b_7 \end{bmatrix} + \begin{bmatrix} 1 \\ 1 \\ 0 \\ 0 \\ 0 \\ 1 \\ 1 \\ 0 \end{bmatrix}
$$

(2) 行移位变换(ShiftRows)

State 的第一行保持不动,第二行循环左移一个字节,第三行循环左移两个字节,第四行循环左移三个字节,变换如下:

$$\begin{bmatrix} s_{0,0}, s_{0,1}, s_{0,2}, s_{0,3} \\ s_{1,0}, s_{1,1}, s_{1,2}, s_{1,3} \\ s_{2,0}, s_{2,1}, s_{2,2}, s_{2,3} \\ s_{3,0}, s_{3,1}, s_{3,2}, s_{3,3} \end{bmatrix} \xrightarrow{\text{变换为}} \begin{bmatrix} s_{0,0}, s_{0,1}, s_{0,2}, s_{0,3} \\ s_{1,1}, s_{1,2}, s_{1,3}, s_{1,0} \\ s_{2,2}, s_{2,3}, s_{2,0}, s_{2,1} \\ s_{3,3}, s_{3,0}, s_{3,1}, s_{3,2} \end{bmatrix}$$

(3) 列混合变换(MixColumns)

列混合变换对 State 中的每列进行独立的操作,它把每个列都看成 $GF(2^8)$ 中的一个四项多项式 $s(x)$,再与 $GF(2^8)$ 上的固定多项式 $a(x) = \{03\}x^3 + \{01\}x^2 + \{01\}x + \{02\}$ 进行模 $x^4 + 1$ 的乘法运算。如对第 c 列($0 \leqslant c \leqslant 3$),其对应的 $GF(2^8)$ 中的多项式为 $s_c(x) = s_{0,c} + s_{1,c}x + s_{2,c}x^2 + s_{3,c}x^3$,则列混合变换后的值为 $s_c'(x) = s_c(x) \otimes a(x)$。

其矩阵乘法表示如下:

$$\begin{bmatrix} s_{0,c}' \\ s_{1,c}' \\ s_{2,c}' \\ s_{3,c}' \end{bmatrix} = \begin{bmatrix} 02 & 03 & 01 & 01 \\ 01 & 02 & 03 & 01 \\ 01 & 01 & 02 & 03 \\ 03 & 01 & 01 & 02 \end{bmatrix} \begin{bmatrix} s_{0,c} \\ s_{1,c} \\ s_{2,c} \\ s_{3,c} \end{bmatrix}$$

其中, $0 \leqslant c \leqslant 3$。

2) 密钥扩展算法

轮密钥是由密钥经过一个扩展算法产生的,其长度是由加解密轮数决定。具体地说,轮密钥位数为(分组长度)×(N_r+1)。例如,AES-128 的加解密轮数为 10,则轮密钥共有 $128 \times (10+1) = 1408$ 位。

密钥扩展算法以一个字(即 4 个字节)为基本单位,其伪代码描述如下:

```
Key Expansion(byte key[4×Nk], word w[4×(Nk+1), Nk)
//key[]表示初始密钥,w[]表示扩展后的密钥,Nk 为密钥长度(以字为单位)
{
    word temp;
    //扩展密钥的前 Nk 个字是初始密钥
    for(i=0; i<Nk; i++)
    {
        temp=w[i-1];
        if(i%Nk==0)
            temp=SubWord(RotWord(temp))^Rcon[i/Nk];
```

```
        else if (Nk==8&&(i%Nk==4))
            temp=SubWord(temp);
        w[i]=w[i-Nk]^temp;
    }
}
```

密钥扩展算法中包括两个函数 RotWord 和 SubWord。RotWord 对输入的四个字节进行循环左移操作，即 RotWord(B_0, B_1, B_2, B_3) = (B_1, B_2, B_3, B_0)。

SubWord 对输入的四个字节分别使用 S 盒的替换操作 SubBytes。Rcon[i] = ($RC[i]$,'00','00','00')，$RC[i]$ 的所有可能值(用十六进制表示)如表 7.3 所示。实际上，$RC[i]$ 的值为有限域 $GF(2^8)$ 中的多项式 x^{i-1} 的十六进制表示。

表 7.3　数组 RC 的值

i	1	2	3	4	5	6	7	8	9	10	11
$RC[i]$	01	02	04	08	10	20	40	80	1b	36	6c

可以看到，扩展密钥的最前面 N_k 个字是直接由输入的密钥填充的，而后面的每个字 $w[i]$ 则主要由前面的字 $w[i\sim1]$ 与 N_k 个位置之前的字 $w[i\sim N_k]$ 进行异或得到。

2. 解密算法

AES 的解密算法与加密算法有较大的不同，它的伪代码描述如下。

```
AESDecipher(byte in[16], byte out[16], word w[4*(Nr+1)])
{
    Byte state[4, 4];
    State=in;
    AddRoundKey(sate, w[4*Nr, 4*Nr+3]);
    //前 Nr-1 轮解密
    for(int round=Nr-1; round>0; round--)
    {
        InvShiftRows(state);
        InvSubBytes(state);
        AddRoundKey(state, w[4*round, 4* round +3]);
        InvMixColumns(state);
    }
    //最后一轮解密
    InvShiftRows(state);
    InvSubBytes(state);
    AddRoundKey(state, w[0, 3]);
}
```

容易看出，AES 的解密过程使用了四种逆变换，即 InvSubBytes、InvShiftRows、InvMixColumns 和 AddRoundKey（AddRoundKey 的逆变换是它自身），以相反的顺序对由密文映射得到状态矩阵进行变换完成。另外，AES 的解密过程使用的子密钥与加密过程相同，但使用的顺序相反。

1）InvSubBytes 变换

InvSubBytes 变换是字节替换变换（SubBytes）的逆变换，即先用到了仿射变换的逆变换，再计算 $GF(2^8)$ 中的乘法逆。逆 S 盒对状态矩阵中的每一字节进行逆变换。

2）InvShiftRows 变换

InvShiftRows 变换是行移位（ShiftRows）的逆变换，即它对状态矩阵的各行按相反的方向进行循环移位操作。因此，状态矩阵各行的移位情况如下：第一行保持不变，第二行循环右移位一个字节，第三行循环右移两个字节，第四行循环右移三个字节。

3）InvMixColumns 变换

InvMixColumns 变换是列混合变换（MixColumns）的逆变换。InvMixColumns 同样逐列处理状态矩阵，它把每一列都当作系数 $GF(2^8)$ 有限域上的四项多项式。

与 MixColumns 变换对应，InvMixColumns 变换把列多项式 $a(x)$ 相对于模多项式 x^4+1 的逆 $a^{-1}(x)$ 相乘。

$$a^{-1}(x) = \{0b\} \cdot x^3 + \{0d\} \cdot x^2 + \{09\} \cdot x + \{0e\}$$

设多项式 $s_c(x) = s_{0,c} + s_{1,c}x + s_{2,c}x^2 + s_{3,c}x^3$，$0 \leq c \leq 3$，InvMixColumns 变换可改写为如下矩阵的形式：

$$\begin{bmatrix} s'_{0,c} \\ s'_{1,c} \\ s'_{2,c} \\ s'_{3,c} \end{bmatrix} = \begin{bmatrix} 0e & 0b & 0d & 09 \\ 09 & 0e & 0b & 0d \\ 0d & 09 & 0e & 0b \\ 0b & 0d & 09 & 0e \end{bmatrix} \begin{bmatrix} s_{0,c} \\ s_{1,c} \\ s_{2,c} \\ s_{3,c} \end{bmatrix}$$

其中，$0 \leq c \leq 3$。

7.2.3 系统整体结构

本实例通过在 FPGA 内部嵌入 Nios II 处理单元实现了对整体系统的整合控制，并可实现与计算机通信调用用户自定义逻辑 IP core 以及显示输出等功能。本系统定制了一个 32 位的 Nios II 软核 CPU，将上述自定义的 AES IP 核挂到 Avalon 总线上，同时将必要的外围电路和处理器集成在一块芯片上，简化了系统的规模，实现了片上系统，完成一个安全可靠、实时高效、灵活可配置的实时加/解密系统。本实例的 SOPC 系统结构如图 7.2 所示。

　　首先将需要处理的数据存储在数据缓冲池中，然后通过分组状态机从缓冲池中以每组 128 位的方式读取数据，在 FPGA 内部由 AES 加解密模块组成了预处理单元，选择需要处理的数据，最后在 Nios II 处理器控制下，由 AES 接口获取数据传入 AES 组件中，完成对数据的加密或解密操作。在 Nios II 中嵌入了各种传输接口、外围存储器控制以及显示模块控制。

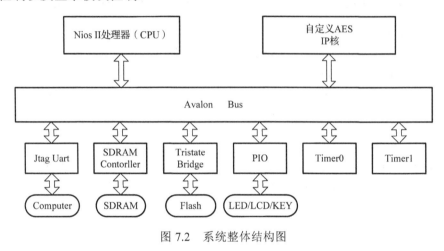

图 7.2　系统整体结构图

7.3　硬 件 设 计

7.3.1　AES IP 核设计

　　以 AES 算法的数据块为研究对象，来设计整个 IP 核的各个子模块。首先，需要确定该 IP 核的接口，考虑到该 IP 核的可移植性，本文采用 Avalon 总线接口规范，控制总线中包含时钟信号、复位信号、控制使能信号、功能选择信号、状态信号和中断信号。其次，根据数据块的加解密流程可将该 IP 核划分为有限状态机模块（Finite State Machine）、密钥扩展模块（KeyExpansion）、轮密钥异或运算模块（AddKey）、字节替换模块（SubByte）、行移位变换模块（ShiftRow）、列混合模块（MixCol）和多路复用器模块（AddKeyMux）七部分，如图 7.3 所示。有限状态机模块与多路复用器模块共同控制着 IP core 的整个迭代过程，使得数据块在其他各个模块正确的运行完成加/解密操作。

　　为了方便该 IP core 作为自定义组件用于 Nios II 系统集成，该 IP core 设计了内存映射空间。在 Nios II 系统中，Avalon 总线宽度为 32 位，IP core 所有的写操作都是基于从端口的写传输，一个时钟周期传输 32 位数据，加/解密的数据块需要多个时钟周期来完成输入。因此，该 IP core 设计的关键在于接口设计及其地址空间映射、有限状态机的设计和密钥扩展模块的设计。下面分别阐述各个子模块的设计。

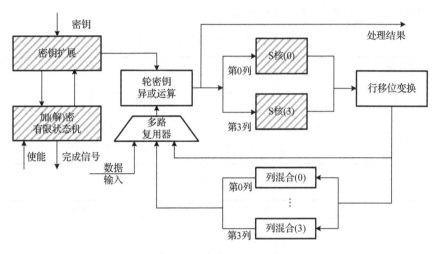

图 7.3 IP 核结构图

1. 接口设计及其地址空间映射

该 IP core 所有信号都是同步的，时钟上升沿有效，具体接口信号设计如表 7.4 所示。

表 7.4 IP core 接口信号

信号名称	信号位宽	信号方向	信号描述
clk	1	in	Avalon 总线时钟
reset	1	in	同步复位信号
writedata	32	in	根据地址从数据总线上写入 32 位数据
address	5	in	地址信号，5 位地址即可表示 32 个地址空间
write	1	in	写使能信号
read	1	in	读使能信号
readdata	32	out	根据地址从数据总线上读出 32 位数据
waitrequest	1	out	等待信号
irq	1	out	中断信号

根据表 7.4 可以看出所有的接口信号都是按照 Avalon 总线规范设计的，这样使本设计能够直接作为自定义组件集成到 Nios II 系统中使用。IP core 的密钥、加/解

密数据以及所有的控制信号都是通过 Avalon 的 32 位数据总线传输的，为了使 IP core 能够识别，需设计出合理的地址空间映射，如表 7.5 所示。

表 7.5 中，控制寄存器 CTRL 控制着 IP core 的功能和轮询的状态，它是可读可写模式。本设计只用到 4 个字节的第 0 个字节，第 1 到第 3 个字节保留待用。控制寄存器 CTRL 各位的映射如表 7.6 所示。

表 7.5　IP core 地址空间映射

地址偏移量	名称	描述
0X00-0X07	KEY	初始密钥，为只写内存区
0X08-0X0B	DATA	输入处理数据，为只写内存区
0X10-0X13	RESULT	处理结果数据，为只读内存区
0X14-0X1E		保留
0X1F	CTRL	控制状态字

表 7.6　控制寄存器映射

偏移位	名称	描述
31-8		保留
7	KEYVALID	密钥有效位
6	IRQENA	中断使能端
5-2		保留
1	DEC	解密模式
0	ENC	加密模式

2. 有限状态机控制模块

该 IP core 加/解密工作首先需要初始化一个密钥，密钥初始化完毕后就会启动密钥扩展模块，产生各轮运算所需要的轮密钥，轮密钥生成后，传入需要操作的数据块，然后根据有限状态机的控制完成各轮加/解密，最后完成操作。加/解密有限状态机如图 7.4 所示，其综合后的网表结构如图 7.5 所示。

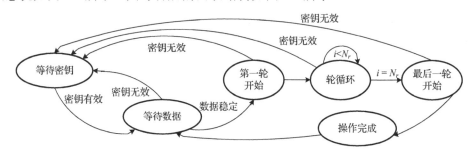

图 7.4　加/解密有限状态机

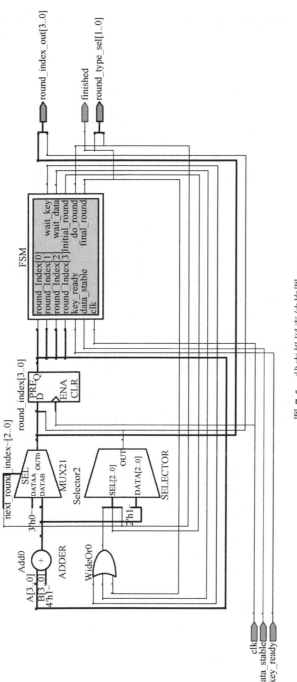

图 7.5　状态机网表结构图

模块主要代码如下。

```
entity aes_fsm_decrypt is                    --解密状态机
    generic (
        NO_ROUNDS : NATURAL := 10);      --轮数
    port (
        clk                 :in  STD_LOGIC;
        data_stable         :in  STD_LOGIC;
        key_ready           :in  STD_LOGIC;
        round_index_out     :out NIBBLE;
        finished            :out STD_LOGIC;
        round_type_sel      :out STD_LOGIC_VECTOR(1 downto 0)
        );
end entity aes_fsm_decrypt;

architecture Arch1 of AES_FSM_DECRYPT is  --有限状态机类型
    type AESstates is (WAIT_KEY, WAIT_DATA, INITIAL_ROUND, DO_ROUND,
                FINAL_ROUND);
    --有限状态机信号
    signal FSM                  :AESstates;
    signal next_FSM             :AESstates;
    signal round_index          :NIBBLE;
    signal next_round_index     :NIBBLE;

begin  --分配内部信号端口
    round_index_out <= next_round_index;
    gen_next_fsm : process (FSM, data_stable, key_ready, round_index) is
    begin
        case FSM is
            when WAIT_KEY =>
                if key_ready = '1' then
                    next_FSM <= WAIT_DATA;
                else
                    next_FSM <= WAIT_KEY;
                end if;
            when WAIT_DATA =>
                if data_stable = '1' then
                    next_FSM <= INITIAL_ROUND;
                else
                    next_FSM <= WAIT_DATA;
                end if;
            when INITIAL_ROUND =>
```

```vhdl
                next_FSM <= DO_ROUND;
            when DO_ROUND =>
                if round_index = X"1" then
                    next_FSM <= FINAL_ROUND;
                else
                    next_FSM <= DO_ROUND;
                end if;
            when FINAL_ROUND =>
                next_FSM <= WAIT_DATA;
            when others =>
                report "FSM in strange state - aborting" severity failure;
        end case;

        if key_ready = '0' then --密钥无效默认执行
            next_FSM <= WAIT_KEY;
        end if;
    end process gen_next_fsm;

--指定解密输出
    com_output_assign : process (FSM, round_index) is
    begin
        round_type_sel <= "00";
        next_round_index <= round_index;
        finished <= '0';
        case FSM is
            when WAIT_KEY =>
            next_round_index<=STD_LOGIC_VECTOR(to_unsigned
                            (NO_ROUNDS, 4));
            when WAIT_DATA =>
            next_round_index <= STD_LOGIC_VECTOR(to_unsigned
                            (NO_ROUNDS, 4));
            when INITIAL_ROUND =>
            round_type_sel <= "00";
            next_round_index <= STD_LOGIC_VECTOR(UNSIGNED
                            (round_index)-1);
            when DO_ROUND =>
            round_type_sel <= "01";
            next_round_index <= STD_LOGIC_VECTOR(UNSIGNED
                            (round_index)-1);
            when FINAL_ROUND =>
            round_type_sel<= "01";
            finished <= '1';
```

```vhdl
                    when others =>
                        null;
                end case;
            end process com_output_assign;

--解密状态机时钟信号
    clocked_FSM : process (clk) is
    begin
        if rising_edge(clk) then
            FSM<= next_FSM;
            round_index <= next_round_index;
        end if;
    end process clocked_FSM;
end architecture Arch1;

--加密状态机
entity aes_fsm_encrypt is
    generic (
        NO_ROUNDS            :NATURAL := 10);
    port (
        clk                  :in  STD_LOGIC;
        data_stable          :in  STD_LOGIC;

        key_ready            :in  STD_LOGIC;
        round_index_out      :out NIBBLE;
        finished             :out STD_LOGIC;
        round_type_sel       :out STD_LOGIC_VECTOR(1 downto 0)
        );
end entity aes_fsm_encrypt;

architecture Arch1 of AES_FSM_ENCRYPT is
    type AESstates is (WAIT_KEY, WAIT_DATA, INITIAL_ROUND, DO_ROUND,
                    FINAL_ROUND);
    signal FSM                 :AESstates;
    signal next_FSM            :AESstates;
    signal round_index         :NIBBLE;
    signal next_round_index    :NIBBLE;
begin
    round_index_out <= next_round_index;
    gen_next_fsm : process (FSM, data_stable, key_ready, round_index) is
    begin
        case FSM is
```

```vhdl
        when WAIT_KEY =>
            if key_ready = '1' then
                next_FSM <= WAIT_DATA;
            else
                next_FSM <= WAIT_KEY;
            end if;
        when WAIT_DATA =>
            if data_stable = '1' then
                next_FSM <= INITIAL_ROUND;
            else
                next_FSM <= WAIT_DATA;
            end if;
        when INITIAL_ROUND =>
            next_FSM <= DO_ROUND;
        when DO_ROUND =>
            if round_index = STD_LOGIC_VECTOR(to_unsigned
                            (NO_ROUNDS-1, 4))
then
                next_FSM <= FINAL_ROUND;
            else
                next_FSM <= DO_ROUND;
            end if;
        when FINAL_ROUND =>
            next_FSM <= WAIT_DATA;
        when others =>
            report "FSM in strange state - aborting" severity error;
            next_FSM <= WAIT_KEY;
                    end case;

    if key_ready = '0' then
        next_FSM <= WAIT_KEY;
    end if;
end process gen_next_fsm;

com_output_assign : process (FSM, round_index) is
begin
    round_type_sel <= "00";
    next_round_index <= round_index;
    finished <= '0';

    case FSM is
        when WAIT_KEY =>
```

```
                next_round_index <= X"0";
            when WAIT_DATA =>
                next_round_index <= X"0";
            when INITIAL_ROUND =>
                round_type_sel <= "00";
                next_round_index <= X"1";
            when DO_ROUND =>
                round_type_sel <= "01";
                next_round_index <= STD_LOGIC_VECTOR(UNSIGNED
                                    (round_index)+1);
            when FINAL_ROUND =>
                round_type_sel <= "10";
                next_round_index <= X"0";
                finished <= '1';
            when others =>
                null;
        end case;
    end process com_output_assign;

    clocked_FSM : process (clk) is
    begin
        if rising_edge(clk) then
            FSM<= next_FSM;
            round_index <= next_round_index;
        end if;
    end process clocked_FSM;
end architecture Arch1;
```

3. 密钥扩展模块(KeyExpansion)

轮密钥的产生是 AES 加解密运算的基础,密钥扩展模块负责产生各轮运算的子密钥,它的效率制约着整个算法的效率。加密运算采用密钥内部扩展的方式,即加密运算与密钥扩展并行完成。这一过程,每一轮变换都要和相应密钥扩展轮次生成的子密钥进行异或,因此需使用状态机控制加密运算和密钥扩展同步,否则会发生混乱。需要指出,使用内部扩展方式可以提高整个加密运算的速度。而解密运算采用外部扩展方式,即密钥扩展完之后再进行解密运算,因为解密运算使用的初始密钥是密钥扩展生成的最后一轮子密钥。

该模块经 Quartus II 8.0 平台分析、综合后,产生的网表结构如图 7.6 所示,该模块综合后逻辑资源使用情况为 176 个逻辑单元(LE)。

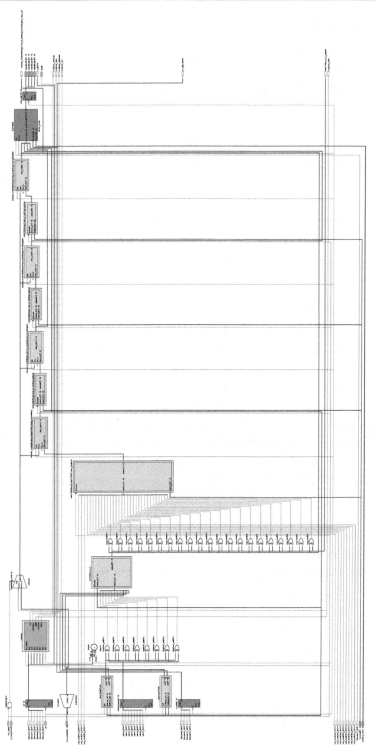

图 7.6　密钥扩展模块网表结构图

模块主要代码如下。

```vhdl
entity keyexpansion is
    generic (
        KEYLENGTH : NATURAL := 128    --密钥长度128，192，256
        );
    port (
        clk              :in STD_LOGIC;
        keyword          :in DWORD;
        keywordaddr      :in STD_LOGIC_VECTOR(2 downto 0);
        w_ena_keyword    :in STD_LOGIC;
        key_stable       :in STD_LOGIC;
        roundkey_idx     :in NIBBLE;
        roundkey         :out KEYBLOCK;
        ready            :out STD_LOGIC
        );
    --循环轮数
    constant NO_ROUNDS :NATURAL := lookupRounds(KEYLENGTH);
    constant Nk        :NATURAL := KEYLENGTH/DWORD_WIDTH;
    constant LOOP_BOUND:NATURAL := 4*NO_ROUNDS;
end entity keyexpansion;


architecture ach1 of keyexpansion is --密钥生成
    constant GF_ROUNDCONSTANTS_4_6 :BYTEARRAY(0 to 10) :=
        (X"01", X"02", X"04", X"08", X"10", X"20", X"40", X"80",
         X"1B", X"36", X"6C");
    constant GF_ROUNDCONSTANTS_8 :BYTEARRAY(0 to 7) :=
        (X"01", X"02", X"04", X"08", X"10", X"20", X"40", X"80");
    signal roundconstant :BYTE;
    --轮密钥存储
    type MEMORY_128 is array (0 to 15) of STD_LOGIC_VECTOR(127 downto 0);
    signal KEYMEM :MEMORY_128;
    signal mem_in              :STD_LOGIC_VECTOR(127 downto 0);
    signal mem_out             :STD_LOGIC_VECTOR(127 downto 0);
    signal keymem_addr         :UNSIGNED(3 downto 0);
    signal w_ena_keymem        :STD_LOGIC;
    signal w_addr              :UNSIGNED(3 downto 0);
    signal next_w_addr         :UNSIGNED(3 downto 0);
    signal keyshiftreg_in      :DWORDARRAY(Nk-1 downto 0);
```

```
signal keyshiftreg_out :DWORDARRAY(Nk-1 downto 0);
signal keyshiftreg_ena :STD_LOGIC_VECTOR(7 downto 0);
signal loadmux_sel      :STD_LOGIC;

--数据路径扩展算法
signal exp_in           :DWORD;
signal rot_out          :DWORD;
signal to_sbox          :DWORD;
signal from_sbox        :DWORD;
signal delayed_col      :DWORD;
signal XorRcon_out      :DWORD;
signal mux_processed    :DWORD;
signal Xor_lastblock_in :DWORD;
signal last_word        :DWORD;

--控制器信号
signal first_round      :STD_LOGIC;
signal shift_ena        :STD_LOGIC;
signal imodNk0          :STD_LOGIC;
signal imod84           :STD_LOGIC;
type KEYEXPANSIONSTATES is (INIT, SUBSTITUTE, SHIFT, WRITELAST, DONE);
signal expState         :KEYEXPANSIONSTATES;
signal next_expState    :KEYEXPANSIONSTATES;
signal i                :UNSIGNED(5 downto 0);
signal next_i           :UNSIGNED(5 downto 0);

begin    --密钥和移位寄存器数据路径
    loadmux_sel <= not key_stable;
    Shiftreg :for i in 0 to Nk-1 generate
        rest_of_shiftreg :if i /= Nk-1 generate
            loadmux :Mux2
                generic map (
                    IOwidth => DWORD_WIDTH)
                port map (
                    inport_a    => keyshiftreg_out(i+1),
                    inport_b    => keyword,
                    selector    => loadmux_sel,
                    outport     => keyshiftreg_in(i));
            keywordregister :memory_word
```

```vhdl
            generic map (
                IOwidth => DWORD_WIDTH)
            port map (
                data_in     => keyshiftreg_in(i),
                data_out    => keyshiftreg_out(i),
                res_n       => '1',
                clk         => clk,
                ena         => keyshiftreg_ena(i));
    end generate;
    --最后一轮不同
    lastDWORD :if i = Nk-1 generate
        lastw_loadmux :Mux2
            generic map (
                IOwidth => DWORD_WIDTH)
            port map (
                inport_a    => last_word,
                inport_b    => keyword,
                selector    => loadmux_sel,
                outport     => keyshiftreg_in(i));

        last_keywordreg :memory_word
            generic map (
                IOwidth => DWORD_WIDTH)
            port map (
                data_in     => keyshiftreg_in(i),
                data_out    => keyshiftreg_out(i),
                res_n       => '1',
                clk         => clk,
                ena         => keyshiftreg_ena(i));
    end generate lastDWORD;
end generate Shiftreg;
--将低 4 组密钥写入内存
mem_in <= keyshiftreg_out(0) &keyshiftreg_out(1) & keyshiftreg_out(2)
        & keyshiftreg_out(3);
  roundkey <= (0     => mem_out(127 downto 96),
               1     => mem_out(95 downto 64),
               2     => mem_out(63 downto 32),
               3     => mem_out(31 downto 0));
```

```vhdl
keymemory :process (clk) is
begin
    if rising_edge(clk) then
        if w_ena_keymem = '1' then
            KEYMEM(to_integer(w_addr)) <= mem_in;
        end if;
        mem_out <= KEYMEM(to_integer(UNSIGNED(roundkey_idx)));
    end if;
end process keymemory;

enableRegs :process (key_stable, keywordaddr, shift_ena,
                     w_ena_keyword) is
begin
    keyshiftreg_ena <= (others => '0');
    if w_ena_keyword = '1' and key_stable = '0' then
        keyshiftreg_ena(to_integer(UNSIGNED(keywordaddr))) <= '1';
            elsif shift_ena = '1' then
        keyshiftreg_ena <= (others => '1');
    end if;
end process enableRegs;

address_incr :process (clk) is
begin
    if rising_edge(clk) then
        w_addr <= next_w_addr;
    end if;
end process address_incr;
--扩展数据路径
rot_out <= keyshiftreg_out(Nk-1)(23 downto 0) & keyshiftreg_
           out(Nk-1)(31 downto 24);
NK8_sboxin :if KEYLENGTH = 256 generate
    Nk8_sboxmux :mux2
        generic map (
            IOwidth => 32)
        port map (
            inport_a    => rot_out,
            inport_b    => keyshiftreg_out(Nk-1),
            selector    => imod84,
            outport     => to_sbox);
```

```
        imod84 <= '1' when (i mod 8 = 4) else '0';
end generate NK8_sboxin;

regular_sboxin :if KEYLENGTH /= 256 generate
    to_sbox <= rot_out;
end generate regular_sboxin;


HighWord :sbox
    generic map (
        INVERSE => false)
    port map (
        clk          => clk,
        address_a    => to_sbox(31 downto 24),
        address_b    => to_sbox(23 downto 16),
        q_a          => from_sbox(31 downto 24),
        q_b          => from_sbox(23 downto 16));
LowWord :sbox
    generic map (
        INVERSE => false)
    port map (
        clk          => clk,
        address_a    => to_sbox(15 downto 8),
        address_b    => to_sbox(7 downto 0),
        q_a          => from_sbox(15 downto 8),
        q_b          => from_sbox(7 downto 0));


--列数据与轮数据异或
XorRcon_out <= from_sbox xor (roundconstant & X"000000");
Mux_wi_1 :mux2
    generic map (
        IOwidth => DWORD_WIDTH)
    port map (
        inport_a     => keyshiftreg_out(Nk-1),
        inport_b     => XorRcon_out,
        selector     => imodNk0,
        outport      => mux_processed);
imodNk0 <= '1' when (i mod Nk = 0) else '0';
```

```vhdl
NK8_wi_1 :if KEYLENGTH = 256 generate
    Nk8_mux_wi_1 :mux2
        generic map (
            IOwidth => 32)
        port map (
            inport_a    => mux_processed,
            inport_b    => from_sbox,
            selector    => imod84,
            outport     => Xor_lastblock_in);
end generate NK8_wi_1;


regular_wi_1 :if KEYLENGTH /= 256 generate
    Xor_lastblock_in <= mux_processed;
end generate regular_wi_1;


last_word <= Xor_lastblock_in xor keyshiftreg_out(0);

//--密钥扩展控制算法
nextState :process (expState, i, key_stable) is
begin
    next_expState <= expState;
    case expState is
        when INIT =>
            if key_stable = '1' then
                next_expState <= SUBSTITUTE;
            end if;
        when SUBSTITUTE =>
            next_expState <= SHIFT;
        when SHIFT =>
            if i = LOOP_BOUND then
                next_expState <= DONE;
            else
                next_expState <= SUBSTITUTE;
            end if;
        when WRITELAST =>
            next_expState <= DONE;
        when DONE =>
            -- just stay
            next_expState <= expState;
```

```vhdl
      end case;
          if key_stable = '0' then
          next_expState <= INIT;
      end if;
  end process nextState;

stateToOutput :process (expState, i, w_addr) is
begin
    shift_ena <= '0';
    next_i <= i;
    ready <= '0';
    w_ena_keymem <= '0';
    next_w_addr <= w_addr;
    case expState is
        when INIT =>
            next_i<= (others => '0');
            next_w_addr <= (others => '0');
        when SUBSTITUTE =>
            null;
        when SHIFT =>
            next_i <= i+1;
            shift_ena <= '1';
            if (i mod 4 = 0) then
                w_ena_keymem <= '1';
                next_w_addr <= w_addr+1;
            end if;
        when WRITELAST =>
            w_ena_keymem <= '1';
            next_w_addr <= w_addr+1;
        when DONE =>
            ready <= '1';
        when others => null;
    end case;
end process stateToOutput;

registeredFSMsignals :process (clk) is
begin
    if rising_edge(clk) then
        i <= next_i;
```

```
                expState <= next_expState;
                if Nk = 8 then
                    roundconstant <= GF_ROUNDCONSTANTS_8(to_integer(i)/Nk);
                else
                    roundconstant <= GF_ROUNDCONSTANTS_4_6(to_integer(i)/Nk);
                end if;
            end if;
        end process registeredFSMsignals;
end architecture ach1;
```

4. 轮密钥异或运算（AddRoundKey）

在轮密钥异或运算中，状态的运算是通过与一个轮密钥进行逐位异或得到的。由于异或是对称运算，加密和解密路径可以用同样的硬件模块。

模块主要代码如下。

```
entity AddRoundKey is
    port (
        roundkey        :in  KEYBLOCK;   --输入，轮密钥
        cypherblock     :in  STATE;      --输入，状态数组
        result          :out STATE);     --输出，结果
end entity AddRoundKey;

architecture arch1 of AddRoundKey is
begin
    Xoring :process (cypherblock, roundkey) is
    begin
        for cnt in cypherblock'range loop
            result(cnt) <= cypherblock(cnt) xor roundkey(cnt);
            --进行逐位异或运算
        end loop;
    end process Xoring;
end architecture arch1;
```

5. 字节替换变换（SubByte）

字节替换是一个非线性变换，也称 S 盒变换，对每一个字节根据给定的转换表实现置换。本设计对 S 盒进行了可重构配置设计，加强了其抗差分攻击的能力，加密和解密路径分别用 S 盒和逆 S 盒。

模块主要代码如下。

```
entity sbox is
    generic (
        INVERSE :BOOLEAN := false
        );
    port(
        clk          :in STD_LOGIC;
        address_a    :in STD_LOGIC_VECTOR (7 downto 0);
        address_b    :in STD_LOGIC_VECTOR (7 downto 0);
        q_a          :out STD_LOGIC_VECTOR (7 downto 0);
        q_b          :out STD_LOGIC_VECTOR (7 downto 0)
        );
end sbox;

architecture ARCH1 of sbox is --这里的值作为查询表，用内存作为存储空间
    --解密 S 盒表
    constant decrypt_table :BYTEARRAY(0 to 255) := (
    0    => X"52", 1 => X"09", 2 => X"6A", 3 => X"D5", 4 => X"30",
        5 => X"36", 6 => X"A5", 7 => X"38",
        ...
        248 => X"E1", 249 => X"69", 250 => X"14", 251 => X"63", 252 =>
            X"55", 253 => X"21", 254 => X"0C", 255 => X"7D"
        );
    --加密 S 盒表
    constant encrypt_table :BYTEARRAY(0 to 255) := (
    0    => X"63", 1 => X"7C", 2 => X"77", 3 => X"7B", 4 => X"F2",
        5 => X"6B", 6 => X"6F", 7 => X"C5",
        ...
        248 => X"41", 249 => X"99", 250 => X"2D", 251 => X"0F", 252 =>
            X"B0", 253 => X"54", 254 => X"BB", 255 => X"16"
        );

    signal SBOXROM :BYTEARRAY(0 to 255);
begin
    assign_inverse :if INVERSE generate
        SBOXROM <= decrypt_table;   --将解密置换表存入 S 盒存储空间
    end generate assign_inverse;
    assign_encrypt :if not INVERSE generate
        SBOXROM <= encrypt_table;   --将加密置换表存入 S 盒存储空间
    end generate assign_encrypt;
```

```
    assign_output :process (clk) is
    begin
        if rising_edge(clk) then     --信号上升沿
          q_a <= SBOXROM(to_integer(UNSIGNED(address_a)));
                                  --查找表内容置换
          q_b <= SBOXROM(to_integer(UNSIGNED(address_b)));
        end if;
    end process assign_output;
end ARCH1;
```

6. 行移位变换(ShiftRow)

在移位变换中，矩阵的第一行不变，第二至第四行加密做相应移位变换，解密则做反向移位变换。

模块主要代码如下。

```
entity Shiftrow is
    port (
        state_in  :in   STATE;          --输入数组
        state_out :out STATE            --输出数组
        );
end entity Shiftrow;

architecture fwd of Shiftrow is   --加密行移位行为
            subtype ROW is BYTEARRAY(0 to 3);
    signal row1_in :Row;
    signal row2_in :Row;
    signal row3_in :Row;
    signal row4_in :Row;
    signal row2_out :Row;
    signal row3_out :Row;
    signal row4_out :Row;
begin  --创建内部信号
    build_in :process (state_in) is
    begin
        for col_cnt in 0 to (state_in'high) loop
            row1_in(col_cnt) <= state_in(col_cnt)(31 downto 24);
            row2_in(col_cnt) <= state_in(col_cnt)(23 downto 16);
            row3_in(col_cnt) <= state_in(col_cnt)(15 downto 8);
            row4_in(col_cnt) <= state_in(col_cnt)(7 downto 0);
```

```vhdl
        end loop;  -- col_cnt
    end process build_in;


    --行移位变换
    shifter :process (row2_in, row3_in, row4_in) is
    begin
        row2_out <= row2_in(row2_in'left+1 to row2_in'right) &
                    row2_in(row2_in'left);
        row3_out <= row3_in(row3_in'left+2 to row3_in'right) &
                    row3_in(row3_in'left to row3_in'left+1);
        row4_out <= row4_in(row4_in'left+3 to row4_in'right) &
                    row4_in(row4_in'left to row4_in'left+2);
    end process shifter;


    --重建状态数组
    rebuilt_state :process(row1_in, row2_out, row3_out, row4_out) is
    begin
        for col_cnt in 0 to state_out'high loop
            state_out(col_cnt)(31 downto 24) <= row1_in(col_cnt);
            state_out(col_cnt)(23 downto 16) <= row2_out(col_cnt);
            state_out(col_cnt)(15 downto 8)  <= row3_out(col_cnt);
            state_out(col_cnt)(7 downto 0)   <= row4_out(col_cnt);
        end loop;
    end process rebuilt_state;
end architecture fwd;


architecture inv of Shiftrow is   --解密行移位行为
        subtype ROW is BYTEARRAY(0 to 3);
    signal row1_in      :Row;
    signal row2_in      :Row;
    signal row3_in      :Row;
    signal row4_in      :Row;
    signal row2_out     :Row;
    signal row3_out     :Row;
    signal row4_out     :Row;
begin
    build_in :process (state_in) is
    begin
        for col_cnt in 0 to (state_in'high) loop
```

```
                        row1_in(col_cnt) <= state_in(col_cnt)(31 downto 24);
                        row2_in(col_cnt) <= state_in(col_cnt)(23 downto 16);
                        row3_in(col_cnt) <= state_in(col_cnt)(15 downto 8);
                        row4_in(col_cnt) <= state_in(col_cnt)(7 downto 0);
                end loop;
        end process build_in;

        shifter :process (row2_in, row3_in, row4_in) is
        begin
            row2_out <= row2_in(row2_in'right) & row2_in(row2_in'left to
                        row2_in'right-1);
            row3_out <= row3_in(row3_in'right-1 to row3_in'right) &
                        row3_in(row3_in'left to row3_in'right-2);
            row4_out <= row4_in(row4_in'right-2 to row4_in'right) &
                        row4_in(row4_in'left to row4_in'right-3);
        end process shifter;

        rebuilt_state :process(row1_in, row2_out, row3_out, row4_out)is
        begin
            for col_cnt in 0 to state_out'high loop
                    state_out(col_cnt)(31 downto 24) <= row1_in(col_cnt);
                    state_out(col_cnt)(23 downto 16) <= row2_out(col_cnt);
                    state_out(col_cnt)(15 downto 8) <= row3_out(col_cnt);
                    state_out(col_cnt)(7 downto 0) <= row4_out(col_cnt);
            end loop;
        end process rebuilt_state;
end architecture inv;
```

7. 列混合运算(MixCol)

列混合运算是对中间状态矩阵逐列进行变换。其加密变换与解密变换分别按规则进行矩阵运算，这里的矩阵运算采用的是基-2 特征的伽罗瓦域运算法则。

模块主要代码如下。

```
entity Mixcol is
    port (
        col_in  :in  DWORD;       --输入数组
        col_out :out DWORD        --输出数组
        );
end entity Mixcol;
```

```
architecture fwd of mixcol is
    signal byte0 :BYTE;
    signal byte1 :BYTE;
    signal byte2 :BYTE;
    signal byte3 :BYTE;
begin  --创建列
    byte0 <= col_in(31 downto 24);
    byte1 <= col_in(23 downto 16);
    byte2 <= col_in(15 downto 8);
    byte3 <= col_in(7 downto 0);

    matrix_mult :process (byte0, byte1, byte2, byte3) is
        variable tmp_res0 :STD_LOGIC_VECTOR(10 downto 0);
        variable tmp_res1 :STD_LOGIC_VECTOR(10 downto 0);
        variable tmp_res2 :STD_LOGIC_VECTOR(10 downto 0);
        variable tmp_res3 :STD_LOGIC_VECTOR(10 downto 0);
    begin  --加密矩阵乘第一列
        tmp_res0 := "00" & (byte0 & '0' xor byte1 & '0' xor '0'& byte1 xor
                        '0' & byte2 xor   '0' & byte3);
        if tmp_res0(8) = '1' then --检查第9字节是否为1, 经过异或
                                使其变成 8 Bit
            tmp_res0 := tmp_res0 xor "00100011011";
        end if;
        --加密矩阵乘第二列
        tmp_res1 := "00" & ('0' & byte0 xor byte1 & '0' xor byte2 & '0'
                        xor '0'  & byte2 xor'0' & byte3);
        if tmp_res1(8) = '1' then
            tmp_res1 := tmp_res1 xor "00100011011";
        end if;
        --加密矩阵乘第三列
        tmp_res2 := "00" & ('0' & byte0 xor '0' & byte1 xor byte2 & '0'
                        xorbyte3 & '0' xor '0' & byte3);
        if tmp_res2(8) = '1' then
            tmp_res2 := tmp_res2 xor "00100011011";
        end if;
        --加密矩阵乘第四列
        tmp_res3 := "00" & (byte0 & '0' xor '0' & byte0 xor '0' & byte1
                        xor '0' & byte2 xorbyte3 & '0');
```

```vhdl
            if tmp_res3(8) = '1' then
                tmp_res3 := tmp_res3 xor "00100011011";
            end if;

            col_out(31 downto 24)   <= tmp_res0(BYTE_RANGE);
            col_out(23 downto 16)   <= tmp_res1(BYTE_RANGE);
            col_out(15 downto 8)    <= tmp_res2(BYTE_RANGE);
            col_out(7 downto 0)     <= tmp_res3(BYTE_RANGE);
    end process matrix_mult;
end architecture fwd;

architecture inv of mixcol is  --解密列混合模块行为
    signal byte0 :BYTE;
    signal byte1 :BYTE;
    signal byte2 :BYTE;
    signal byte3 :BYTE;
begin
    byte0 <= col_in(31 downto 24);
    byte1 <= col_in(23 downto 16);
    byte2 <= col_in(15 downto 8);
    byte3 <= col_in(7 downto 0);

    matrix_mult :process ( byte0, byte1, byte2, byte3) is
        variable tmp_res0   :STD_LOGIC_VECTOR(10 downto 0);
        variable tmp_res1   :STD_LOGIC_VECTOR(10 downto 0);
        variable tmp_res2   :STD_LOGIC_VECTOR(10 downto 0);
        variable tmp_res3   :STD_LOGIC_VECTOR(10 downto 0);
    begin
        tmp_res0 := byte0 & "000" xor '0' & byte0 & "00" xor "00" & byte0
            &'0' xor byte1 & "000" xor "00" & byte1 & '0' xor "000" & byte1
            xor byte2 & "000" xor "0" & byte2 & "00" xor "000" & byte2
            xor byte3 & "000" xor "000" & byte3;

        if tmp_res0(10) = '1' then
            tmp_res0 := tmp_res0 xor "10001101100";
        end if;
        if tmp_res0(9) = '1' then
            tmp_res0 := tmp_res0 xor "01000110110";
        end if;
```

```vhdl
if tmp_res0(8) = '1' then
    tmp_res0 := tmp_res0 xor "00100011011";
end if;

tmp_res1 := byte0 & "000" xor "000" & byte0 xor byte1 & "000"
    xor "0" & byte1 & "00" xor "00" & byte1 & '0'
    xor byte2 & "000" xor "00" & byte2 & '0' xor "000" & byte2
    xor byte3 & "000" xor '0' & byte3 & "00" xor "000" & byte3;

if tmp_res1(10) = '1' then
    tmp_res1 := tmp_res1 xor "10001101100";
end if;
if tmp_res1(9) = '1' then
    tmp_res1 := tmp_res1 xor "01000110110";
end if;
if tmp_res1(8) = '1' then
    tmp_res1 := tmp_res1 xor "00100011011";
end if;

tmp_res2 := byte0 & "000" xor "0" & byte0 & "00" xor "000" & byte0
    xor byte1 & "000" xor "000" & byte1 xor byte2 & "000"
    xor "0" & byte2 & "00" xor "00" & byte2 &'0'
    xor byte3 & "000" xor "00" & byte3 & '0' xor "000" & byte3;

if tmp_res2(10) = '1' then
    tmp_res2 := tmp_res2 xor "10001101100";
end if;
if tmp_res2(9) = '1' then
    tmp_res2 := tmp_res2 xor "01000110110";
end if;
if tmp_res2(8) = '1' then
    tmp_res2 := tmp_res2 xor "00100011011";
end if;

tmp_res3 := byte0 & "000" xor "00" & byte0 & '0' xor "000" & byte0
    xor byte1 & "000" xor '0' & byte1 &"00" xor "000" & byte1
    xor byte2 & "000" xor "000" & byte2 xor byte3 & "000"
    xor "0" & byte3 & "00" xor "00" & byte3 &'0';
```

```
        if tmp_res3(10) = '1' then
            tmp_res3 := tmp_res3 xor "10001101100";
        end if;
        if tmp_res3(9) = '1' then
            tmp_res3 := tmp_res3 xor "01000110110";
        end if;
        if tmp_res3(8) = '1' then
            tmp_res3 := tmp_res3 xor "00100011011";
        end if;

        col_out(31 downto 24)   <= tmp_res0(BYTE_RANGE);
        col_out(23 downto 16)   <= tmp_res1(BYTE_RANGE);
        col_out(15 downto 8)    <= tmp_res2(BYTE_RANGE);
        col_out(7 downto 0)     <= tmp_res3(BYTE_RANGE);
    end process matrix_mult;
  end architecture inv;
```

8. 多路复用器模块(AddKeyMux)

结合 AES 加/解密流程与 IP 核结构图可以看到，使用多路复用器模块让各个数据流合理的共用一个数据通道成为节约硬件资源的关键。多路复用器模块通过简单的选择器来实现。

以上 8 个子模块中，接口设计及其地址空间映射、有限状态机的设计和密钥扩展模块的设计这三部分是整个 IP 核的关键模块也是最复杂的部分。其他的 5 个模块可以通过组合逻辑或简单的时序逻辑实现，IP 核结构图中标阴影的部分就是整个 IP 核中需要用时序逻辑实现的模块。图 7.7 和图 7.8 分别给出了 AES IP 核的顶层模块图和综合网表图。

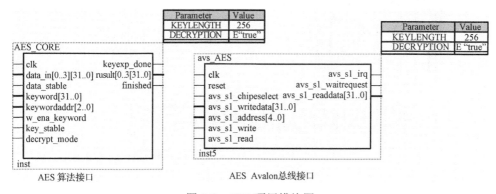

图 7.7　AES 顶层模块图

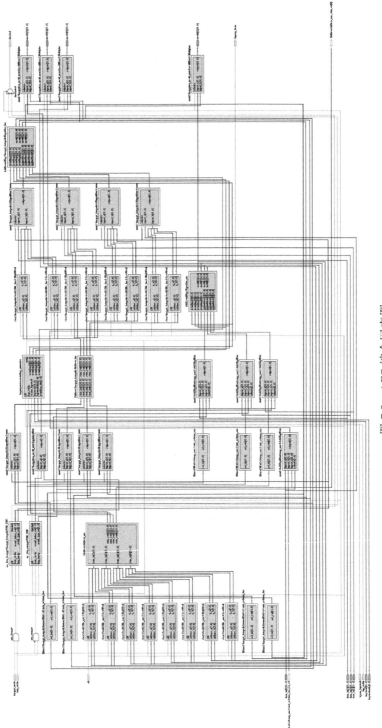

图 7.8 AES 综合网表图

系统顶层模块主要代码如下：

```vhdl
entity avs_AES is
    generic (
        KEYLENGTH    :NATURAL      := 256;      //AES 密钥长度
        DECRYPTION   :BOOLEAN      := true);    //只包含加密或解密
    port (
        //全局信号
        clk                  :in  STD_LOGIC; //系统时钟输入
        reset                :in  STD_LOGIC; //系统复位
        avs_s1_chipselect    :in  STD_LOGIC; //组件命令
        avs_s1_writedata     :in  STD_LOGIC_VECTOR(31 downto 0);
                                                //数据输入
        avs_s1_address       :in  STD_LOGIC_VECTOR(4 downto 0);
                                                //地址空间设置
        avs_s1_write         :in  STD_LOGIC; //写使能
        avs_s1_read          :in  STD_LOGIC; //读使能
        avs_s1_irq           :out STD_LOGIC; //中断信号
        avs_s1_waitrequest   :out STD_LOGIC; //等待请求信号
        avs_s1_readdata      :out STD_LOGIC_VECTOR(31 downto 0)
                                                //数据读取
        );
end entity avs_AES;

architecture arch1 of avs_aes is
//AES IP 核信号
    signal data_stable       :STD_LOGIC;
    signal data_in           :STATE;
    signal w_ena_keyword     :STD_LOGIC;
    signal key_stable        :STD_LOGIC;
    signal decrypt_mode      :STD_LOGIC;
                            //加/解密模式，"0"为加密，"1"为解密
    signal result            :STATE;
    signal finished          :STD_LOGIC;
    signal result_reg        :STATE;
signal ctrl_reg              :DWORD;
    signal irq               :STD_LOGIC;
    signal irq_i             :STD_LOGIC;
    signal irq_ena           :STD_LOGIC;
    signal w_ena_data_in     :STD_LOGIC;
    signal w_ena_ctrl_reg    :STD_LOGIC;
    signal keyexp_done       :STD_LOGIC;
```

```vhdl
begin
    avs_s1_irq <= irq;
    key_stable <= ctrl_reg(7);
    irq_ena   <= ctrl_reg(6);

    enable_decrypt_mode :if DECRYPTION generate        //解密模式
        decrypt_mode <= ctrl_reg(1);
        data_stable <= ctrl_reg(0) or ctrl_reg(1);
    end generate enable_decrypt_mode;

    disable_decrypt_mode :if not DECRYPTION generate  //加密模式
        decrypt_mode <= '0';
        data_stable <= ctrl_reg(0);
    end generate disable_decrypt_mode;

    //写入寄存器
    write_inputs :process (clk) is
    begin
        if rising_edge(clk) then
            if reset = '1' then
                irq       <= '0';
                ctrl_reg  <= (others => '0');
            end if;
            irq <= irq_i;
            if w_ena_ctrl_reg = '1' then
                ctrl_reg <= avs_s1_writedata;
            end if;
            if w_ena_data_in = '1' then
                data_in(to_integer(UNSIGNED(avs_s1_address(1 downto
                        0)))) <= avs_s1_writedata;
            end if;

            if finished = '1' then
                ctrl_reg(1 downto 0) <= "00";
            end if;
        end if;
    end process write_inputs;

    //设置/复位中断请求
    IRQhandling :process (avs_s1_read, finished, irq, irq_ena) is
    begin
```

```
    -- Set the interrupt if enabed and process finished
    if irq_ena = '1' and finished = '1' then
        irq_i <= '1';
    elsif irq_ena = '0' or avs_s1_read = '1' then
        -- any read operation resets the interrupt
        irq_i <= '0';
    else
        irq_i <= irq;
    end if;

end process IRQhandling;

//解密写操作到地址范围和指定寄存器
decode_write :process (avs_s1_chipselect, avs_s1_address,
                       avs_s1_write, key_stable, keyexp_done)is
begin
    w_ena_data_in      <= '0';
    w_ena_ctrl_reg     <= '0';
    w_ena_keyword      <= '0';
    avs_s1_waitrequest <= '0';
    avs_s1_waitrequest <= key_stable and not keyexp_done;
    if avs_s1_write = '1' and avs_s1_chipselect = '1' then
        if avs_s1_address(4 downto 3) = "00" then
            -- write of keywords
            w_ena_keyword    <= '1';
        elsif avs_s1_address(4 downto 3) = "01" then
            w_ena_data_in <= '1';
        elsif avs_s1_address(4 downto 3) = "11" then
            w_ena_ctrl_reg <= '1';
        end if;
    end if;
end process decode_write;
    //分配读取数据
decode_read :process (avs_s1_chipselect, avs_s1_address,
                      avs_s1_read, ctrl_reg, result_reg) is
begin
    if avs_s1_read = '1' and avs_s1_chipselect = '1' then
        if avs_s1_address(3) = '0' then
        avs_s1_readdata <= result_reg(to_integer(UNSIGNED
                        (avs_s1_address(1 downto 0))));
        else
```

```
                    avs_s1_readdata <= ctrl_reg;
                end if;
            else
                avs_s1_readdata <= (others => 'Z');
            end if;
        end process decode_read;

    //存储结果到寄存器
        store_result :process (clk) is
        begin
            if rising_edge(clk) then
                if finished = '1' then
                    result_reg <= result;
                end if;
            end if;
        end process store_result;

    //调用核心代码
        AES_CORE_1 :AES_CORE
            generic map (
                KEYLENGTH       => KEYLENGTH,
                DECRYPTION      => DECRYPTION)
            port map (
                clk             => clk,
                data_in         => data_in,
                data_stable     => data_stable,
                keyword         => avs_s1_writedata,
                keywordaddr     => avs_s1_address(2 downto 0),
                w_ena_keyword   => w_ena_keyword,
                key_stable      => key_stable,
                decrypt_mode    => decrypt_mode,
                keyexp_done     => keyexp_done,
                result          => result,
                finished        => finished);
    end architecture arch1;
```

7.3.2 SOPC 系统的创建

1. 创建 Quartus II 工程

(1)打开 Quartus II 开发环境，选择菜单 File→New Project Wizard，建立一个新工程，设置工程目录、工程名称以及顶层模块名称，如图 7.9 所示。

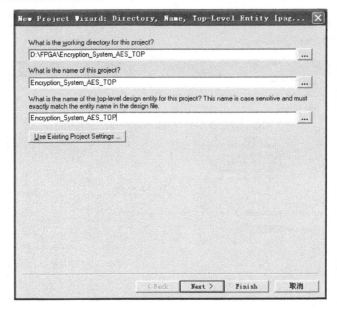

图 7.9　Quartus II 新工程创建对话框

（2）单击 "Next" 出现添加文件对话框界面。单击 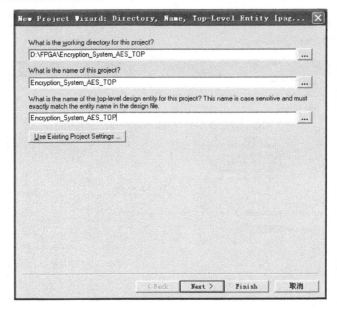→Add 可查找添加工程需要的源程序和图形文件。

（3）单击 "Next" 出现器件设置对话框界面。这里选择 Altera 公司的 DE2 开发板使用的 Cyclone II 系列 EP2C35F672C6 芯片，一直单击 "Next" 按钮，完成新工程的建立。

2. AES IP 核的生成

（1）选择 File→New 菜单，创建 VHDL 描述语言设计文件 *.VHD，在文本编辑器界面中编写 VHDL 程序。

（2）选择 Processing→Start → Start Analysis&Synthesis 菜单，对程序进行分析、综合。

（3）运行 Quartus II 软件，建立新工程，工程名称及顶层文件名称为 Encryption_System_ AES_TOP。

（4）选择 File→New 菜单，创建图形设计文件 Encryption_System_AES_TOP.bdf，打开图形编辑器界面。

（5）选择 Tools→SOPC Builder 菜单，启动 SOPC Builder 工具。在 System Name 对话框中输入系统名称 Encryption_System_AES，选择 VHDL 硬件描述语言。

（6）选择 File→New Component 菜单，新建一个外设。在如图 7.10 所示的 VHDL 标签页中单击 Add HDL File 按钮，在添加路径中找到编好的模块所在文件夹

aes_component，在对话框中依次选择.VHD 文件。添加完所有模块并设置 avs_aes.vhd
为 TOP，单击"Next"。

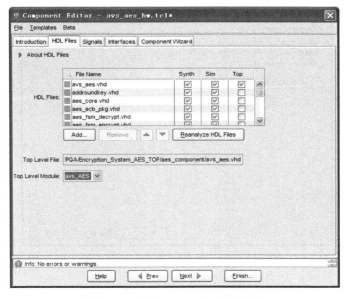

图 7.10　添加 VHDL 文件标签页

(7)在 Signals 标签页中，手动更改 Signal Type 列表的信号，如图 7.11 所示。

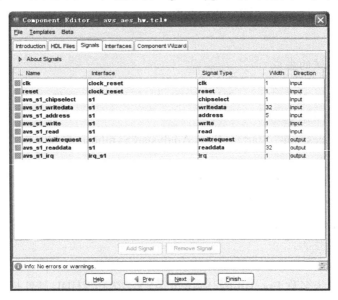

图 7.11　Signals 标签页

(8)在 Interfaces 标签页中，如图 7.12 所示进行设置。

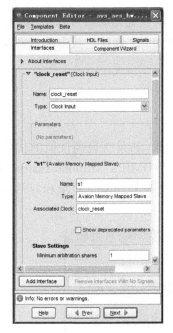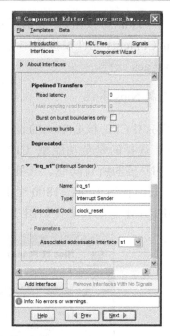

图 7.12　Interfaces 标签页

（9）在 Component Wizard 标签页中，如图 7.13 所示进行设置，元件命名为 avs_aes。

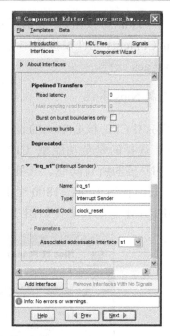

图 7.13　Component wizard 标签页

（10）单击 Finish 按钮，完成 avs_aes 元件的设置。设置完成后可以在 SOPC Builder 的 System Contents 元件模拟池中看到添加了一个 other 选项，其中的元件就是用户定制的 avs_aes 元件。

3. 定制 Nios 系统

（1）Nios II CPU 核心单元的设计

本设计选择的是全功能型 CPU 核（Nios II/f），其具有最高性能的优化，具有 Nios II CPU 核的所有功能。其处理速度可达到 51DMIPS（Millions Instructions Per Second），共消耗约 1400～1800 个 LE，并且将各个模块的复位地址和异常向量地址存放到 SDRAM 里，其配置如图 7.14 所示。

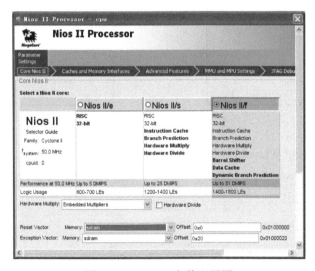

图 7.14　Nios II 参数配置图

在 CPU 内部集成了 4KB 的 cache（高速缓存）可大幅提升系统的执行效率，而且透过 cache 来事先读取 CPU 可能需要的数据，可避免主存储器与速度更慢的辅助内存的频繁存取数据，对系统的执行效率大有帮助，同时设置 Data Cache 为 2Kbytes，Data Cache Lize Size 为 4bytes。配置如图 7.15 所示。（此设置非常重要，它为数据运行提供缓存空间，如果设置错误，数据在内存中进行分配地址时容易出错，导致数据处理结果错误。）

最后将 CPU 的 Jtag debug 调试层次定义在 Level 2，在该层次下 CPU 支持来自 Jtag 调试端口的软件下载、软件断点、两个硬件断点以及两个数据突发传输模式，共消耗 800～900 个 LE 和两个 M4K 存储单元，如图 7.16 所示。

（2）Jtag Uart 的设计

Jtag 通用异步接收器/发送器（Uart）核是在 PC 主机和 FPGA 上的 SOPC 之间进

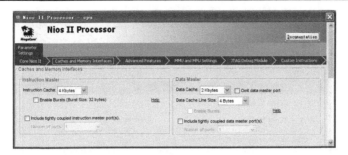

图 7.15　在 Nios II 配置 cache（高速缓存）空间

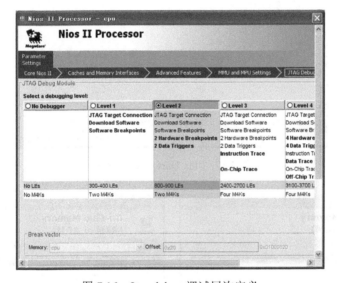

图 7.16　Jtag debug 调试层次定义

行串行通信的一种实现方式。在许多设计中，Jtag Uart 核取代了 RS-232，完成与 PC 主机的字符 IO。此外，Jtag Uart 也用于 Nios II 系统的仿真调试。在本设计中，建立了深度为 64bytes 位的读写缓冲 FIFO，用于缓冲读写数据。其配置如图 7.17 所示。

（3）片上存储器（on chip memory）的设计

众所周知，处理器系统中至少要求一个存储器用于存储数据和指令，在 Nios II 中了设计了一个 4KB 的片内 ROM 存储器用于存储程序代码，一个 4KB 的 RAM 用于变量存储（R/W 数据）、Heap、Stack 等，其配置如图 7.18 和图 7.19 所示。

（4）系统时钟（system clock）设计

在一个嵌入式系统应用中，定时器往往是不可或缺的，它向系统提供了时间信息。在本设计中系统时钟的配置使用软件的默认配置，如图 7.20 所示。

图 7.17　Jtag Uart 参数配置图

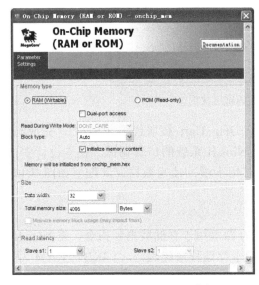

图 7.18　On-Chip RAM 配置图

图 7.19　On-Chip ROM 配置图

(5) 系统身份码(system ID)的设计

系统 ID 是一个简单的只读设备，它为整个嵌入式系统提供了唯一的标识符。Nios II 处理器系统使用系统 ID 验证，可执行程序被编译到实际的硬件映像，该硬件映象在 FPGA 中被配置。如果可执行程序中期望的 ID 与 FPGA 中系统 ID 不匹配，则软件可能不能正确的执行。其配置如图 7.21 所示。

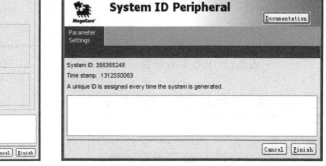

图 7.20　系统时钟设置图　　　　　　　图 7.21　system ID 设置图

（6）并行输入/输出（PIO）核

并行输入/输出（PIO）核在 Avalon 从端口和通用 I/O 端口之间提供了一个存储器映像接口。I/O 端口既可以与片上用户逻辑相连接，又可以与 FPGA 的外围器件相连接。加入 1ed_pio，与单片机中的 I/O 类似，用户可以根据需要配置设置选项。其配置如图 7.22 所示。选中 Output ports only 选项，单击 Finish 按钮后返回 SOPC Builder 窗口，重新命名为 led_pio。

（7）液晶显示

液晶显示设备种类繁多，根据显示大小划分，有 19×2，128×64，128×128 等，这里用的是 16×2 的字符液晶。在嵌入式系统中，LCD 控制器是非常重要的片上外围设备，处理器通过 LCD 控制器来完成对显示驱动的控制，最终实现 LCD 屏的点亮操作。其配置如图 7.23 所示。

（8）SDRAM 控制器的设计

基于 Avalon 总线的 SDRAM 控制器为 Nios II 系统与片外 SDRAM 之间的连接提供了一个 Avalon 接口。使设计者可以方便地将片外的 SDRAM 芯片连接到定制的 Nios II 系统中来。SDRAM 一般用在大容量易失性存储器且对成本敏感的应用系统中。SDRAM 控制器与一个或多个 SDRAM 芯片相连，并由它处理所有的 SDRAM 协议请求。SDRAM 控制器核可以通过不同的数据宽度（8 位、16 位、32 位、或 64 位）来访问 SDRAM，其 Avalon 端口支持流水线读传输。其配置如图 7.24 和图 7.25 所示。

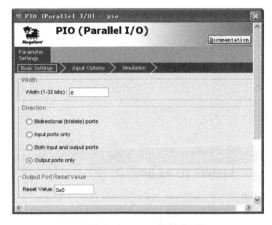

图 7.22　PIO 参数配置

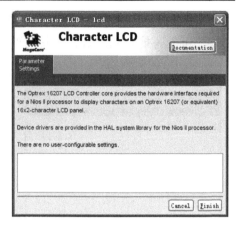

图 7.23　LCD 参数设置

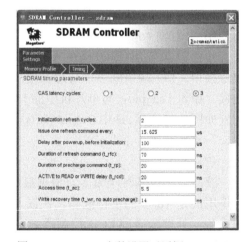

图 7.24　SDRAM 参数设置对话框——Memory Profile　　图 7.25　SDRAM 参数设置对话框——Timing

（9）嵌入式系统生成

将设计的 AES 模块封装成 Avalon 器件,作为自定义组件挂接到 Avalon 总线上,同时也将 DE2 自带的 Altera 公司设计的相关 IP 核挂接到 Avalon 总线上,与上述诸多 Avalon 器件构建成系统如图 7.26 所示。

① 指定基地址和分配中断号。SOPC Builder 会给用户的 Nios II 系统模块分配默认的基地址,用户也可以更改这些默认地址。选择 System→Auto-Assign Base

Address 菜单项或者选择 System→Auto-Assign IRQs 菜单项。（分配地址后需锁定主要器件的基地址，以防运算时出错）。

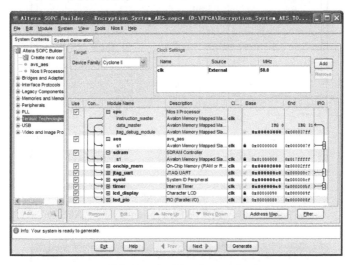

图 7.26　嵌入式系统内部整体构建图

② 系统设置。双击"cpu"，弹出对话框，分别在 Reset Vector:Memory:和 Exception Vector:Memory:下拉栏中选择 sdram，设置系统运行空间。

③ 生成系统模块。选择 System Generation 选项卡。单击 Generation 按钮，则 SOPC Builder 根据用户不同的设定，而在生成的过程中执行不同的操作，系统生成后单击 Exit 退出 SOPC Builder。

4. 顶层模块设计及下载文件生成

(1)将刚生成的模块以符号文件形式添加到 BDF 文件中。在 SOPC Builder 生成的过程中，会生成系统模块的符号文件，可以将该符号文件像其他 Quartus II 符号文件一样添加到当前项目的 BDF 文件中。选择 File→New 菜单，在弹出的对话框中选择 Block Diagram/Schematic File 选项创建图形设计文件，单击 OK 按钮。在图形设计窗口中双击鼠标，或者单击右键，在弹出的快捷菜单中选择 Insert→Symbol，弹出如图 7.27 所示对话框，保存设计文件名为 Encryption_System_AES_TOP。

(2)添加在 FPGA 内生成的嵌入式模块 Encryption_System_AES_TOP。在 Libraries 中选择打开 Project 目录，双击或者选中 Encryption_System_AES，然后单击 OK 按钮。

(3)加入锁相环。锁相环能够为用户提供多个精确的系统时钟频率。在如图 7.28 所示的 IO 目录下选择 altpll，双击进入锁相环的设置向导界面。设置输入频率为 50MHz，选择 Parameter Settings→inputs/lock，取消选中 Create an 'areset' input to

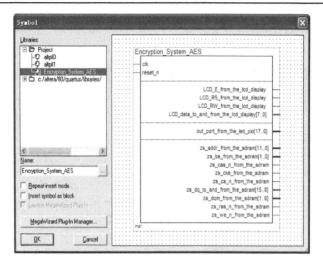

图 7.27　嵌入式模块 Encryption_System_AES

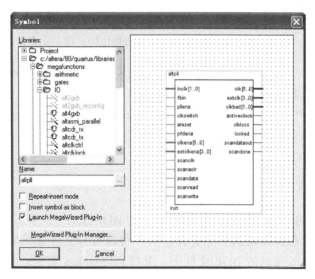

图 7.28　PLL 所在的路径

asynchronously reset the PLL 和 Create 'locked' output，再选择 Output Clocks→clk c0，在 Enter output clock parameters 选项中的 Clock multiplication factor 和 Clock division factor 取值分别设为 1 和 1，其他设置保持默认选项。

　　(4)添加 clk c1。选择 Output Clocks→clk c1，选中 Use this clok，其他设置与 clk c0 一致。

　　(5)引脚锁定。添加和连接各模块后，将光盘提供的 DE2_pin.tcl 文件复制到当前工程目录下，然后选择 Tools→Tcl Scripts。选择 DE2_pin 选项，然后单击 Run 按钮，引脚约束将自动加入，编译工程。整个 FPGA 内部实现的多模块互连形成整个系统的电路图如图 7.29 所示。

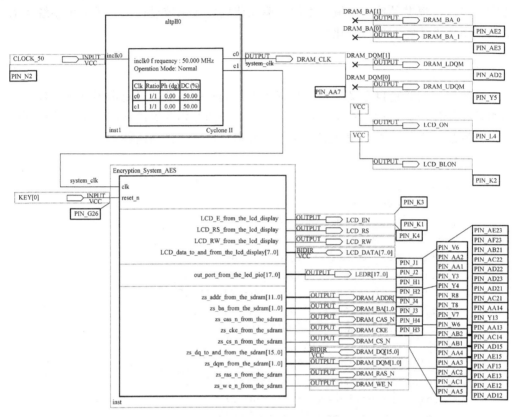

图 7.29　FPGA 内部实现的整体硬件电路图

(6)生成硬件文件并下载到 FPGA 中。选择 Tools→Compiler Tool 菜单，单击 Start 按钮对此工程进行编译，编译完成无误后，选择 Tools→Programmer 菜单，单击 Start 按钮将编译生成的 SOF 文件下载到 DE2 目标开发板上。

7.4　软件设计与综合测试

7.4.1　软件设计

嵌入式系统的软件，用于协调各个子模块和数据的调用，是实现设计者思想的主要手段，编程主要是在 Altera 提供的嵌入式集成开发环境—Nios II IDE 下进行。运行 SOPC Builder 定制的硬件系统，然后利用 Nios II IDE 软件针对系统的硬件平台开发相应的软件。

基于 AES 的实时加/解密系统包括硬件平台的设计与软件代码的设计。硬件平台由核心模块(AES)加上常用 IP 核共同组成,经过 SOPC 技术集成到一块 FPGA 芯片中。然后,根据硬件平台编写出相关驱动代码完成系统设计,为了应用系统还需编写应用软件才能实现自动化控制。

1. 系统软件

系统软件主要是自定义 AES 加/解密组件的驱动函数,以及常用操作函数。包括组件初始化函数,设置密钥函数,设置要处理的原始数据函数,密钥有效控制函数,设置加密操作函数,设计解密操作函数和组件繁忙判断函数。

主要代码如下。

```c
//AES 头文件
#ifndef AVS_AES_H_
#define AVS_AES_H_
#define KEYWORDS        8
#define AES_BASEADDR    0x00000000
#define KEY_ADDR        AES_BASEADDR+0x00
#define DATA_ADDR       AES_BASEADDR+0x08
#define RESULT_ADDR     AES_BASEADDR+0x10
#define AESCTRLWD       AES_BASEADDR+0x1F
typedef struct{
   volatile unsigned int* key;
   volatile unsigned int* data_in;
   volatile unsigned int* result;
   volatile unsigned int* control;
} avs_aes_handle;
void sys_init(volatile int* wptr);
void avs_aes_init(avs_aes_handle* context);
void avs_aes_inputKey(avs_aes_handle* context, unsigned int* key);
void avs_aes_setKey(avs_aes_handle* context, unsigned int* key);
void avs_aes_inputData(avs_aes_handle* context, unsigned int* data_in);
void avs_aes_setdata_in(avs_aes_handle* context, unsigned int* data_in);
void avs_aes_inputCtrl(avs_aes_handle* context, unsigned int* ctrl_in);
void avs_aes_setKeyvalid(avs_aes_handle* context);
void avs_aes_encrypt(avs_aes_handle* context);
void avs_aes_decrypt( avs_aes_handle* context);
int avs_aes_isBusy(avs_aes_handle* context);
#endif /*AVS_AES_H_ */
//AES 常用操作函数
#include <avs_aes.h>
```

```c
#include <string.h>
void sys_init(volatile int* wptr){
    volatile int* rptr = wptr;
    //内存测试
    printf("Hello from Nios II!\nIt's mem testing.\n");
    printf("Filling Memory at %p\n", wptr);
//%p 是返回指针类型，wptr 此时指向内存起始地址
    unsigned int TestData[8] = {
        0x81234567, 0x91234567, 0xA1234567, 0xB1234567,
        0xC1234567, 0xD1234567, 0xE1234567, 0xF1234567
        };
    int i=0;
    for(i=0; i< 8; i++){
        printf("| %d -> %X |\n", i, wptr); //依次写入数值: Userkey[0]~[7]
        *wptr=TestData[i];
        wptr++;
    }
    printf("\n I:%d Reading Memory from %X \n", i, rptr);
 //rptr 此时也指向内存起始地址

    int j=0;
    for(j=0; j< 8; j++){
        printf("MEM: %X > %X \n", rptr, *rptr); //依次读取内存地址数
据
        rptr++;
    }
}
void avs_aes_init(avs_aes_handle* context){
    context->key        = (unsigned int*) KEY_ADDR;
    context->data_in     = (unsigned int*) DATA_ADDR;
    context->result      = (unsigned int*) RESULT_ADDR;
    context->control     = (unsigned int*) AESCTRLWD;
    *(context->control)  = 0x00000000;
}
void avs_aes_setKey(avs_aes_handle* context, unsigned int* key){
    int i=0;
    unsigned int* target_ptr = (unsigned int* )context->key;

    *(context->control) &= (~0x00000080);
    for(i=0; i<KEYWORDS; i++){
        *(target_ptr++) = *(key++);                //输入密钥
```

```
        }
        *(context->control) |= 0x00000080;         //处理密钥指令
    }
    void avs_aes_setdata_in(avs_aes_handle* context, unsigned int* data_in){
        int i=0;
        unsigned int* target_ptr = (unsigned int* )context->data_in;
        for(i=0; i<4; i++){
            *(target_ptr++) = *(data_in++);         //输入数据
        }
    }
    void avs_aes_setKeyvalid(avs_aes_handle* context){
        *(context->control) |= 0x00000080;         //设置密钥有效
    }
    void avs_aes_encrypt(avs_aes_handle* context){
        *(context->control) |= 0x00000001;         //加密
    }
    void avs_aes_decrypt(avs_aes_handle* context){
        *(context->control) |= 0x00000002;         //解密
    }
    int avs_aes_isBusy(avs_aes_handle* context){
        unsigned int mycontrol = *(context->control);
        return mycontrol & 0x03;
    }
    //输入密钥
    void avs_aes_inputKey(avs_aes_handle* context, unsigned int* key){
        printf("Please input 256bit's key words  (32bits each time):\n");
        int i=0;
        for(;i<8 ;i++){
            scanf("%X", key);
            //printf("%X \n", *key);
            key++;
        }
    }
    //输入待处理数据
    void avs_aes_inputData(avs_aes_handle* context, unsigned int* data_in){
        printf("Please input 128bit's data words  (32bits each time):\n");
        int i=0;
        for(;i<4 ;i++){
            scanf("%X", data_in);
            //printf("%X \n", *data_in);
            data_in++;
```

```
    }
  }
//输入控制信号
voidavs_aes_inputCtrl(avs_aes_handle*context, unsignedint*ctrl_in){
  printf("Please input 32bit's key words:\n");
  scanf("%X", ctrl_in);
  //printf("%X \n", *ctrl_in);
}
```

2. 应用软件

　　应用软件主要是用软件来实现自动化控制系统，体现应用的逻辑控制。本系统可广泛应用于信息安全领域，具有一定的通用性，在具体的应用领域中，可针对具体的用途编写应用软件。本节中只给出简单的应用测试程序，其软件程序流程如图 7.30 所示。

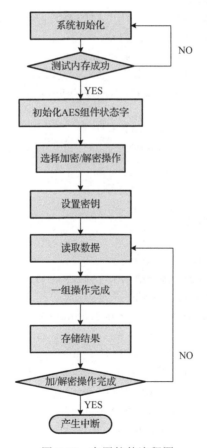

图 7.30　应用软件流程图

主要代码如下：

```c
#include <stdio.h>
#include <string.h>
#include <avs_aes.h>
#define SDRAM    0x01000000

int main(){
/*
    volatile unsigned int* aesctrl  = (unsigned int *)AESCTRLWD;
    volatile unsigned int* resultport = (unsigned int *)RESULT_ADDR;
    volatile unsigned int* dataport  = (unsigned int *)DATA_ADDR;
    volatile unsigned int* keyport  = (unsigned int *)KEY_ADDR;
    */
    avs_aes_handle context;
    volatile int* wptr = (int*)SDRAM;
     unsigned int result[32];
    unsigned int Userkey[8] = {
       0xA1234567, 0xB1234567, 0xC1234567, 0xD1234567,
       0xE1234567, 0xF1234567, 0xA7654321, 0xB7654321
       };
    unsigned int data_in[4] = {
       0x11223344, 0xAABBCCDD, 0x11AA22CC, 0xAB34CD56
       };
    unsigned int ctrl_in = 0x0;
    sys_init(wptr);
    //AES 加/解密操作
    printf("AES-Test\n");
    avs_aes_init(&context);                         //设置 context 的各指针位
    avs_aes_inputKey(&context, &Userkey);           //输入 r 密钥
    avs_aes_setKey(&context, &Userkey);             //打入密钥
    //printf("%X \n", *(context.control));
    avs_aes_inputData(&context, &data_in);          //输入数据
    avs_aes_setdata_in(&context, &data_in);         //打入数据
    avs_aes_inputCtrl(&context, &ctrl_in);          //输入指令
    avs_aes_encrypt(&context);                      //打入指令
    while(avs_aes_isBusy(&context)){                //等待指令执行结束
       printf("not ready\n");
    }
```

```
    printf("receiving 11223344_AABBCCDD_11AA22CC_AB34CD56\n");
    memcpy(result, context.result, 4*sizeof(unsigned int));
    //此处仅拷贝出 4 个数据
    int i=0;
    for(i=0; i<4 ; i++){
        printf("received 0x%X \n", result[i]);      //输出数据处理结果
    }
    printf("Done \n");
    return 0;
}
```

至此，基于 AES 的实时加/解密系统已经设计完毕，可仿真或下载到 DE2 开发板进行测试与验证。

3. 软件设计部分的具体流程

(1)打开 Nios II IDE，选择 File→New→Nios II C/C++ Application 菜单，按图 7.31 所示进行设置。

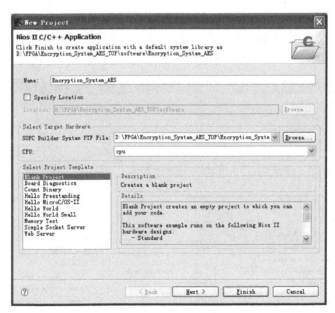

图 7.31　添加新工程

(2)在工程窗口中选择 Encryption_System_AES_TOP，单击右键，在弹出的快捷菜单中选择 New→Source File 创建源文件，如图 7.32 所示。单击 Finish 按钮返回编写代码。

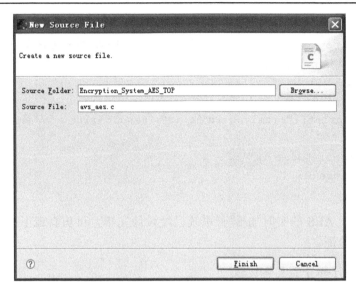

图 7.32　创建源文件

(3)右击工程 Encryption_System_AES_TOP，在弹出的快捷菜单中选择 System Library Properties 菜单，按图 7.33 进行设置，修改系统库的属性。本实验利用片上存储器，容量只设置了 4KB，为了节省内存空间，需勾选 Clean exit，Reduced device drivers 这两个选项，但是系统库属性应根据应用项目具体分析设置。

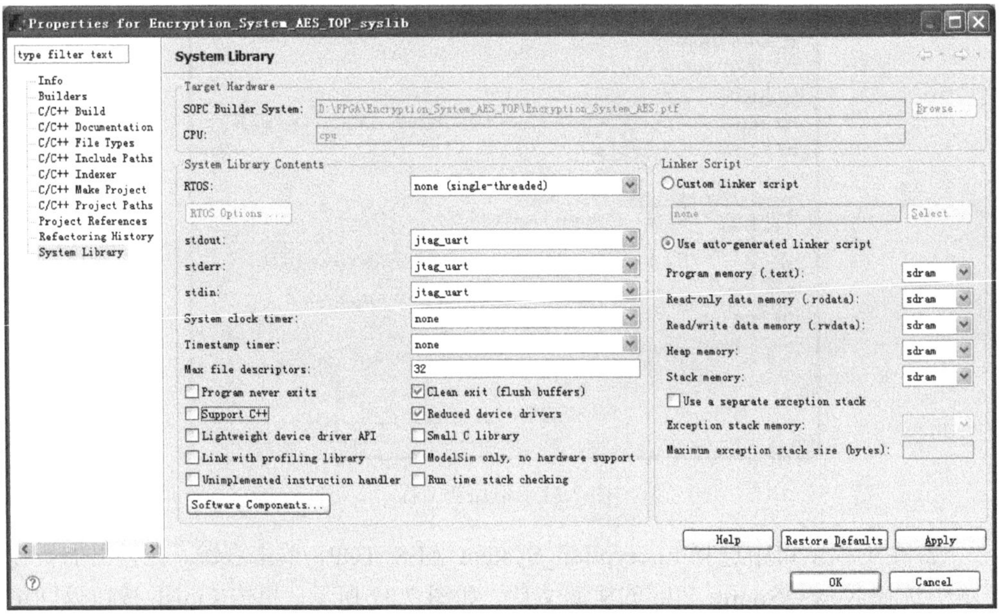

图 7.33　系统库属性设置对话框

（4）然后右击工程，选择 Build Project 菜单，编译软件工程。

（5）单击保存，在 IDE 界面，选择 Run→ Run 菜单，系统会自动探测 JTAG 连接电缆，并弹出如图 7.34 所示对话框。在 Main 选项卡的 Project 中选择刚才建立的工程 Encryption_System_ AES_TOP，在 Target Connection 选项卡中选择要使用的下载电缆。这里选择 USB-Blaster [USB-0]。其他设置保持默认选项。编译此程序，通过后下载到实验板验证，至此加/解密系统完成。

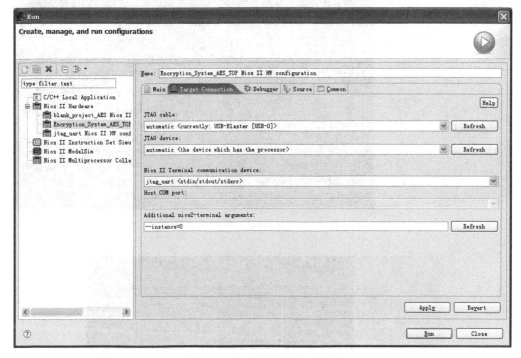

图 7.34　自动探测电缆对话框

7.4.2　系统综合与仿真测试

本系统将利用自主设计的高速伪随机数产生器产生 30 组测试数据，并调用 AES 加/解密软件来计算结果，并与 AES 组件的处理结果进行比对。在时序仿真阶段，本节主要观察 AES 加/解密组件内部的数据流是否正确，是否满足时序要求。而对系统测试阶段则主要通过手动输入测试和软件自动化测试两种方法。本节主要完成 AES 组件的时序与功能上的验证以及对加/解密系统的板上测试。

1. AES 组件的功能与时序仿真

本章的整个仿真过程都在 ModelSim 6.0 平台上实现的，仿真时钟为 100MHz 的情况下，其仿真波形分别如图 7.35、图 7.36 所示，仿真结果与软件运行的加/解密结果一致。

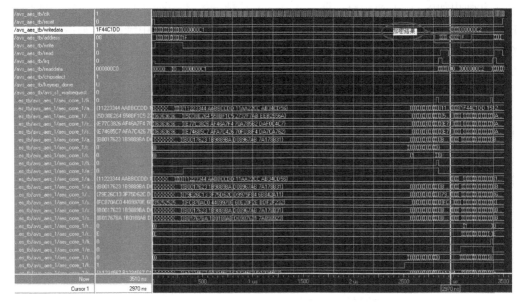

图 7.35 AES-256 功能仿真

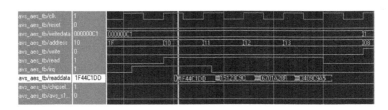

图 7.36 AES-256 时序仿真

其中，输入的密钥为

A1234567_B1234567_C1234567_D1234567_E1234567_F1234567_A7654321_B7654321（长度为 256bits）；

测试数据为

11223344_AABBCCDD_11AA22CC_AB34CD56（长度为 128bits）；

AES-256 算法的结果为

1F44C1DD_15123C9C_6701A28F_3409C9A5。

为了增加系统仿真测试的准确性，将利用伪随机数产生器，产生 30 组测试数据，对其分别加以仿真测试并与软件执行的结果加以对比。仿真结果与软件运行的加/解密结果一致，该 IP 核在功能与时序上都达到了预期的目的。

2. 加/解密系统的测试

系统测试是指通过编写应用测试软件，按照代码自动输入密钥、测试数据和操作指令，然后通过 Nios 7.0 IDE 环境中的 console 调试窗口的输出获得对测试数据的处理结果，并与上述处理结果进行对比。本测试由 32 位 Nios II 处理器完成逻辑调度，测试架构如图 7.37 所示。

系统测试是根据编写好的应用软件，将系统网表下载到 DE2 开发板，并在 Nios 7.0 IDE 环境运行软件，用户可以通过键盘和键盘接口逻辑，方便的输入控制信号，控制内部功能的转变；并且通过 Nios IDE 环境中的 console 调试窗口的输出获得测试数据的处理结果，实现了简易的人机交互功能，如图 7.38，图 7.39 所示。

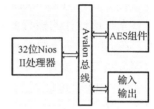

图 7.37　系统自动化测试架构

```
Problems  Console ✕  Properties
Encryption_System_Test Nios II HW configuration [Nios II Hardware] Nios II Terminal Window (10-8-25 下午5:0
Hello from Nios II!
It's mem testing.
Filling Memory at 0xffffff
分别在偏移地址:0到7,写入
 0x81234567,0x91234567,0xA1234567,0xB1234567,0xC1234567,0xD1234567,0xE1234567,0x
F1234567| 0 -> FFFFFF |
| 1 -> 1000003 |
| 2 -> 1000007 |
| 3 -> 100000B |
| 4 -> 100000F |
| 5 -> 1000013 |
| 6 -> 1000017 |
| 7 -> 100001B |

 I: 8 Reading Memory from FFFFFF
MEM: FFFFFF > 81234567
MEM: 1000003 > 91234567
MEM: 1000007 > A1234567
MEM: 100000B > B1234567
MEM: 100000F > C1234567
MEM: 1000013 > D1234567
MEM: 1000017 > E1234567
MEM: 100001B > F1234567
开始AES测试
Please input 256bit's key words  (32bits each time):
A1234567  B1234567  C1234567  D1234567  E1234567  F1234567  A7654321  B7654321
Please input 128bit's data words (32bits each time):
11223344  AABBCCDD  11AA22CC  AB34CD56
Please input 32bit's key words:
000000C1
not ready
not ready
```

图 7.38　软件自动化测试(1)

```
Problems  Console ✕  Properties
Encryption_System_Test Nios II HW configuration [Nios II Hardware] Nios II Terminal Window (10-8-25 下午5:0
not ready
not ready
not ready
not ready
not ready
received 1F44c1DD
received 15123C9C
received 6701A28F
received 3409C9A5
Done
```

图 7.39　软件自动化测试(2)

3. 性能分析

通过前两节的仿真与系统测试，能够确定整个设计是正确的，为了测试其性能，还需要对整个设计在芯片上的综合结果进行分析。本节主要对整个系统的时序做一个分析，采用 Quartus II 软件为分析工具，对系统的数据处理能力作一个估计，对性能进行对比，并对系统的实时性做一个简单的分析。

首先对该设计的核心加/解密模块 AES 进行时序、运行效率和资源占用情况做一个分析。在 Altera 公司的 Cyclone II EP2C20F484C6 FPGA 器件上综合，经过 Quartus II 的时序分析工具进行分析。

从图 7.40 中可以看出，核心模块 AES 在 Cyclone II EP2C20F484C6 芯片上占用逻辑单元数为 1987(LE)，使用片上内存为 75776bits，并且满足当前时序要求，此时模块 AES 的最大稳定频率为 91.83MHz，如图 7.41 所示。

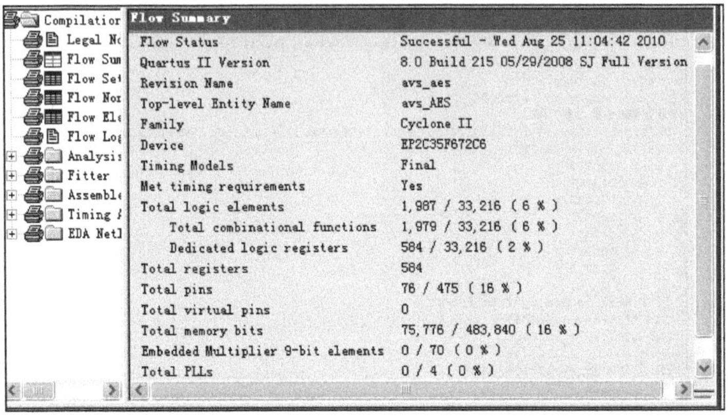

Flow Status	Successful - Wed Aug 25 11:04:42 2010
Quartus II Version	8.0 Build 215 05/29/2008 SJ Full Version
Revision Name	avs_aes
Top-level Entity Name	avs_AES
Family	Cyclone II
Device	EP2C35F672C6
Timing Models	Final
Met timing requirements	Yes
Total logic elements	1,987 / 33,216 (6 %)
Total combinational functions	1,979 / 33,216 (6 %)
Dedicated logic registers	584 / 33,216 (2 %)
Total registers	584
Total pins	76 / 475 (16 %)
Total virtual pins	0
Total memory bits	75,776 / 483,840 (16 %)
Embedded Multiplier 9-bit elements	0 / 70 (0 %)
Total PLLs	0 / 4 (0 %)

图 7.40　AES 加/解密组件综合结果

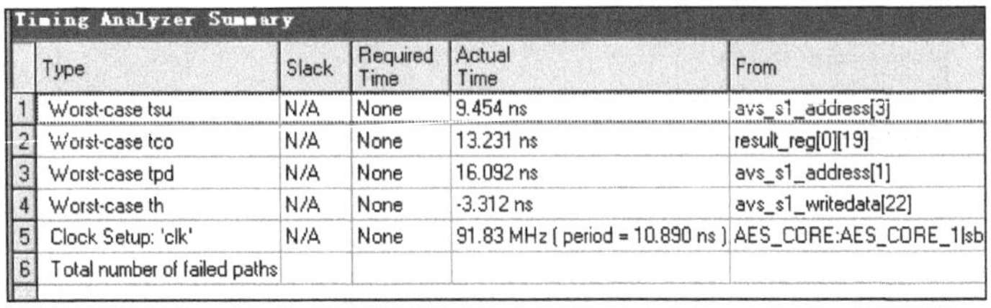

	Type	Slack	Required Time	Actual Time	From
1	Worst-case tsu	N/A	None	9.454 ns	avs_s1_address[3]
2	Worst-case tco	N/A	None	13.231 ns	result_reg[0][19]
3	Worst-case tpd	N/A	None	16.092 ns	avs_s1_address[1]
4	Worst-case th	N/A	None	-3.312 ns	avs_s1_writedata[22]
5	Clock Setup: 'clk'	N/A	None	91.83 MHz (period = 10.890 ns)	AES_CORE:AES_CORE_1|sb
6	Total number of failed paths				

图 7.41　AES 加/解密组件时序分析结果

在本系统中，对于加密/解密功能的实现，可以采用自定义组件和自定义指令这两种方式来实现。本章对这两种方法的优缺点进行了仔细的分析，合理地做出软硬件的划分，最终确定采用自定义组件的方式。首先，根据 AES 算法自定义 AES 加解密指令，虽然可以用一条指令来代替一串程序，简化了目标程序，缩小了高级语言与机器指令之间的差距，但是，增加了这些复杂指令并不等于缩短程序的执行时间。其次，为了实现复杂的 AES 指令，不仅增加了硬件的复杂程度，而且使指令的执行周期大大加长(指令执行周期平均都在 4 个周期以上)，从而有可能使整个程序的执行时间反而增加。因此软硬件功能划分必须合适。

本章所采用的自定义 AES 组件来实现加/解密的方法，虽然最终也采用硬件实现，但并没有使 Nios 处理器的精简指令复杂化，只是对数据的加/解密处理专一化。因此，本系统在实现加/解密功能的方法上比较合理。

7.5　实 例 总 结

本章实现了基于 AES 算法的加/解密系统，该设计以精简硬件结构为目标，与传统的以吞吐率为目标的流水线模式 AES 加/解密系统相比，具有消耗硬件资源小，性价比突出的优点。本系统可以选择三种不同长度的密钥(128，192，256)对数据进行加密、解密，其 IP 核采用了 Avalon 总线接口规范，可单独使用也可方便的作为自定义组件加入 Nios II 系统中用于嵌入式应用。同时该设计利用 FPGA 的片上存储器模块，在 S 盒的设计上采用可重构技术，并使整个设计具有了更高的安全性、可靠性与灵活性。最终以 Altera 的 EP2C20F484C6 芯片为下载目标，其时序仿真可正常运行在 100 MHz 的时钟频率下，该系统可广泛应用于信息安全领域。

第8章 基于 FPGA 的蓝牙智能小车的设计与实现

8.1 实 例 介 绍

随着无线通信技术的高速发展，物联网技术受到广泛关注，具有很高的研究价值。设备间的通信复杂度越来越高，为了加强设备间通信，智能系统通常需要具备控制功能来实现信息交换。智能小车是智能行走机器人的一种，其相关研究是智能设备的基础内容。智能小车可以适应不同环境，不受温度、湿度、空间、磁场辐射、重力等条件的影响，适用于国防及民用等多个领域。许多智能产品都是以智能小车为载体进行研究的，如智能加湿器，智能电子监控器等。

智能手机迅猛发展，在人们的日常生活中必不可少，以智能手机作为控制终端对智能设备进行控制是目前物联网技术的研究热点。传统的智能控制系统，大多基于红外技术或互联网来进行通信，数据传输往往都依赖于网络协议，实时性和安全性都不能完全满足人们对智能控制的需求。智能手机与智能设备间主要采用蓝牙技术进行通信。蓝牙是一种短距离无线通信技术，主要使用 2.4~2.485GHz 的 ISM 波段的 UHF 无线电波，可实现固定设备、移动设备和楼宇个人域网之间的短距离数据交换。蓝牙通常是两个蓝牙设备间的对称连接，可实现点对点及点对多点的通信。蓝牙技术具有许多优点，如功耗小，传输稳定，安全可靠，并且可以集成在任何需要无线传输的产品中，是实现数据无线传输的开放性规范。

本章实现基于 FPGA 的智能小车系统，采用智能手机作为控制终端对小车进行控制，实现一种基于蓝牙技术的控制系统。由于 FPGA 作为专用集成电路(ASIC)领域中的一种半定制电路的出现，既解决了定制电路的不足，又克服了原有可编程器件门电路数有限的缺点，相对于传统单片机具有高效、低成本、可移植、易操作、实时性高、集成性高的特点，所以，选用 FPGA 开发板作为下位机微处理器更有利于实现高效、快捷、稳定的智能控制系统。

本系统有如下功能。

(1)本设计可以实现智能小车的移动行驶、转向及正常驱动。

(2)本设计可以采用蓝牙技术实现智能手机与智能小车的无线通信，将智能手机作为上位机，FPGA 开发板作为下位机，实现对智能小车的遥控。

(3)本设计具有自动避障功能，通过超声波测距和左手法则实现小车的智能避障。

8.2　设计思路与原理

8.2.1　控制平台和设计语言简介

1. Android 平台

安卓(Android)是由 Google 公司和开放手机联盟领导及开发的一种基于 Linux 的自由及开放源代码的操作系统，主要使用于移动设备。本设计就是采用 Android 系统的智能手机作为控制平台。Android 操作系统最初由 Andy Rubin 开发，主要支持手机，2005 年 8 月由 Google 收购注资。2007 年 11 月，Google 与 84 家硬件制造商、软件开发商及电信运营商组建开放手机联盟共同研发改良 Android 系统。随后 Google 以 Apache 开源许可证的授权方式，发布了 Android 的源代码。

Android 系统由操作系统、中间件、用户界面和应用软件组成。它采用软件堆层(Software Stack)的架构，主要分为三个部分。底层以 Linux 内核工作为基础，由 C 语言开发，只提供基本功能；中间层包括函数库(Library)和虚拟机(Virtual Machine)，由 C++开发；最上层是各种应用软件，包括通话程序、短信程序等，应用软件则由各公司自行开发，以 Java 作为编写程序的一部分。

Android 平台的优势如下。

(1)开放性。Android 平台的优势中，开放性较为突出，关键在于它允许任何移动终端厂商加入到 Android 联盟中来，可以使其拥有更多的开发者。开放性对于 Android 的发展者而言，有利于积累消费者和厂商，使其随着用户和应用的日益丰富，很快从一个崭新的平台走向成熟；而对于消费者而言，最大的受益则是可以享受丰富的软件资源。

(2)不受束缚。在过去的很长一段时间里，运营商往往都制约着手机应用，比如使用什么功能或者接入什么网络都会受到控制。而随着增强型数据速率 GSM 演进技术(Enhanced Data Rate for GSM Evolution，EDGE)、高速下行分组接入技术(High Speed Downlink Packet Access，HSDPA)这些 2G 至 3G 移动网络的逐步过渡和提升，运营商的制约逐步减少，手机应用将不再被束缚，可以根据用户需求所选。

(3)硬件丰富。硬件丰富这一优势与 Android 平台的开放性相关。由于 Android 的开放性，众多的厂商会推出功能各具特色的产品。虽然功能上有差异，但却不会影响到数据同步、甚至软件的兼容，这大大提高了 Android 系统在市场的占有率。

(4)开发方便。Android 平台提供给第三方开发商一个十分宽泛、自由的环境，不会受到各种条条框框的约束，因此，各种千奇百怪的软件都会诞生。但另一方面，血腥、暴力、情色等方面的程序和游戏如何控制也是一个需要解决的问题。

(5) Google 应用。Google 服务如地图、邮件、搜索等已经成为连接用户和互联网的重要纽带，而 Android 平台手机无缝结合了这些优秀的 Google 服务，不仅方便了用户的日常生活，也使 Android 手机逐渐成为主流。

2. 设计语言

Java 语言是一种计算机编程语言，拥有跨平台、面向对象、泛型编程的特性，广泛应用于企业级 Web 应用开发和移动应用开发。Java 既是编译型又是解释型的语言，它首先将源代码编译成字节码，然后依赖各种不同平台上的虚拟机来解释执行字节码，从而实现了一次编写，到处运行的跨平台特性，Java 运行机制如图 8.1 所示。

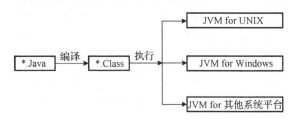

图 8.1　Java 运行机制

Java 语言具有以下特点。

(1) 简单。Java 语言简单高效，基本 Java 系统(编译器和解释器)所占空间不到 250KB。

(2) 平台无关性和可移植性。Java 采用了多种机制来保证可移植性，其程序不经修改或少量的修改就可在不同操作系统上运行。

(3) 安全性。Java 的编程类似 C++，但 Java 舍弃了 C++的指针对存储器地址的直接操作，程序运行时，内存由操作系统分配，这样可以避免病毒通过指针侵入系统。Java 对程序提供了安全管理器，防止程序的非法访问。

(4) 面向对象。Java 是纯面向对象的语言，将数据封装于类中，利用类的优点，实现了程序的简洁性和高可维护性。类的封装性、继承性等有关对象的特性，使程序代码只需一次编译，然后通过上述特性反复利用。

(5) 分布式。Java 建立在扩展 TCP/IP 网络平台上。库函数提供了用 HTTP 和 FTP 协议传送和接受信息的方法，这使得程序员使用网络上的文件和使用本机文件一样容易。

(6) 健壮性。Java 致力于检查程序在编译和运行时的错误，类型检查帮助检查出许多开发早期出现的错误。Java 自己操作内存也减少了内存出错的可能性。此外，Java 还实现了真数组，避免了覆盖数据的可能，这些功能特征大大提高了开发 Java 应用程序的周期。

(7) 动态。Java 在执行过程中，可以动态加载各种类库，这一特点使之非常适合于网络运行，同时也非常有利于软件的开发，即使更新类库也不必重新编译使用这一类库的应用程序。

8.2.2　蓝牙通信技术介绍

蓝牙技术，实际上是一种短距离无线电技术，使电子设备和数字移动设备之间不需要电缆就能实现连接，解决了不兼容设备之间不能实现通信连接的问题。由于蓝牙设备所占的体积小，能耗低，很多对数据传输速率要求不是很高的数字和电子设备都会首先考虑使用蓝牙技术进行通信。因此，蓝牙技术近年来已经发展成为最广泛使用的无线网络技术。

1. 蓝牙技术的特点

蓝牙无线通信技术主要有以下特点。

(1)适应范围广

蓝牙无线通信技术之所以能够在全球范围内广泛使用就在于其工作频段的范围，由于蓝牙技术研发之时选择在全球统一开发的 2.4GHz 的工业、科学、医学频段(Industrial Scientific Medical，ISM)，全世界范围内多数国家所使用的 ISM 频段是在 2.4~2.4835GHz 之间，ISM 频段包含在全球统一的频段之中，使用蓝牙无线通信技术的时候可以不受限于其所在地区的无线电资源部门。

(2)可同时传输语音和数据

蓝牙采用的是分组交换和电力交换技术，支持异步数据信道、三路语音信道或者语音和异步数据同时传输的信道。除此之外，蓝牙定义了面向同步链接链路(Synchronous Connection Oriented，SCO) 以及异步无连接链路(Asynchronous Connectionless，ACL)两种链路类型，其中 ACL 主要负责数据的传输，而 SCO 主要负责语音传输。也就是说蓝牙无线通信技术可以同时进行语音和数据的传输。

(3)能实现临时性对等链接

蓝牙设备在进行对等连接的时候，主动发起连接请求的一方为主设备，被动接收连接请求的一方为从设备。蓝牙的基本网络为由链接通信组成的微微网，当一个微微网形成时有一个主设备和一个或多个从设备。

(4)抗干扰能力强

蓝牙无线通信技术具备良好的抗干扰能力。主要原因在于其使用跳频的工作方式来进行频谱的扩展。现在很多生活中使用的电器设备、局域网和无线设备等会在 ISM 频段工作，这就和蓝牙设备所在的频段可能产生冲突，蓝牙设备将 2.402~2.48GHz 的频段分割成 79 个频点，相邻频点之间间隔 1MHz，数据分组在任意频点发出之后继续跳到另一个频点发送，并且频点的选择顺序没有规律性，频率改变为

1600 次/s，每个频率只持续 625μs，由此，蓝牙设备的工作就不会受到其他设备频段的干扰。

(5)体积小，功耗低

现在电子设备的更新换代越来越快，体积越来越小，所以这些设备中的蓝牙模块的体积也需随之改善，以便更好的集成到各种电子设备中去。蓝牙设备的耗能会根据其工作状态的不同有所增减，处于工作状态的蓝牙一般耗能不多，而非工作状态下的呼吸模式、保持模式、休眠模式消耗的能量更少。也就是说，蓝牙设备的体积比较小而且使用的时候均为低耗能模式。

(6)开放接口标准，成本低廉

在蓝牙无线通信技术推广的过程中，特别兴趣小组 SIG 将该技术各种标准向全世界公开，所以，企业在研发和生产产品的时候如果能够兼容 SIG 的蓝牙产品，那么这样的产品在市场上的适用性就更强。与此同时，蓝牙相关的应用程序也随之得到极大的推广。在这样的背景之下，蓝牙技术得到广范围的普及，制造蓝牙产品所需的投资也很大程度上降低了。

蓝牙技术的指标和系统参数如表 8.1 所示。

表 8.1　蓝牙技术指标和系统参数

技术指标	系统参数
工作频段	ISM 频段，2.402~2.480GHz
双工方式	全双工，TDD 时分双工
业务类型	支持电路交换和分组交换业务
数据速率	1Mbit/s
非同步信道速率	非对称连接 721/57.6Kbit/s，对称连接 432.6kbit/s
同步信道速率	64Kbit/s
功率	美国 FCC 要求<1mW，其他国家可扩展为 100mW
跳频频率数	79 个频点/MHz
跳频速率	1600 次/s
工作模式	PARK/HOLD/SNIFF
数据连接方式	面向连接业务 SCO、无连接业务 ACL
纠错方式	1/3FEC，2/3FEC，ARQ
鉴权	采用质询-响应方式
信道加密	采用 0 位、40 位、60 位加密
语音编码方式	连续可变斜率调制 CVSD
发射距离	一般可达 1~10m，增加功率情况下可达 100m

2. 蓝牙协议

蓝牙支持点到点和点到多点的连接，可采用无线方式将若干蓝牙设备连成一个微微网，多个微微网又可互联成特殊分散网，形成灵活的多重微微网的拓扑结构，从而实现各类设备之间的快速通道,它能在一个微微网内寻址 8 个设备(实际上互联的设备数量是没有限制的,只不过在同一时刻只能激活 8 个,其中一个为主,7 个为从)。

蓝牙技术规范的目的是使符合该规范的各种应用之间能够实现互操作。互操作的远端设备需要使用相同的协议栈,不同的应用需要不同的协议栈。并不是任何应用都必须使用全部协议,而是可以只使用其中的一层或多层。但是,所有的应用都要使用蓝牙技术规范中的数据链路层和物理层。

设计蓝牙协议栈的主要原则是尽可能地利用现有的各种高层协议,保证现有协议与蓝牙技术的融合以及各种应用之间的互通性,以及充分利用兼容蓝牙技术规范的软硬件系统。蓝牙技术规范的开放性保证了设备制造商可自由地选用其专利协议或常用的公共协议,在蓝牙技术规范基础上开发新的应用。蓝牙技术规范包括 Core 和 Profiles 两大部分。Core 是蓝牙的核心,主要定义蓝牙的技术细节;Profiles 部分定义了在蓝牙的各种应用中的协议栈组成,并定义了相应的实现协议栈。如图 8.2 所示。

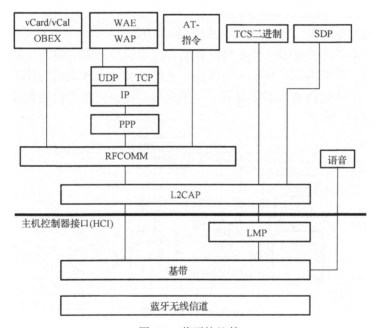

图 8.2　蓝牙协议栈

蓝牙协议体系结构采用分层方式,包括蓝牙专用协议和一些通用协议。专用协议位于协议栈的底部,从底到上依次是蓝牙无线层、基带层、链路管理协议层(LMP)、逻辑链路控制和适配协议层(L2CAP)、会话描述协议层(SDP)。另外串行线性仿真协议层(RFCOMM)以 ETSITS07.10 为基础,目的是取代电缆连接。在蓝牙专用协议之上可以承载点对点协议(Point to Point Protocol,PPP)、传输控制协议/因特网互联协议（Transmission Control Protocol/Internet Protocol，TCP/IP）、无线应用通信协议（Wireless Application Protocol，WAP）等通用高层协议。每一层分别完成数据流的过滤和传输、跳频和数据帧传输、连接的建立和释放、链路的控制、数据的拆装、业务质量、协议的复用和分用等功能。蓝牙的高层协议最大限度地重用了现存的协议，而且其高层应用协议都使用公共的数据链路层和物理层。

8.2.3　系统整体结构

本实例以 FPGA 为下位机，智能手机为上位机，通过蓝牙接口实现智能手机与 FPGA 开发板的通信，进一步达到手机对小车的控制。现代的大部分电子产品都基于可编程的中央处理器，这些处理器都可以与蓝牙芯片进行串口通信，蓝牙技术的适用性十分广泛，基于蓝牙技术的智能控制系统，只需在载有处理器的下位机上增加蓝牙模块，配置通信协议，实现串口通信，就可以实现基于蓝牙技术的智能控制系统。

由于 FPGA 作为专用集成电路（ASIC）领域中的一种半定制电路的出现，既解决了定制电路的不足，又克服了原有可编程器件门电路数有限的缺点，相对于传统单片机具有高效、低成本、可移植、易操作、实时性高、集成性高的特点，所以，选用 FPGA 作为下位机微处理器更有利于实现高效、便捷、稳定的智能控制系统。系统结构图如图 8.3 所示。

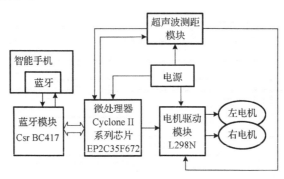

图 8.3　系统结构图

通过蓝牙技术在手机终端和下位机间建立连接并传送数据，FPGA 模块接收并处理这些命令，实时地对下位机设备进行智能控制。蓝牙小车系统主要由电源模块、FPGA 控制模块、蓝牙模块、电机驱动模块和手机端控制模块组成。具体步骤为：启动手机通信控制软件，软件会自动打开手机蓝牙，然后搜索蓝牙模块，搜索到后用手机向 FPGA 发送一个确认连接指令，FPGA 接收到指令后进行自检并返回给手机一个应答信号，手机再确认连接，建立通信就可通过手机向小车发出运行指令。

然后 FPGA 对接收到的指令进行处理，启动相应的电机动作实现命令内容。其工作流程图如图 8.4 所示。

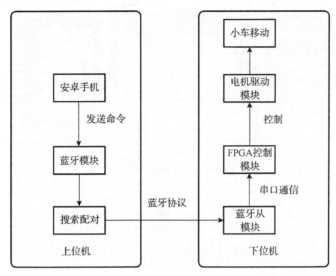

图 8.4　工作流程图

　　整个系统以 FPGA 作为控制中心，各模块实现特定功能，最后协调工作，完成小车智能控制，顶层模块图如图 8.5 所示，系统的网表结构图如图 8.6 所示。

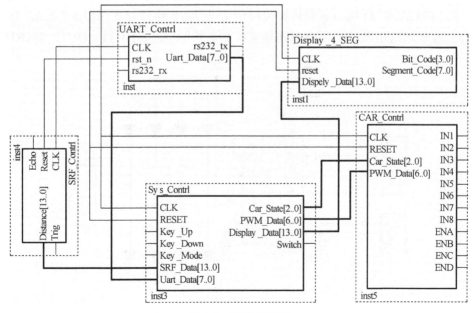

图 8.5　顶层模块图

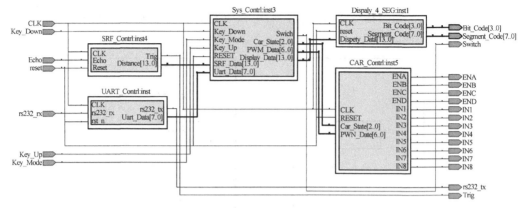

图 8.6   系统网表结构图

8.3   硬 件 设 计

8.3.1   电机驱动模块的设计

本系统使用 L298N 芯片作为电机驱动芯片。L298N 是一个具有高电压大电流的全桥驱动芯片，它响应频率高，一片 L298N 可以同时驱动 2 个二相或 1 个四相步进电机，接收标准 TTL 逻辑准位信号，且可以直接通过电源来调节输出电压。此芯片可直接由 FPGA 的 IO 端口来提供模拟时序信号。其电路原理图如图 8.7 所示，ISEN A 和 ISEN B 可与电流侦测用电阻连接来控制负载的电路；OUT1、OUT2 和 OUT3、

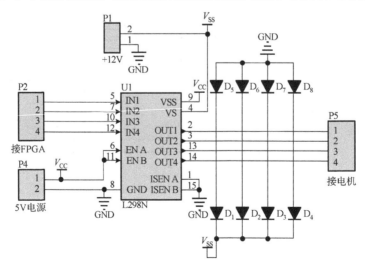

图 8.7   电机驱动芯片 L298N 的电路图

OUT4 之间可分别接 2 个步进电机；IN1～IN4 输入控制电位来控制电机的正反转；使能端 ENA 和 ENB 则控制电机停转。用该芯片作为电机驱动，操作方便，稳定性好，性能优良。

电机驱动小车避障还要结合超声波测距模块测距，FPGA 信号处理，同时调节 PWM 来调节电机两端电压电流以达到控制小车速度的功能。L298N 驱动电机的控制方式如表 8.2 所示。这种调速方式有调整平滑、调速范围广、过载能力大，能承受频繁的负载冲击，实现快速启动、制动和反转的特点。电机驱动模块图如图 8.8 所示。

表 8.2 L298N 电机驱动的控制原理

使能 EN	左电机		右电机		左电机	右电机	小车状态
	A1	A2	B1	B2			
PWM	0	0	0	0	停止	停止	停止
PWM	0	1	1	0	正转	反转	右转
PWM	1	0	0	1	反转	正转	左转
PWM	0	1	0	1	正转	正转	前行

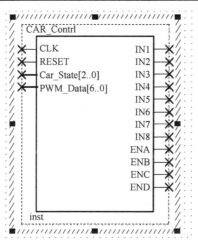

图 8.8 电机驱动模块图

模块主要代码如下。

```
//底层电机小车控制驱动模块，主要根据系统输入的小车状态，和 PWM 占空比数据
  来控制 2 路 L298 芯片的驱动 IO
module CAR_Contrl(CLK,RESET,
            Car_State,PWM_Data,
            IN1,IN2,IN3,IN4,
            IN5,IN6,IN7,IN8,
```

```verilog
                    ENA,ENB,ENC,END,
                    );
    input CLK;
    input RESET;
    input [2:0]Car_State;//输出小车运行状态,共 5 种分别为左行,右行,
                         前进,后退,停止
    input [6:0]PWM_Data;//小车车速控制量:PWM 占空比(0~100)
    output IN1,IN2,IN3,IN4,IN5,IN6,IN7,IN8;
    output ENA,ENB,ENC,END;

assign ENA = (clk_cnt > PWM_Data*500 )? 1'b0:1'b1;
                         //实现 PWM 占空比输出
assign ENB = ENA;
assign ENC = ENA;
assign END = ENA;
assign IN5 = IN1;
assign IN6 = IN2;
assign IN7 = IN3;
assign IN8 = IN4;
reg IN1,IN2,IN3,IN4;
parameter Car_Stop    = 3'd0;
parameter Car_Forword = 3'd1;
parameter Car_Back    = 3'd2;
parameter Car_Left    = 3'd3;
parameter Car_Right   = 3'd4;
//=====底层电机驱动 L298 控制模块======
always@(posedge  CLK or negedge RESET)
begin
 if(!RESET)
        begin
        IN1 <= 0;
        IN2 <= 0;
        IN3 <= 0;
        IN4 <= 0;
        end
 else case(Car_State)
    Car_Stop :begin
                IN1 <= 0;
                IN2 <= 0;
```

```verilog
                                   IN3 <= 0;
                                   IN4 <= 0;
                          end
        Car_Forword :begin
                                   IN1 <= 1;
                                   IN2 <= 0;
                                   IN3 <= 1;
                                   IN4 <= 0;
                          end
        Car_Back:    begin
                                   IN1 <= 0;
                                   IN2 <= 1;
                                   IN3 <= 0;
                                   IN4 <= 1;
                          end
        Car_Left:    begin
                                   IN1 <= 0;
                                   IN2 <= 1;
                                   IN3 <= 1;
                                   IN4 <= 0;
                          end
        Car_Right:   begin
                                   IN1 <= 1;
                                   IN2 <= 0;
                                   IN3 <= 0;
                                   IN4 <= 1;
                          end
        endcase
end
//====控制电机驱动 PWM 周期为 1us====
reg[31:0] clk_cnt;
always@(posedge  CLK or negedge RESET)
begin
if(!RESET) clk_cnt <= 0;
else if(clk_cnt == 32'd50000)  clk_cnt <= 0;
else clk_cnt <= clk_cnt + 1;
end
endmodule
```

8.3.2　超声波测距模块的设计

　　超声波是一种高频率的声波，其频率高于 20000Hz，在人的听觉范围以外。由于超声波指向性强，能量消耗缓慢，在介质中传播的距离较远，因而超声波经常用于距离的测量。利用超声波检测往往比较迅速、方便、计算简单、易于做到实时控制，并且在测量精度方面能达到工业实用的要求，因此广泛应用于现代工业。在智能控制系统中利用超声波测距以及时获取距障碍物的距离信息，再通过对距离信息的处理，转化为控制指令，以实现实时控制。这将大大提高智能控制系统的时效性、精准性，更能降低系统的复杂度，便于系统的操作实现。

　　超声波传感器是利用超声波的特性研制而成的传感器。超声波是一种震动频率高于人耳可识别声波的机械波，由换能芯片在电压的激励下发生振动产生的，它具有频率高、波长短、绕射现象小，特别是方向性好、能够成为射线而定向传播的特点。将超声波感应器模块与 FPGA 微处理器相结合之后可以发挥其处理器的优点，该模块处理往往比较迅速，方便，计算简单，易于做到实时控制和测量精度的提升。

　　图 8.9 是超声波传感器的结构图。有两块压电晶片和一块共振板。当它的两电极加脉冲信号(触发脉冲)，若其频率等于晶片的固有频率时，压电晶片就会发生共振，并带动共振板振动，从而产生超声波。相反，电极间未加电压，则当共振板接收到回波信号时，将压迫两压电晶片振动，从而将机械能转换为电信号，此时的传感器就成了超声波接收器。

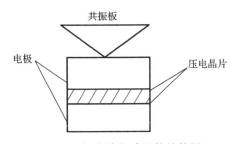

图 8.9　超声波传感器的结构图

　　本系统使用的超声波模块主要实现的功能是测距并返回数据。超声波测距模块通过发射电路和接收电路测出时间差 T，然后根据公式 $S = CT/2$ 算出小车距离障碍物的距离 S(其中 C 为超声波在空气中的传播速度)。FPGA 实时接收和处理距离信号，并将处理后的信号转换为控制指令。当到达警报距离时，FPGA 控制电机驱动模块使小车减速；当到达极限距离时，FPGA 控制电机驱动模块使小车马上左转，此处的左转是依照左手定则，当小车的前方和左方都有障碍物时，小车左转两次，实现向后运动。驱动小车前进或者避障的处理过程流程图如图 8.10 所示。

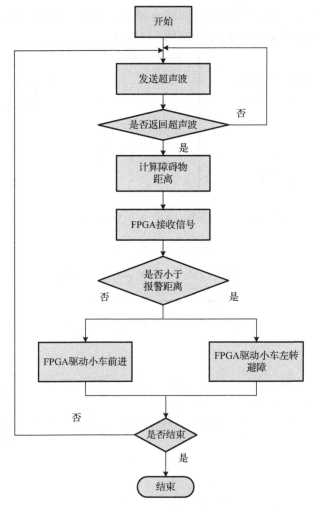

图 8.10　超声波避障流程图

该智能系统中，超声波测距模块与 FPGA 芯片的通信过程如图 8.11 所示。集成电路 CX20106A 是一款红外线检波接收的专用芯片，常用于电视机红外遥控接收器，考虑到红外遥控常用的载波频率 38 kHz 与测距的超声波频率 40 kHz 较为接近，可以利用它制作超声波检测接收电路。FPGA 发出超声波测距是通过不断检测超声波发射后遇到障碍物所反射的回波，从而测出发射和接收回波的时间差，然后求出距离，从而实现对驱动部件的控制。超声波模块端口示意如图 8.12 所示。

其中，CLK 引脚为处理器时钟输入端，Reset 为重置端口，Trig 为控制端，通过 IO 输出至少 10μs 的高电平，此时模块自动发送 8 个 40kHz 的超声波，并检测是否有返回声波；Echo 端口为接收端，当模块发送的超声波有返回声波的时候，给该

端口一个高电平，高电平持续的时间即为超声波返回的时间；通过 Echo 端和 Trig
端的数据即可测得距离 Distance 输出到 FPGA 芯片。

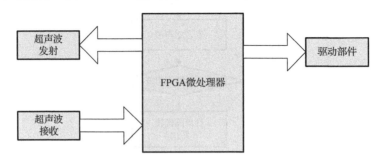

图 8.11　超声波测距模块与 FPGA 芯片的通信过程

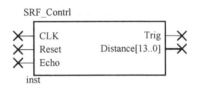

图 8.12　超声波模块端口示意图

模块主要代码如下。

```verilog
//Ultrasonic ranging module which is used to measure the distance
  of the obstacles ahead.
module SRF_Contrl(CLK,Reset,Trig,Echo,Distance);
input CLK;
input Reset;
input Echo;
//ultrasonic module dctecting element
output Trig;
//ultrasonic module control element
output[13:0]Distance;
//Output ultrasonic obstacle distance value.
reg[31:0] Distance_r;
assign Distance = Distance_r/2941;
//Calculate and output ultrasonic obstacle distance value
reg [31:0] Nummber_Ms;
reg [3:0] State;
reg Trig;
reg [31:0]Trig_Cont;
reg [31:0]TimeOut_Cont;
```

```verilog
reg [31:0]Echo_Cont;
reg Echo_r;
always@(posedge CLK or negedge Reset)
begin
if(!Reset) Echo_r <= 0;
else Echo_r  <= Echo ;
end

always@(posedge CLK or negedge Reset)
begin
if(!Reset)
        begin
        State <= 4'd0;
        Trig  <= 1'b0;
        Trig_Cont <= 32'd0;
        Echo_Cont <= 32'd0;
        Distance_r<= 32'd0;
        TimeOut_Cont <= 32'd0;
        end
else
        begin
        case(State)
        4'd0: begin
 //----------------------initialization----------------------
                Trig          <= 1'b0;
                Trig_Cont     <= 32'd0;
                Echo_Cont     <= 32'd0;
                TimeOut_Cont  <= 32'd0;
                State         <= 4'd1;
                end
        4'd1: begin
//----set more than 10 us high level to trigger signal ----
Trig  <= 1'b1;
                if(Trig_Cont == 32'd500000)begin Trig_Cont <= 32'd0;
                     State <= 4'd2; end
                else begin  Trig_Cont <= Trig_Cont + 1; State <= 4'd1; end
                end
        4'd2: begin
                Trig  <= 1'b0;
```

```
            if(Trig_Cont == 32'd500)begin Trig_Cont <= 32'd0;
                  State <= 4'd3; end
            else begin Trig_Cont <= Trig_Cont + 1; State <= 4'd2;end
            end
      4'd3: begin
            if(!Echo_r) State <= 4'd4;
            else    State <= 4'd3;
            end
      4'd4: begin
            if(Echo_r) State <= 4'd5;
            else if(TimeOut_Cont == 32'd50000000) begin TimeOut_
                  Cont <= 0; State <= 4'd0; end
            else begin TimeOut_Cont <= TimeOut_Cont +1;State
                  <= 4'd4; end
            end
      4'd5: begin//----measure the ultrasonic time from launching
                  to recover ing----
            if(!Echo_r) State <= 4'd6;
            else begin Echo_Cont <= Echo_Cont + 1; State <= 4'd5;end
            end
      4'd6: begin
            Distance_r <= Echo_Cont;
            if(TimeOut_Cont == 32'd50000000) begin TimeOut_Cont
                  <= 0; State <= 4'd0; end
            else begin TimeOut_Cont <= TimeOut_Cont +1;State <=
                  4'd6; end
            State <= 4'd0;
            end
      default: State <= 4'd0;
      endcase
      end
end
endmodule
```

8.3.3　蓝牙模块的设计

本系统使用的蓝牙模块是 SH-HC-O6，利用串口 UART 协议进行收发数据。手机蓝牙作为客户端，小车上的蓝牙模块作为服务端。客户端通过蓝牙与服务端进行数据传输，服务端将接收到的客户端信号传给 FPGA 控制模块，FPGA 接收并处理数据，然后再把处理后的数据发回去。发送数据的比特率可选 9600bit/s，19200bit/s，38400bit/s，57600bit/s，115200bit/s 等，灵活可调。发送格式为：1bit 起始位，8bit 数据，1bit 停止位。整个通信处理过程可细分为数据接收和数据发送，处理流程图分别如图 8.13 和图 8.14 所示。

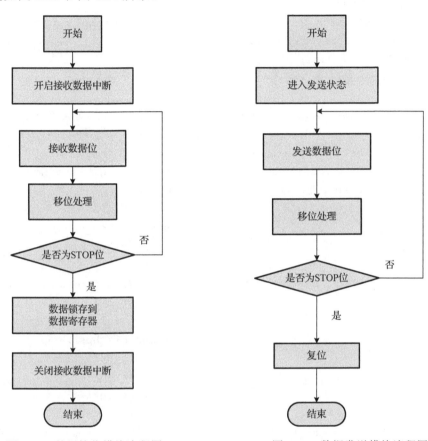

图 8.13　数据接收模块流程图　　　　　图 8.14　数据发送模块流程图

```
module UART_Contrl(clk,rst_n,rs232_rx,rs232_tx,Uart_Data);

input clk;
//50MHz master clock
input rst_n;
//low level reset signal
input rs232_rx;
//rs232 data reception signal
output rs232_tx;
//rs232 data transmition signal
```

```verilog
output[7:0] Uart_Data;
assign Uart_Data = rx_data;
wire bps_start;
//After receiving data, baud rate clock starts setting signal.
wire clk_bps;
//clk_bps's high level is in the middle of the sampling points for
  sending or receiving data.
wire[7:0] rx_data;
//Data reception registers save data until the next data.
wire rx_int;
//Receive data and the signal is high level all the time.
//-----------------------------------------------------------
speed_select      speed_select( .clk(clk),
//Baud rate selection module resets receiving and sending module,
  does not support full-duplex communication.
                                .rst_n(rst_n),
                                .bps_start(bps_start),
                                .clk_bps(clk_bps)
                                );
my_uart_rx       my_uart_rx(    .clk(clk), //data reception module
                                .rst_n(rst_n),
                                .rs232_rx(rs232_rx),
                                .clk_bps(clk_bps),
                                .bps_start(bps_start),
                                .rx_data(rx_data),
                                .rx_int(rx_int)
                                );
my_uart_tx       my_uart_tx(    .clk(clk), //data transmition module
                                .rst_n(rst_n),
                                .clk_bps(clk_bps),
                                .rx_data(rx_data),
                                .rx_int(rx_int),
                                .rs232_tx(rs232_tx),
                                .bps_start(bps_start)
                                );
endmodule
module speed_select(clk,rst_n,bps_start,clk_bps);
input clk;
//50MHz master clock
```

```verilog
input rst_n;
//low level reset signal
input bps_start;
//After receiving data, baud rate clock starts setting signal.
output clk_bps;
//clk_bps's high level is in the middle of the sampling points for
  sending or receiving data.
Parameter   bps9600     = 5207, //Baud rate is 9600bps.
            bps19200    = 2603, //Baud rate is 19200bps.
            bps38400    = 1301, //Baud rate is 38400bps.
            bps57600    = 867,  //Baud rate is 57600bps.
            bps115200   = 433;  //Baud rate is 115200bps.
parameter   bps9600_2   = 2603,
            bps19200_2  = 1301,
            bps38400_2  = 650,
            bps57600_2  = 433,
            bps115200_2 = 216;
reg[12:0] bps_para;
//maximum frequency count
reg[12:0] bps_para_2;
//half of the frequency count
reg[12:0] cnt;
//frequency count
reg clk_bps_r;
//baud rate clock register

reg[2:0] uart_ctrl;
//uart baud rate selection register
always @ (posedge clk or negedge rst_n) begin
    if(!rst_n) begin
        uart_ctrl <= 3'd0;    //Default baud rate is9600bps.
    end
    else begin
        case (uart_ctrl)      //baud rate setting
            3'd0:  begin
                bps_para      <= bps9600;
                bps_para_2    <= bps9600_2;
                end
            3'd1:  begin
```

```
                    bps_para        <= bps19200;
                    bps_para_2      <= bps19200_2;
                    end
            3'd2:  begin
                    bps_para        <= bps38400;
                    bps_para_2      <= bps38400_2;
                    end
            3'd3:  begin
                    bps_para        <= bps57600;
                    bps_para_2      <= bps57600_2;
                    end
            3'd4:  begin
                    bps_para        <= bps115200;
                    bps_para_2      <= bps115200_2;
                    end
            default: ;
            endcase
        end
end

always @ (posedge clk or negedge rst_n)
    if(!rst_n) cnt <= 13'd0;
else if(cnt<bps_para && bps_start) cnt <= cnt+1'b1;
//Start baud rate clock counting.
    else cnt <= 13'd0;

always @ (posedge clk or negedge rst_n)
    if(!rst_n) clk_bps_r <= 1'b0;
else if(cnt==bps_para_2 && bps_start) clk_bps_r <= 1'b1;
//clk_bps_r's high level is in the middle of the sampling points
  for sending or receiving data.
    else clk_bps_r <= 1'b0;

assign clk_bps = clk_bps_r;
endmodule

module my_uart_rx(clk,rst_n,rs232_rx,clk_bps,bps_start,rx_data,rx_int);

input clk;
```

```
//50MHz master clock
input rst_n;
//low level reset signal
input rs232_rx;
//rs232 data reception signal
input clk_bps;
//clk_bps's high level is in the middle of the sampling points for
  sending or receiving data.
output bps_start;
//After receiving data, baud rate clock starts setting signal.
output[7:0] rx_data;
//Data reception registers save data until the next data.
output rx_int;
//Receive data and the signal is high level all the time.


//------------------------------------------------------------
reg rs232_rx0,rs232_rx1,rs232_rx2;
//Data reception register which is used to filter.
wire neg_rs232_rx;
//Data line receives the falling edge.
always @ (posedge clk or negedge rst_n) begin
    if(!rst_n) begin
        rs232_rx0 <= 1'b1;
        rs232_rx1 <= 1'b1;
        rs232_rx2 <= 1'b1;
      end
    else begin
        rs232_rx0 <= rs232_rx;
        rs232_rx1 <= rs232_rx0;
        rs232_rx2 <= rs232_rx1;
      end
end
assign neg_rs232_rx = rs232_rx2 & ~rs232_rx1;
//After receiving the falling edge ,neg_rs232_rx sets a high clock cycle.


//------------------------------------------------------------
reg bps_start_r;
reg[3:0]  num;
//shift number of times
```

```verilog
reg rx_int;
//Receive data and the signal is high level all the time.
always @ (posedge clk or negedge rst_n) begin
    if(!rst_n) begin
            bps_start_r    <= 1'bz;
            rx_int         <= 1'b0;
        end
    else if(neg_rs232_rx&&(!rx_int)) begin
            bps_start_r    <= 1'b1;
//Start to receive data.
            rx_int         <= 1'b1;
//Receive data interrupt signals.
        end
    else if(num==4'd10) begin
            bps_start_r    <= 1'bz; //Finish receiving data.
            rx_int         <= 1'b0;
 //Finish receiving data interrupt signals.
        end
end
assign bps_start = bps_start_r;
//After a specified time delay , the change value is assigned to
  wire variable
//------------------------------------------------------------
reg[7:0] rx_data_r;
//Receive data and the signal is high level all the time.
//------------------------------------------------------------

reg[7:0]   rx_temp_data;
//current data reception register
reg rx_data_shift;
//data shift ed mark
always @ (posedge clk or negedge rst_n) begin
    if(!rst_n) begin
            rx_data_shift <= 1'b0;
            rx_temp_data  <= 8'd0;
            num           <= 4'd0;
            rx_data_r     <= 8'd0;
        end
else if(rx_int) begin
```

```
//data reception processing
      if(clk_bps) begin
//Data reception processing, received data has 1 start bit, 8 data
  bit and 1 end bit.
          rx_data_shift                 <= 1'b1;
          num                           <= num+1'b1;
          if(num<=4'd8) rx_temp_data[7]  <= rs232_rx;
 //latch -9bit(1 start bit and 8 data bit)
      end
    else if(rx_data_shift) begin
//data displacement processing
          rx_data_shift <= 1'b0;
          if(num<=4'd8) rx_temp_data <= rx_temp_data >> 1'b1;
     //Shift eight times, remove the first bit and remain 8 bit
          else if(num==4'd10) begin
              num <= 4'd0;
//End with receiving stop bit, then reset num.
              rx_data_r <= rx_temp_data;
//Latch the data into data registers.
          end
        end
      end
end
assign rx_data = rx_data_r;
endmodule


modulemy_uart_tx(clk, rst_n, clk_bps, rx_data, rx_int, rs232_tx, bps_start);
input clk;
//50MHz master clock
input rst_n;
//low level reset signal
input clk_bps;
//clk_bps's high level is in the middle of the sampling points for
  sending or receiving data.
input[7:0] rx_data;
//data reception registers
input rx_int;
//Receive data and the signal is high level all the time, take
  advantage of its falling edge to send data.
```

```verilog
output rs232_tx;
//rs232 datd sengding signal
output bps_start;
//Baud rate clock starts setting signal
//--------------------------------------------------------------
reg rx_int0,rx_int1,rx_int2;
//rx_intsignal register which is used to catch falling edge and
  to filter.
wire neg_rx_int;
//falling edge flag bit
always @ (posedge clk or negedge rst_n) begin
    if(!rst_n) begin
          rx_int0 <= 1'b0;
          rx_int1 <= 1'b0;
          rx_int2 <= 1'b0;
      end
    else begin
          rx_int0 <= rx_int;
          rx_int1 <= rx_int0;
          rx_int2 <= rx_int1;
      end
end

assign neg_rx_int =  ~rx_int1 & rx_int2;
//neg_rx_int maintains a master clock cycle after catching the
  falling edge.
//--------------------------------------------------------------
reg[7:0] tx_data;
//sent data registers
//--------------------------------------------------------------
reg bps_start_r;
reg tx_en;
//Send data enable signal ,high is effective.
reg[3:0] num;
always @ (posedge clk or negedge rst_n) begin
    if(!rst_n) begin
          bps_start_r   <= 1'bz;
          tx_en         <= 1'b0;
          tx_data       <= 8'd0;
```

```
        end
else if(neg_rx_int) begin
//Ready to send back the received data after receiving data.
        bps_start_r   <= 1'b1;
        tx_data       <= rx_data;
//Save the received data into sent data registers.
        tx_en         <= 1'b1;
//send data
    end
else if(num==4'd11) begin
//Reset after sending data
        bps_start_r   <= 1'bz;
        tx_en         <= 1'b0;
    end
end

assign bps_start = bps_start_r;
//------------------------------------------------------------
reg rs232_tx_r;
always @ (posedge clk or negedge rst_n) begin
    if(!rst_n) begin
        num <= 4'd0;
        rs232_tx_r <= 1'b1;
    end
    else if(tx_en) begin
        if(clk_bps)   begin
            num <= num+1'b1;
            case (num)
                4'd0:  rs232_tx_r <= 1'b0;
//send start bit
                4'd1:  rs232_tx_r <= tx_data[0];
//send bit0
                4'd2:  rs232_tx_r <= tx_data[1];
//send bit1
                4'd3: rs232_tx_r <= tx_data[2];
//send bit2
                4'd4:  rs232_tx_r <= tx_data[3];
//send bit3
                4'd5:  rs232_tx_r <= tx_data[4];
```

```
//send bit4
                4'd6: rs232_tx_r <= tx_data[5];
//send bit5
                4'd7:  rs232_tx_r <= tx_data[6];
//send bit6
                4'd8: rs232_tx_r <= tx_data[7];
//send bit7
                4'd9: rs232_tx_r <= 1'b0;
//send end bit
default: rs232_tx_r <= 1'b1;
                endcase
            end
        else if(num==4'd11) num <= 4'd0;
//reset
        end
end
assign rs232_tx = rs232_tx_r;
endmodule
```

8.4　软件设计与综合测试

8.4.1　软件设计

嵌入式系统中，往往采用自顶向下或自底向上的思想对整个系统进行模块化设计。而对于整个系统来说协调各个子模块和数据的调用，是系统设计者的关键任务。

本系统基于蓝牙技术设计 FPGA 智能小车，为实现智能手机与 FPGA 芯片的通信，需要通过蓝牙模块发射和接收信号。智能手机的应用基于 Eclipse 开发平台，采用 Java 语言进行设计。

设计思路如下。

(1)打开 Eclipse 集成开发环境，建立名为 Bluetooth-carandroid 的项目工程。

(2)选择 Create Activity，用 Textview 文本控件和 Button 按钮控件布局好手机端画面，同时为每一个控件设置一个 ID。

(3)编写监听程序，当接收到按键命令时，根据按键 ID 的不同，跳转到不同的 case 里，向小车蓝牙模块发送不同的数据。

(4)在程序里直接写进小车蓝牙模块的蓝牙地址，当程序开始运行时，将会自动搜索该地址的蓝牙芯片。注意，在第一次配对连接成功后，记忆该地址，以后每次打开蓝牙时就会自动进行搜索配对。

主要代码如下。

```java
//Service 程序文件
package qrx.bt.c;
import android.bluetooth.BluetoothAdapter;
import android.bluetooth.BluetoothDevice;
import android.bluetooth.BluetoothSocket;
import android.content.Context;
import android.os.Bundle;
import android.os.Handler;
import android.os.Message;
import java.io.IOException;
import java.io.InputStream;
import java.io.OutputStream;
import java.io.PrintStream;
import java.util.UUID;

public class BluetoothService
{
  private static String BufferRead = "00";
  private static final UUID MY_UUID = UUID.fromString("00001101-
          0000-1000-8000-00805F9B34FB");
  public static String ReadMsg = "00";
  public static ConnectedThread connectedThread;
  private ConnectThread connectThread;
  private final BluetoothAdapter mAdapter = BluetoothAdapter.
          getDefaultAdapter();
  private final Handler mHandler;

  public BluetoothService(Context paramContext, Handler paramHandler)
  {  this.mHandler = paramHandler;
  }

  public void cancelThread()
  {
    if (connectedThread != null)
    {
      connectedThread.cancel();
      connectedThread = null;
```

```java
    }
  }

  public void connect(BluetoothDevice paramBluetoothDevice)
  {
    if (connectedThread != null)
    {
      connectedThread.cancel();
      connectedThread = null;
    }
    this.connectThread = new ConnectThread(paramBluetoothDevice);
    this.connectThread.start();
  }

  class ConnectThread extends Thread
  {
    private final BluetoothDevice mmDevice;
    private final BluetoothSocket mmSocket;

    public ConnectThread(BluetoothDevice arg2)
    {
      Object localObject;
      this.mmDevice = localObject;
      try
      {
        BluetoothSocket localBluetoothSocket2 = local
Object.createRfcommSocketToServiceRecord(BluetoothService.MY_UUID);
        localBluetoothSocket1 = localBluetoothSocket2;
        this.mmSocket = localBluetoothSocket1;
        return;
      }
      catch (IOException localIOException)
      {
        while (true)
          BluetoothSocket localBluetoothSocket1 = null;
      }
    }

    public void run()
```

```
  {
    System.out.println("ConnectThread 线程启动");
    try
    {
      this.mmSocket.connect();
      System.out.println("mmSocket.connect()");
      Message localMessage = BluetoothService.this.mHandler.
          obtainMessage(5);
      Bundle localBundle = new Bundle();
      localBundle.putString("toast", "连接成功");
      localMessage.setData(localBundle);
      BluetoothService.this.mHandler.sendMessage(localMessage);
      BluetoothService.connectedThread=new;
      BluetoothService.ConnectedThread(BluetoothService.this,
                                       this.mmSocket);
      BluetoothService.connectedThread.start();
      return;
    }
    catch (IOException localIOException1)
    {
      try
      {
        this.mmSocket.close();
        return;
      }
      catch (IOException localIOException2)
      {
      }
    }
  }
}

public class ConnectedThread extends Thread
{
  private final InputStream mmInStream;
  private final OutputStream mmOutStream;
  private final BluetoothSocket mmSocket;

  public ConnectedThread(BluetoothSocket arg2)
```

```
{
  Object localObject;
  this.mmSocket = localObject;
  InputStream localInputStream = null;
  try
  {
    localInputStream = localObject.getInputStream();
    OutputStream localOutputStream2 = localObject.getOutputStream();
    localOutputStream1 = localOutputStream2;
    this.mmInStream = localInputStream;
    this.mmOutStream = localOutputStream1;
    return;
  }
  catch (IOException localIOException)
  {
    while (true)
      OutputStream localOutputStream1 = null;
  }
}

public void cancel()
{
  try
  {
    this.mmSocket.close();
    return;
  }
  catch (IOException localIOException)
  {
  }
}

public void run()
{
  byte[] arrayOfByte = new byte[1024];
  try
  {
    while (true)
      this.mmInStream.read(arrayOfByte);
```

```
    }
    catch (IOException localIOException)
    {
    }
  }
  public void write(byte[] paramArrayOfByte)
  {
    try
    {
      this.mmOutStream.write(paramArrayOfByte);
      return;
    }
    catch (IOException localIOException)
    {
    }
  }
}
```

8.4.2　系统综合与仿真测试

本设计在 **Quartus II 8.0** 平台上综合生成 SOPC 系统，并仿真验证。在仿真验证无误后对系统进行布局布线，下载到 DE2 开发板平台上，并观察验证其数据处理结果。通过系统综合与仿真测试，实现对系统时序与功能的验证，以及系统的板上测试。

1．核心模块的功能与时序仿真

（1）超声波模块

在超声波模块仿真过程中，涉及蓝牙模块实时采集数据，但是仿真环境中无法实现。因此，我们手动设定数据以模拟模块接收到的返回数据。如图 8.15 所示，当重置信号失效时，Trig 端口自动发送一个大于 10μs 的高电平，即激励超声波模块发送超声波；当过了一段时间之后，超声波模块收到返回的超声波，Echo 端口发送一个高电平，Distance 端口即可得到计算出的距离并发送到系统模块进行下一步操作。

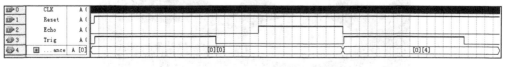

图 8.15　超声波模块仿真

(2)驱动模块

图 8.16 为小车驱动控制模块仿真图，CLK 为时钟信号输入端，RESET 为重置信号输入端，PWM_Data 为占空比信号输入端，Car_State 为小车状态控制输入端，ENA、ENB、ENC、END 为占空比输出端，IN1、IN2、IN3、IN4 为小车驱动控制模块控制电机的输出端，在本次仿真中，占空比设置为 20，小车状态为 0 时四个电机均无输出，小车状态为 1 时，小车前进，输出状态为 1010，小车状态为 2 时，小车掉头，输出状态为 0101，小车状态为 3 时，小车左转，输出状态为 0110，小车状态为 4 时，小车右转，输出状态为 1001。

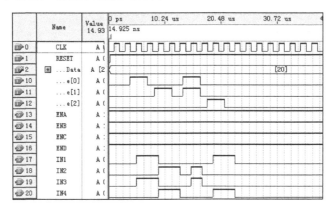

图 8.16　电机驱动模块仿真

2. 系统的测试

系统测试主要指小车控制系统的测试，测试智能手机能否通过蓝牙模块正常发送指令，进一步控制小车行进。

手机端控制程序为安卓应用程序，程序截图如图 8.17 所示。

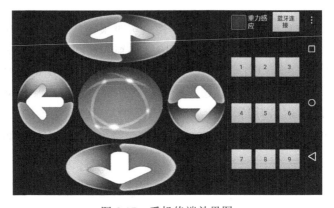

图 8.17　手机终端效果图

软件使用步骤如下。

(1)打开应用程序,确认打开蓝牙并点击蓝牙连接。

(2)搜索被控制端蓝牙芯片并连接。

(3)软件界面左侧有五个按钮,分别是前进、后退、左转、右转以及停止键,点击相应的按钮以实现小车的相应功能。

(4)软件界面右下方为九个数字键,用以调节 PWM 占空比,从 1~9 分别对应 10%~90%的占空比用以调节小车的速度。

(5)小车右上角重力感应复选框用以实现小车的重力感应控制,手机端应用程序将调用手机的重力感应模块,实现小车的变向功能。

表 8.3 为手机端发送控制指令与小车行驶情况的验证表,通过该表格可以发现,该智能小车能够正常接收手机端的指令,并按照指令进行相应的操作。

表 8.3 控制指令和小车行驶情况验证表

控制指令	小车行驶情况
停止	停止
前进	前进
后退	后退
左转	左转
右转	右转
前进,左转	前进,左转
前进,右转	前进,右转
后退,左转	后退,左转
后退,右转	后退,右转

8.5 实 例 总 结

本章详细介绍了基于 FPGA 的超声波避障小车的设计过程。该系统可以通过蓝牙技术实现智能手机与智能小车的无线通信,将智能手机作为上位机,FPGA 开发板作为下位机,实现对智能小车的遥控。在系统的硬件调试过程中,该超声波避障小车能够正确地实现超声波测距的功能,并由 FPGA 控制电机驱动模块,实现小车的运动和避障。整个系统电路结构简单、避障精度高、运行速度快,减少了附加的辅助元器件,增强了系统的可维护性、可移植性和可控制性。本系统采用的 FPGA 具有大规模、高集成度、高可靠性、灵活性好的特点,可广泛应用于工业控制、广播电视、视频监控、网络安全以及汽车电子等领域,具有很好的应用前景。

附录　DE2 平台上 EP2C35F672 的引脚分配表

信号	引脚	信号	引脚	信号	引脚
SW[0]	PIN_N25	HEX7[2]	PIN_L9	VGA_G[3]	PIN_D10
SW[1]	PIN_N26	HEX7[3]	PIN_L6	VGA_G[4]	PIN_B10
SW[2]	PIN_P25	HEX7[4]	PIN_L7	VGA_G[5]	PIN_A10
SW[3]	PIN_AE14	HEX7[5]	PIN_P9	VGA_G[6]	PIN_G11
SW[4]	PIN_AF14	HEX7[6]	PIN_N9	VGA_G[7]	PIN_D11
SW[5]	PIN_AD13	KEY[0]	PIN_G26	VGA_G[8]	PIN_E12
SW[6]	PIN_AC13	KEY[1]	PIN_N23	VGA_G[9]	PIN_D12
SW[7]	PIN_C13	KEY[2]	PIN_P23	VGA_B[0]	PIN_J13
SW[8]	PIN_B13	KEY[3]	PIN_W26	VGA_B[1]	PIN_J14
SW[9]	PIN_A13	LEDR[0]	PIN_AE23	VGA_B[2]	PIN_F12
SW[10]	PIN_N1	LEDR[1]	PIN_AF23	VGA_B[3]	PIN_G12
SW[11]	PIN_P1	LEDR[2]	PIN_AB21	VGA_B[4]	PIN_J10
SW[12]	PIN_P2	LEDR[3]	PIN_AC22	VGA_B[5]	PIN_J11
SW[13]	PIN_T7	LEDR[4]	PIN_AD22	VGA_B[6]	PIN_C11
SW[14]	PIN_U3	LEDR[5]	PIN_AD23	VGA_B[7]	PIN_B11
SW[15]	PIN_U4	LEDR[6]	PIN_AD21	VGA_B[8]	PIN_C12
SW[16]	PIN_V1	LEDR[7]	PIN_AC21	VGA_B[9]	PIN_B12
SW[17]	PIN_V2	LEDR[8]	PIN_AA14	VGA_CLK	PIN_B8
DRAM_ADDR[0]	PIN_T6	LEDR[9]	PIN_Y13	VGA_BLANK	PIN_D6
DRAM_ADDR[1]	PIN_V4	LEDR[10]	PIN_AA13	VGA_HS	PIN_A7
DRAM_ADDR[2]	PIN_V3	LEDR[11]	PIN_AC14	VGA_VS	PIN_D8
DRAM_ADDR[3]	PIN_W2	LEDR[12]	PIN_AD15	VGA_SYNC	PIN_B7
DRAM_ADDR[4]	PIN_W1	LEDR[13]	PIN_AE15	I2C_SCLK	PIN_A6
DRAM_ADDR[5]	PIN_U6	LEDR[14]	PIN_AF13	I2C_SDAT	PIN_B6
DRAM_ADDR[6]	PIN_U7	LEDR[15]	PIN_AE13	TD_DATA[0]	PIN_J9
DRAM_ADDR[7]	PIN_U5	LEDR[16]	PIN_AE12	TD_DATA[1]	PIN_E8
DRAM_ADDR[8]	PIN_W4	LEDR[17]	PIN_AD12	TD_DATA[2]	PIN_H8
DRAM_ADDR[9]	PIN_W3	LEDG[0]	PIN_AE22	TD_DATA[3]	PIN_H10
DRAM_ADDR[10]	PIN_Y1	LEDG[1]	PIN_AF22	TD_DATA[4]	PIN_G9
DRAM_ADDR[11]	PIN_V5	LEDG[2]	PIN_W19	TD_DATA[5]	PIN_F9
DRAM_BA_0	PIN_AE2	LEDG[3]	PIN_V18	TD_DATA[6]	PIN_D7
DRAM_BA_1	PIN_AE3	LEDG[4]	PIN_U18	TD_DATA[7]	PIN_C7

信号	引脚	信号	引脚	信号	引脚
DRAM_CAS_N	PIN_AB3	LEDG[5]	PIN_U17	TD_HS	PIN_D5
DRAM_CKE	PIN_AA6	LEDG[6]	PIN_AA20	TD_VS	PIN_K9
DRAM_CLK	PIN_AA7	LEDG[7]	PIN_Y18	AUD_ADCLRCK	PIN_C5
DRAM_CS_N	PIN_AC3	LEDG[8]	PIN_Y12	AUD_ADCDAT	PIN_B5
DRAM_DQ[0]	PIN_V6	CLOCK_27	PIN_D13	AUD_DACLRCK	PIN_C6
DRAM_DQ[1]	PIN_AA2	CLOCK_50	PIN_N2	AUD_DACDAT	PIN_A4
DRAM_DQ[2]	PIN_AA1	EXT_CLOCK	PIN_P26	AUD_XCK	PIN_A5
DRAM_DQ[3]	PIN_Y3	PS2_CLK	PIN_D26	AUD_BCLK	PIN_B4
DRAM_DQ[4]	PIN_Y4	PS2_DAT	PIN_C24	ENET_DATA[0]	PIN_D17
DRAM_DQ[5]	PIN_R8	UART_RXD	PIN_C25	ENET_DATA[1]	PIN_C17
DRAM_DQ[6]	PIN_T8	UART_TXD	PIN_B25	ENET_DATA[2]	PIN_B18
DRAM_DQ[7]	PIN_V7	LCD_RW	PIN_K4	ENET_DATA[3]	PIN_A18
DRAM_DQ[8]	PIN_W6	LCD_EN	PIN_K3	ENET_DATA[4]	PIN_B17
DRAM_DQ[9]	PIN_AB2	LCD_RS	PIN_K1	ENET_DATA[5]	PIN_A17
DRAM_DQ[10]	PIN_AB1	LCD_DATA[0]	PIN_J1	ENET_DATA[6]	PIN_B16
DRAM_DQ[11]	PIN_AA4	LCD_DATA[1]	PIN_J2	ENET_DATA[7]	PIN_B15
DRAM_DQ[12]	PIN_AA3	LCD_DATA[2]	PIN_H1	ENET_DATA[8]	PIN_B20
DRAM_DQ[13]	PIN_AC2	LCD_DATA[3]	PIN_H2	ENET_DATA[9]	PIN_A20
DRAM_DQ[14]	PIN_AC1	LCD_DATA[4]	PIN_J4	ENET_DATA[10]	PIN_C19
DRAM_DQ[15]	PIN_AA5	LCD_DATA[5]	PIN_J3	ENET_DATA[11]	PIN_D19
DRAM_LDQM	PIN_AD2	LCD_DATA[6]	PIN_H4	ENET_DATA[12]	PIN_B19
DRAM_UDQM	PIN_Y5	LCD_DATA[7]	PIN_H3	ENET_DATA[13]	PIN_A19
DRAM_RAS_N	PIN_AB4	LCD_ON	PIN_L4	ENET_DATA[14]	PIN_E18
DRAM_WE_N	PIN_AD3	LCD_BLON	PIN_K2	ENET_DATA[15]	PIN_D18
FL_ADDR[0]	PIN_AC18	SRAM_ADDR[0]	PIN_AE4	ENET_CLK	PIN_B24
FL_ADDR[1]	PIN_AB18	SRAM_ADDR[1]	PIN_AF4	ENET_CMD	PIN_A21
FL_ADDR[2]	PIN_AE19	SRAM_ADDR[2]	PIN_AC5	ENET_CS_N	PIN_A23
FL_ADDR[3]	PIN_AF19	SRAM_ADDR[3]	PIN_AC6	ENET_INT	PIN_B21
FL_ADDR[4]	PIN_AE18	SRAM_ADDR[4]	PIN_AD4	ENET_RD_N	PIN_A22
FL_ADDR[5]	PIN_AF18	SRAM_ADDR[5]	PIN_AD5	ENET_WR_N	PIN_B22
FL_ADDR[6]	PIN_Y16	SRAM_ADDR[6]	PIN_AE5	ENET_RST_N	PIN_B23
FL_ADDR[7]	PIN_AA16	SRAM_ADDR[7]	PIN_AF5	IRDA_TXD	PIN_AE24
FL_ADDR[8]	PIN_AD17	SRAM_ADDR[8]	PIN_AD6	IRDA_RXD	PIN_AE25
FL_ADDR[9]	PIN_AC17	SRAM_ADDR[9]	PIN_AD7	SD_DAT	PIN_AD24
FL_ADDR[10]	PIN_AE17	SRAM_ADDR[10]	PIN_V10	SD_DAT3	PIN_AC23
FL_ADDR[11]	PIN_AF17	SRAM_ADDR[11]	PIN_V9	SD_CMD	PIN_Y21
FL_ADDR[12]	PIN_W16	SRAM_ADDR[12]	PIN_AC7	SD_CLK	PIN_AD25

信号	引脚	信号	引脚	信号	引脚
FL_ADDR[13]	PIN_W15	SRAM_ADDR[13]	PIN_W8	GPIO_0[0]	PIN_D25
FL_ADDR[14]	PIN_AC16	SRAM_ADDR[14]	PIN_W10	GPIO_0[1]	PIN_J22
FL_ADDR[15]	PIN_AD16	SRAM_ADDR[15]	PIN_Y10	GPIO_0[2]	PIN_E26
FL_ADDR[16]	PIN_AE16	SRAM_ADDR[16]	PIN_AB8	GPIO_0[3]	PIN_E25
FL_ADDR[17]	PIN_AC15	SRAM_ADDR[17]	PIN_AC8	GPIO_0[4]	PIN_F24
FL_ADDR[18]	PIN_AB15	SRAM_DQ[0]	PIN_AD8	GPIO_0[5]	PIN_F23
FL_ADDR[19]	PIN_AA15	SRAM_DQ[1]	PIN_AE6	GPIO_0[6]	PIN_J21
FL_ADDR[20]	PIN_Y15	SRAM_DQ[2]	PIN_AF6	GPIO_0[7]	PIN_J20
FL_ADDR[21]	PIN_Y14	SRAM_DQ[3]	PIN_AA9	GPIO_0[8]	PIN_F25
FL_CE_N	PIN_V17	SRAM_DQ[4]	PIN_AA10	GPIO_0[9]	PIN_F26
FL_OE_N	PIN_W17	SRAM_DQ[5]	PIN_AB10	GPIO_0[10]	PIN_N18
FL_DQ[0]	PIN_AD19	SRAM_DQ[6]	PIN_AA11	GPIO_0[11]	PIN_P18
FL_DQ[1]	PIN_AC19	SRAM_DQ[7]	PIN_Y11	GPIO_0[12]	PIN_G23
FL_DQ[2]	PIN_AF20	SRAM_DQ[8]	PIN_AE7	GPIO_0[13]	PIN_G24
FL_DQ[3]	PIN_AE20	SRAM_DQ[9]	PIN_AF7	GPIO_0[14]	PIN_K22
FL_DQ[4]	PIN_AB20	SRAM_DQ[10]	PIN_AE8	GPIO_0[15]	PIN_G25
FL_DQ[5]	PIN_AC20	SRAM_DQ[11]	PIN_AF8	GPIO_0[16]	PIN_H23
FL_DQ[6]	PIN_AF21	SRAM_DQ[12]	PIN_W11	GPIO_0[17]	PIN_H24
FL_DQ[7]	PIN_AE21	SRAM_DQ[13]	PIN_W12	GPIO_0[18]	PIN_J23
FL_RST_N	PIN_AA18	SRAM_DQ[14]	PIN_AC9	GPIO_0[19]	PIN_J24
FL_WE_N	PIN_AA17	SRAM_DQ[15]	PIN_AC10	GPIO_0[20]	PIN_H25
HEX0[0]	PIN_AF10	SRAM_WE_N	PIN_AE10	GPIO_0[21]	PIN_H26
HEX0[1]	PIN_AB12	SRAM_OE_N	PIN_AD10	GPIO_0[22]	PIN_H19
HEX0[2]	PIN_AC12	SRAM_UB_N	PIN_AF9	GPIO_0[23]	PIN_K18
HEX0[3]	PIN_AD11	SRAM_LB_N	PIN_AE9	GPIO_0[24]	PIN_K19
HEX0[4]	PIN_AE11	SRAM_CE_N	PIN_AC11	GPIO_0[25]	PIN_K21
HEX0[5]	PIN_V14	OTG_ADDR[0]	PIN_K7	GPIO_0[26]	PIN_K23
HEX0[6]	PIN_V13	OTG_ADDR[1]	PIN_F2	GPIO_0[27]	PIN_K24
HEX1[0]	PIN_V20	OTG_CS_N	PIN_F1	GPIO_0[28]	PIN_L21
HEX1[1]	PIN_V21	OTG_RD_N	PIN_G2	GPIO_0[29]	PIN_L20
HEX1[2]	PIN_W21	OTG_WR_N	PIN_G1	GPIO_0[30]	PIN_J25
HEX1[3]	PIN_Y22	OTG_RST_N	PIN_G5	GPIO_0[31]	PIN_J26
HEX1[4]	PIN_AA24	OTG_DATA[0]	PIN_F4	GPIO_0[32]	PIN_L23
HEX1[5]	PIN_AA23	OTG_DATA[1]	PIN_D2	GPIO_0[33]	PIN_L24
HEX1[6]	PIN_AB24	OTG_DATA[2]	PIN_D1	GPIO_0[34]	PIN_L25
HEX2[0]	PIN_AB23	OTG_DATA[3]	PIN_F7	GPIO_0[35]	PIN_L19
HEX2[1]	PIN_V22	OTG_DATA[4]	PIN_J5	GPIO_1[0]	PIN_K25

信号	引脚	信号	引脚	信号	引脚
HEX2[2]	PIN_AC25	OTG_DATA[5]	PIN_J8	GPIO_1[1]	PIN_K26
HEX2[3]	PIN_AC26	OTG_DATA[6]	PIN_J7	GPIO_1[2]	PIN_M22
HEX2[4]	PIN_AB26	OTG_DATA[7]	PIN_H6	GPIO_1[3]	PIN_M23
HEX2[5]	PIN_AB25	OTG_DATA[8]	PIN_E2	GPIO_1[4]	PIN_M19
HEX2[6]	PIN_Y24	OTG_DATA[9]	PIN_E1	GPIO_1[5]	PIN_M20
HEX3[0]	PIN_Y23	OTG_DATA[10]	PIN_K6	GPIO_1[6]	PIN_N20
HEX3[1]	PIN_AA25	OTG_DATA[11]	PIN_K5	GPIO_1[7]	PIN_M21
HEX3[2]	PIN_AA26	OTG_DATA[12]	PIN_G4	GPIO_1[8]	PIN_M24
HEX3[3]	PIN_Y26	OTG_DATA[13]	PIN_G3	GPIO_1[9]	PIN_M25
HEX3[4]	PIN_Y25	OTG_DATA[14]	PIN_J6	GPIO_1[10]	PIN_N24
HEX3[5]	PIN_U22	OTG_DATA[15]	PIN_K8	GPIO_1[11]	PIN_P24
HEX3[6]	PIN_W24	OTG_INT0	PIN_B3	GPIO_1[12]	PIN_R25
HEX4[0]	PIN_U9	OTG_INT1	PIN_C3	GPIO_1[13]	PIN_R24
HEX4[1]	PIN_U1	OTG_DACK0_N	PIN_C2	GPIO_1[14]	PIN_R20
HEX4[2]	PIN_U2	OTG_DACK1_N	PIN_B2	GPIO_1[15]	PIN_T22
HEX4[3]	PIN_T4	OTG_DREQ0	PIN_F6	GPIO_1[16]	PIN_T23
HEX4[4]	PIN_R7	OTG_DREQ1	PIN_E5	GPIO_1[17]	PIN_T24
HEX4[5]	PIN_R6	OTG_FSPEED	PIN_F3	GPIO_1[18]	PIN_T25
HEX4[6]	PIN_T3	OTG_LSPEED	PIN_G6	GPIO_1[19]	PIN_T18
HEX5[0]	PIN_T2	TDI	PIN_B14	GPIO_1[20]	PIN_T21
HEX5[1]	PIN_P6	TCS	PIN_A14	GPIO_1[21]	PIN_T20
HEX5[2]	PIN_P7	TCK	PIN_D14	GPIO_1[22]	PIN_U26
HEX5[3]	PIN_T9	TDO	PIN_F14	GPIO_1[23]	PIN_U25
HEX5[4]	PIN_R5	TD_RESET	PIN_C4	GPIO_1[24]	PIN_U23
HEX5[5]	PIN_R4	VGA_R[0]	PIN_C8	GPIO_1[25]	PIN_U24
HEX5[6]	PIN_R3	VGA_R[1]	PIN_F10	GPIO_1[26]	PIN_R19
HEX6[0]	PIN_R2	VGA_R[2]	PIN_G10	GPIO_1[27]	PIN_T19
HEX6[1]	PIN_P4	VGA_R[3]	PIN_D9	GPIO_1[28]	PIN_U20
HEX6[2]	PIN_P3	VGA_R[4]	PIN_C9	GPIO_1[29]	PIN_U21
HEX6[3]	PIN_M2	VGA_R[5]	PIN_A8	GPIO_1[30]	PIN_V26
HEX6[4]	PIN_M3	VGA_R[6]	PIN_H11	GPIO_1[31]	PIN_V25
HEX6[5]	PIN_M5	VGA_R[7]	PIN_H12	GPIO_1[32]	PIN_V24
HEX6[6]	PIN_M4	VGA_R[8]	PIN_F11	GPIO_1[33]	PIN_V23
HEX7[0]	PIN_L3	VGA_R[9]	PIN_E10	GPIO_1[34]	PIN_W25
HEX7[1]	PIN_L2	VGA_G[0]	PIN_B9	GPIO_1[35]	PIN_W23
VGA_G[2]	PIN_C10	VGA_G[1]	PIN_A9		

参 考 文 献

康桂霞. 2013. FPGA 应用技术教程. 北京：人民邮电出版社

刘福奇. 2011. 基于 VHDL 的 FPGA 和 Nios II 实例精炼. 北京：北京航空航天大学出版社

潘松，黄继业. 2007. EDA 技术与 VHDL. 北京：清华大学出版社

王伶俐，周学功，王颖. 2012. 系统级 FPGA 设计与应用. 北京：清华大学出版社

王旭东. 2011. 数字信号处理的 FPGA 实现. 北京：清华大学出版社

杨军，丁洪伟. 2012. 基于 FPGA 的 FFT 处理系统的研究与应用. 北京：科学出版社

杨军. 2010. 基于 FPGA 的 SOPC 实践教程. 北京：科学出版社

杨军. 2012. 面向 SOPC 的 FPGA 设计与应用. 北京：科学出版社

杨军. 2014. 基于 FPGA 的数字系统设计与实践. 北京：电子工业出版社